ILJA BOHNET

DIE 42 GRÖSSTEN RÄTSEL DER PHYSIK

»Aristotle said a bunch of stuff that was wrong. Galileo and Newton fixed things up. Then Einstein broke everything again. Now, we've basically got it all worked out, except for small stuff, big stuff, hot stuff, cold stuff, fast stuff, heavy stuff, dark stuff, turbulence, and the concept of time.«[1]

Zach Weinersmith

[1] Zu Deutsch etwa: »Aristoteles sagte ein paar Sachen, die nicht ganz richtig waren. Galileo und Newton konnten das so weit richten. Dann kam Einstein und hat alles wieder aufgemacht. Inzwischen aber haben wir im Grunde alles verstanden, bis auf die kleinen Sachen, die großen Sachen, die heißen Sachen, die kalten Sachen, die schnellen Sachen, die schweren Sachen, die dunklen Sachen, Turbulenzen und das Konzept der Zeit.«

DIE 42 GRÖSSTEN RÄTSEL DER PHYSIK

VOM QUANTENSCHAUM BIS ZUM RAND DES UNIVERSUMS

ILJA BOHNET

KOSMOS

Impressum

Umschlaggestaltung von Büro Jorge Schmidt, München, unter Verwendung einer Illustration von NSF/LIGO/Sonoma State University/A. Simonnet auf der Vorderseite und einer Illustration von Gunther Schulz, Fußgönheim, auf der Innenseite.

Mit elf Schwarzweißzeichnungen von Shutterstock/TopVectorElements und einer von Shutterstock/Photos by D (Seite 53).

Unser gesamtes Programm finden Sie unter **kosmos.de**
Über Neuigkeiten informieren Sie regelmäßig unsere Newsletter, einfach anmelden unter **kosmos.de/newsletter**.

Gedruckt auf chlorfrei gebleichtem Papier

MIX
Papier | Fördert gute Waldnutzung
FSC® C014889

Pfizerstraße 5–7, 70184 Stuttgart
kosmos.de/servicecenter

ISBN 978-3-440-16882-0
Projektleitung: Sven Melchert
Redaktion: Justina Engelmann
Satz: Text & Bild | Michael Grätzbach
Produktion: Ralf Paucke
Druck und Bindung: Friedrich Pustet GmbH & Co. KG, Regensburg
Printed in Germany/Imprimé en Allemagne

Für Folker

INHALT

5 DIE QUANTENTHEORIE

6 DIE ATOMPHYSIK

7 DIE PHYSIK DER KONDENSIERTEN MATERIE

8 DIE MOLEKÜL- UND BIOPHYSIK

11 DIE ASTROPHYSIK

12 DIE KOSMOLOGIE

GRUSSWORT

42 Rätsel der Physik – warum ausgerechnet »42«? Vielleicht schauen Sie mal in den Roman »Per Anhalter durch die Galaxis« oder Sie blättern zur 42. und letzten Frage in diesem Buch. Mit diesem Bezug nimmt uns Ilja Bohnet mit auf eine spannende Reise durch die Welt der Physik. Dabei diskutiert er mit anerkannten Wissenschaftlerinnen und Wissenschaftlern, die ihn jeweils ein Stück seines Weges durch das physikalische Universum begleiten. Sie zeigen uns jedoch nicht das Erreichte, so beeindruckend es auch ist, sondern weisen uns auf die Schönheit des Ungelösten hin, des Unbekannten. Die Physik untersucht grundlegende Phänomene der Natur und bildet mit ihren Erkenntnissen eine Basis für viele andere Wissenschaften. Wir haben viele Entdeckungen gemacht und zahlreiche Erkenntnisse gewonnen. Aber jede Erkenntnis erzeugt neue Fragen, deren Beantwortung uns wieder ein Stück weiterbringt. Dieses Frage-Antwort-Spiel macht die Faszination der Physik, ja der Wissenschaft im Allgemeinen aus. Doch werden wir jemals Antworten auf all unsere Fragen finden, und gibt es eine letzte, allumfassende Antwort auf die Frage aller Fragen, nämlich die »nach dem Leben, dem Universum und dem ganzen Rest«? Ich glaube es nicht, denn wer hätte schon das Wissen, um diese Frage zu beantworten? Selbst der Supercomputer »Deep Thought« im oben genannten Roman sah sich dazu außerstande. Womit wir wieder am Anfang dieses Grußworts sind: bei seiner unverständlichen Antwort »42« nämlich, dem wunderschönen Aufhänger dieses Buches.

Tauchen Sie nun ein in das Reich des Unbekannten. Sie werden staunen, wie viel es noch zu enträtseln gibt.

Prof. Dr. Rolf-Dieter Heuer
Ehemaliger Generaldirektor der Großforschungseinrichtung CERN und Präsident der Deutschen Physikalischen Gesellschaft (DPG)

PROLOG

Weshalb dieses Buch? Das vorliegende Werk möchte einen umfassenden Überblick zu den großen, fundamentalen Rätseln der Physik geben und die Leserschaft spielerisch über ein breites Themenspektrum hinweg für diese Naturwissenschaft begeistern. Es soll einen Eindruck davon vermitteln, was die »Physik« ausmacht, wie sie funktioniert und worin ihre prinzipiellen Grundsätze bestehen. Geboten wird eine Reise durch alle physikalischen Teilgebiete – von der klassischen Mechanik bis hin zur modernen Kosmologie. Dabei werden auch hochaktuelle Themen berührt wie Klimaforschung, Quantencomputing, künstliche Intelligenz sowie die Frage, was eigentlich »Leben« ist.

Mit rund 2 × 42 Wissenschaftlern – Frauen wie Männern – konnte der Autor ungelöste Fragen aus den zwölf »kanonischen« Teilgebieten der Physik diskutieren und dabei Einblicke in die brandaktuelle Forschung gewinnen. Auf dieser Grundlage werden Rätsel aus dem Mikro-, Meso- und Makrokosmos unter die Lupe genommen (dem Allerkleinsten, dem Mittleren und dem Allergrößten) und der aktuelle Stand ihrer Erforschung dargestellt. Das Buch startet mit den drei klassischen Teilgebieten der Physik – Mechanik, Thermodynamik und Elektrodynamik –, gefolgt von den beiden weiterführenden großen physikalischen Theoriegebäuden – Relativitätstheorie und Quantentheorie. Sie bilden die Grundlage der sieben physikalischen Forschungsgebiete: Atom- und Plasmaphysik, Physik der kondensierten Materie, Molekül- und Biophysik, Hadron- und Kernphysik, Elementarteilchenphysik, Astrophysik sowie Kosmologie.

Jedem Kapitel ist eine kurze Einführung in das entsprechende Teilgebiet vorangestellt, es folgen die Diskussionen mit den Fachexperten zu den spannenden Fragestellungen. Um theoretische wie experimentelle Aspekte auszuleuchten, werden zumeist ein theoretischer Physiker und ein Experimentalphysiker zu Rate gezogen. Dabei soll sich die Leichtigkeit der Gespräche im Buch bestmöglich wiederfinden. Da die Kapitel aufeinander aufbauen, ist ein Lesen von vorne nach hinten hilfreich.

Dieser Streifzug durch die Physik und ihre offenen Fragen hat natürlich keinen Anspruch auf Vollständigkeit. Zwar basiert die Liste der vorgestellten »42 größten« physikalischen Rätsel auf einer eingehenden Analyse von Veröffentlichungen der Wissenschaftsgemeinschaft zu den »most important issues of physics«, doch stellen die Rätsel letztlich bloß eine Auswahl dar – denn selbstverständlich sind die spannenden offenen Fragen der Physik nicht auf die geschilderten 42 Fälle beschränkt. Zu diskutieren wäre überdies, welche Rätsel überhaupt als fundamentale, wirklich grundlegende Fragen gelten dürfen, welche dagegen eher supplementärer Natur sind, also vielmehr auf grundlegenden Fragestellungen aufbauen. Als fundamental werden hier Fragestellungen angesehen, die sich mit bestehenden Konzepten und Modellen nicht befriedigend beantworten lassen. Also Fragen, die grundsätzlicher Natur und von großer Relevanz sind, die gewissermaßen »Welträtsel« darstellen.

Der Begriff des Welträtsels ist tatsächlich nicht neu. Bereits der griechische Gelehrte Aristoteles hatte mit seinen »Problemata Physica« das Ziel, Welträtsel zu formulieren. Der erste Wissenschaftler jedoch, der explizit von Welträtseln sprach, war zum Ende des 19. Jahrhunderts der Physiologe Emil Heinrich du Bois-Reymond, Mitbegründer der Deutschen Physikalischen Gesellschaft (DPG). Er bewies dabei große Weitsicht, denn tatsächlich gelten die sieben Welträtsel, die er vor mehr als hundert Jahren formulierte, bis zum heutigen Tag nicht wirklich als gelöst. Sie lauten: (1) Was ist Materie und Kraft? (2) Woher kommt der Ursprung der Bewegung? (3) Woher kommt das erste Leben? (4) Woher stammt der Zweck in der Natur? (5) Woher stammt die bewusste Empfindung in den unbewussten Nerven?

(6) Woher kommen das vernünftige Denken und die Sprache? (7) Woher stammt der »freie«, sich zum Guten verpflichtet fühlende Wille? Selbstverständlich finden sich diese Fragen in den 42 Rätseln dieses Buches indirekt wieder. Etwas später verfasste der Denker und Wissenschaftler Ernst Haeckel dann mit seinem Werk »Die Welträtsel« das bis heute erfolgreichste populärwissenschaftliche deutsche Buch zu diesem Thema. Es ist inzwischen völlig in Vergessenheit geraten – zu Recht, wie der Autor des vorliegenden Werkes findet, kündet es doch von einem Allmachtsanspruch der Wissenschaft, der aus heutiger Sicht mehr als problematisch anmutet.

Lässt sich eine fundamentale Fragestellung im Sinne der Erkenntnistheorie überhaupt grundlegend und ein für alle Mal klären? Ist die Natur physikalisch vollständig beschreibbar? Der Physiologe und Physiker Hermann von Helmholtz, Kommilitone und Freund von Emil du Bois-Reymond, war diesbezüglich nur bedingt optimistisch: »Jedoch das Gebiet, welches der unbedingten Herrschaft der vollendeten Wissenschaft unterworfen werden kann, ist leider sehr eng, und schon die organische Welt entzieht sich ihm größtenteils.« Auch Helmholtz beweist mit dieser Aussage große Weitsicht. Doch hat ihn diese nüchterne Erkenntnis nicht davon abgehalten, zahlreichen Fragestellungen mit wissenschaftlichen Methoden und großem Eifer weiter nachzugehen. So möge es auch mit den hier vorgestellten 42 ungelösten Rätseln der Physik sein: Sie sollen das Interesse und die Neugier der Leser wecken. Denn erst mit den richtigen Fragen bekommen wir auch die richtigen Antworten.

Was ist Physik? Bevor wir uns den großen Rätseln widmen, schauen wir zunächst auf die spannende Frage, welche Idee hinter dieser Naturwissenschaft steht, wie Physik eigentlich funktioniert. Ganz allgemein geht es in der Physik darum, über experimentelle und mathematische Methoden Zustände und Zustandsänderungen der uns umgebenden Natur gesetzmäßig zu beschreiben – vom mikroskopisch Kleinen über Alltagsphänomene unserer Umwelt bis hin zum Universum. Das Ziel ist die Enträtselung der Struktur, Dynamik und Funktionsweise der Materie, von Elementarteilchen und einzelnen Atomen bis hin zu Makromolekülen – letztlich die Entschlüsselung der fundamentalen Wechselwirkungen und Grundbausteine des Universums. Dafür werden physikalische Größen und festgelegte Einheiten verwendet, um die Größen gewissermaßen »wägbar« zu machen. Von besonderem Interesse sind die Beziehungen der physikalischen Größen zueinander, die in Gleichungen gegossen werden. Das Fundament der Physik sind empirische Beobachtungen und reproduzierbare Experimente, die mit zunehmendem Erkenntnisfortschritt stetig verfeinert und angepasst werden müssen. Dazu werden experimentelle Methoden entwickelt, wie das Streuexperiment, bei dem der zu untersuchende Gegenstand (das »Target«) mit »Sondenteilchen« beschossen wird (wie Röntgenstrahlung, Elektronen, Protonen, Neutronen oder Ionen), wobei die Art der Streuung Rückschlüsse auf die Struktur des Targets erlaubt. Physik besteht zudem aus einem engen Wechselspiel von Experiment und Theorie. Die Theorie formuliert – ausgehend von einem Konzept – zunächst eine These, die zu einem Modell erweitert und im Rahmen einer Simulation gegebenenfalls mit empirischen Messdaten überprüft werden kann. Das Ziel ist es, daraus eine Gesetzmäßigkeit abzuleiten. Dabei lassen sich erfolgreich verwendete Konzepte häufig auf verschiedene physikalische Sachverhalte übertragen und bilden damit ein breit einsetzbares Rüstzeug, um unterschiedliche Fragestellungen zu verfolgen.

Der Begriff des »Gesetzes« ist in der Physik ganz wesentlich, ebenso wie derjenige der »Gültigkeit«. Wir werden erfahren, dass anders als in der Mathematik (oder der Theologie) in der Physik keine absoluten, sondern nur relative Wahrheiten gelten, und dass den Gesetzen in der Regel Gültigkeitsgrenzen gesetzt sind. Die Grenzverschiebungen in der Physik sind mitunter verbunden mit Paradigmenwechseln, also neuen Konzepten und Lösungsansätzen, die sich zur Beschreibung der Natur als gangbarer erweisen. Doch die vorangegangenen, alten Gesetze werden zumeist nicht einfach beiseitegeschoben und vergessen, vielmehr werden ihre Gültigkeitsbereiche begrenzt und neu abgesteckt. Das Ziel der Physik ist es, Gesetze von universellem, allgemeingültigem Charakter zu finden, die die Kriterien der Einfachheit, Effizienz, Natürlichkeit und Symmetrie erfüllen.

Wissenschaft lebt vom Disput und der Kontroverse innerhalb der Forschergemeinde. Und sie lebt von Kommunikation und Austausch. Ein berühmtes Beispiel hierfür ist die internationale Solvay-Konferenz, die seit 1911 regelmäßig in Brüssel stattfindet. Physik kennt weder nationale Grenzen noch kulturelle Unterschiede und ideologische Anschauungen. Sie baut auf der Arbeit von vielen auf – auch wenn immer wieder einzelne Namen besonders hervorstechen. Aber schon Isaac Newton bemerkte im 17. Jahrhundert: »Wenn ich weiter geblickt habe, so deshalb, weil ich auf den Schultern von Riesen stehe.«

Physik ist auch beileibe keine Männersache, es gab und gibt geniale Frauengestalten in der Physik wie Maria Mitchell, Henrietta Swan Leavitt, Marie Curie, Lise Meitner, Emmi Noether oder Donna Strickland, um nur einige zu nennen. Überdies ist in der modernen Physik zu beobachten, wie sich das Bild der Akteure erfreulicherweise zunehmend geschlechterübergreifend durchmischt. Frauen als Wissenschaftler, Professoren, Forschungsdirektoren – das ist in den modernen Wissenschaften eigentlich eine Selbstverständlichkeit – und ist es keine, muss es eine werden. In diesem Zusammenhang eine Bemerkung zur Sprache: Hier wird bewusst auf aktuelle Formen einer »geschlechtergerechten Sprache« verzichtet, weil sie aus Sicht des Autors die Lesbarkeit deutlich behindern. Wenn also im Folgenden von Forschern und Fachexperten gesprochen wird, sind durchweg männliche wie weibliche gemeint. Denn eines muss klar sein: Physik gehört allen –

Frauen und Männern, Mädchen und Jungen über alle Grenzen und Kulturen hinweg. Bevor wir nun aber zur Sache kommen, treten wir noch einen kurzen Streifzug durch die Geschichte der Physik an – denn ihre Entwicklung ist fast ebenso spannend wie die Physik selbst.

Wie entwickelt sich die Physik? Systematische Himmelsbeobachtungen werden bereits von den Urmenschen betrieben. Aber erst in der griechischen Antike beginnt eine Erforschung der Natur über die Formulierung physikalischer Gesetzmäßigkeiten mittels mathematischer Methoden. Im 5. Jahrhundert vor Christus schafft Platon einen mathematisch-philosophischen Rahmen dafür. Etwas später formuliert Demokrit die These, die Welt bestehe aus fundamentalen, nicht weiter teilbaren Bausteinen – den Atomen. Empedokles entwickelt die Idee, alles setze sich aus vier Grundbestandteilen zusammen (Wasser, Feuer, Erde, Luft) und sei durch zwei Wechselwirkungen miteinander verbunden (Liebe, Hass) – das antike Standardmodell der Physik sozusagen. Mit erstaunlicher Genauigkeit bestimmt Eratosthenes als Erster den Erdumfang. Der einflussreichste Naturforscher bleibt aber über viele Epochen hinweg Aristoteles. Wie er sind die alten Griechen davon überzeugt, man könne die Gesetze des Universums allein durch pures Nachdenken entdecken. Sie fühlen sich daher wenig bemüßigt, ihre Theorien durch Experimente zu überprüfen.

So schreitet die Entwicklung der Physik in Etappen und mit Unterbrechungen fort, ohne dass es bis zum 16. und 17. Jahrhundert zu entscheidenden Paradigmenwechseln kommt. Angestoßen durch die Überlegungen von Nikolaus Kopernikus zu einem heliozentrischen Weltbild bringen schließlich Tycho Brahe, Johannes Kepler und Galileo Galilei die Himmelsmechanik wie auch die irdische Mechanik durch Beobachtungen und Experimente auf eine gesetzmäßige Grundlage, die der methodischen Vorgehensweise einer modernen Physik schon sehr nahekommt.

Erst Isaac Newton gelingt es jedoch, getreu dem Prinzip »wie im Himmel, so auf Erden«, die Bewegungsgesetze Galileis und die Planetengesetze Keplers im Rahmen seiner Newtonschen Mechanik einheitlich zu beschreiben. Mit der Aufstellung seines Gravitationsgesetzes – dem ersten universellen Kraftgesetz – schafft er eine umfassende Grundlage für die klassische Physik und das Vorbild für die spätere Elektrodynamik. Kurz darauf entsteht die moderne Optik, die sich mit den Eigenschaften des Lichts auseinandersetzt. Gleichzeitig wird die Mathematik, die das formale Fundament der Physik bildet, mit der Differential- und Integralrechnung wesentlich weiterentwickelt. Mit der Elektrizitätslehre entsteht im 18. Jahrhundert ein weiteres neues physikalisches Teilgebiet. Parallel dazu schafft die Thermodynamik (die Wärmelehre) mit der Erforschung von Gasen und Flüssigkeiten die Grundlage für das aufkommende Dampfmaschinenzeitalter und damit für die *industrielle Revolution*.

Das 19. Jahrhundert zeichnet sich aus durch epochale Erkenntnisse über den Aufbau der Materie, denen die moderne Physik gewissermaßen noch heute nachgeht: (1) Sämtliche Formen der bekannten Materie bestehen aus nur 92 chemischen Elementen. (2) Wärme ist nichts anderes als die ungeordnete Bewegung dieser chemischen Elemente und ihrer Verbindungen. (3) Elektrische, magnetische und optische Phänomene sind letztlich Ausdruck ein und desselben, nämlich von elektromagnetischen Feldern, die durch elektrisch geladene Teilchen erzeugt werden und sich in Gestalt von Licht und anderen elektromagnetischen Wellen im Raum ausbreiten. Die Einführung des Feldbegriffs durch James Clerk Maxwell gilt übrigens als einer der bedeutendsten Meilensteine des 19. Jahrhunderts und bildet gewissermaßen den Abschluss der *klassischen Physik*.

Mit der Entdeckung des Elektrons, der Röntgenstrahlung und der Radioaktivität am Ende des 19. Jahrhunderts wird das nächste, entscheidende Kapitel der Physik aufgeschlagen, und damit ein neuer

Untersuchungsgegenstand gefunden – das Atom. Kurz darauf werden dann jene Entdeckungen gemacht, die zur Ausgestaltung der beiden Theoriegebäude führen, die die klassische Physik auf den Kopf stellen – die Relativitätstheorie und die Quantentheorie.

Die von Albert Einstein entwickelte *Relativitätstheorie* beruht auf der Erkenntnis, dass die Lichtgeschwindigkeit eine universale und nicht überschreitbare Grenze darstellt. Hieraus leitet Einstein das Relativitätsprinzip ab, wonach die Naturgesetze in allen Bezugssystemen (ob auf dem Erdboden, in einem fahrenden Aufzug oder in einem um die Erde kreisenden Satelliten) stets die gleiche Form haben und nichts schneller sein kann als das Licht.

Dieses recht einfache Prinzip birgt allerdings Folgerungen in sich, die unserer Alltagserfahrung zum Teil heftig widersprechen und auch die klassische Physik in ihren Grundfesten erschüttern: (1) Es gibt kein ausgezeichnetes Bezugssystem. Damit bilden Raum und Zeit eine fundamentale Einheit. (2) Deshalb gibt es aber auch weder eine absolute Zeit noch einen absoluten Raum. Beide sind relativ. Daraus folgt (3) die Äquivalenz von Energie und Masse ($E = m \times c^2$). In der allgemeinen Relativitätstheorie geht Einstein noch weiter, indem er behauptet, dass (4) Masse die Raumzeit krümmt und Gravitation die Wirkung der Raumzeitkrümmung durch Masse ist. Die Aussagen der Relativitätstheorie sind formal ähnlich wie die der klassischen Elektrodynamik: Während dort beschleunigte Ladungen zu elektromagnetischen Wellen führen, senden in der Relativitätstheorie beschleunigte Massen Gravitationswellen aus – beide bewegen sich maximal mit Lichtgeschwindigkeit. Die Relativitätstheorie liefert einen Rahmen für die beobachtete Ausdehnung des Weltalls, die von einem singulären Anfangszustand ausgegangen sein muss – dem Urknall.

Das Universum – eine Explosion. Allein das ist starker Tobak. Doch den eigentlichen Bruch mit der klassischen Physik vollzieht kurz darauf die *Quantentheorie* mit ihrer Beschreibung des mikroskopisch Kleinen. Denn die Quantentheorie muss den strengen Determinismus der klassischen Physik aufgeben, wonach physikalische Ereignisse durch die Vorbedingungen im Prinzip eindeutig festgelegt sind. Zum einen durch die Entdeckung von diskreten, also von der Natur festgelegten Zustandsänderungen im atomaren Bereich, die den Ausgangspunkt für das Bohrsche Atommodell bilden. Zum anderen durch den Welle-Teilchen-Dualismus von atomaren Teilchen, der im klassischen Verständnis unvorstellbar ist. Quantenteilchen sind beides zugleich: Welle und Teilchen. Das führt schließlich zu Heisenbergs Unschärferelation, wonach bestimmte Eigenschaften eines atomaren Teilchens wie zum Beispiel sein Ort und sein Impuls nicht gleichzeitig beliebig genau bestimmbar sind – eine Restunschärfe als Naturprinzip!

Mit der Relativitätstheorie und der Quantenphysik auf dem Fundament der klassischen Physik erschließt sich im 20. Jahrhundert erstmals ein umfassendes physikalisches Weltbild, das sich vom Mikrokosmos bis zum Makrokosmos erstreckt – vom unendlich Kleinen bis zum unendlich Großen. Dieses Weltbild erklärt die Struktur der Materie – die Atome, Atomkerne und Elementarteilchen ebenso wie den Kosmos und seine Planeten, Sonnensysteme und Galaxien. Es umfasst die entferntesten astrophysikalischen Objekte des Universums und beschreibt so unvorstellbare Phänomene wie Neutronensterne und schwarze Löcher.

Mit der Festkörperphysik entsteht ein eigenständiges faszinierendes Teilgebiet der Physik, in dem Materialien erforscht und hergestellt werden. Die Anwendungen prägen wesentliche Teile unseres Lebens. Entwicklungen wie in der Elektronik und im Bereich der Computer bis hin zum Internet wären völlig undenkbar ohne die oben beschriebenen epochalen Erkenntnisse der Physik. Im Rahmen der Materialforschung entstehen neue »Wunderstoffe« wie zum Beispiel Halbleiter, Leuchtdioden (LEDs), Kristalle für Festkörperlaser, »Quasikristalle«

als Zuschlagstoffe für hochwertigen Stahl oder topologische Isolatoren (außen leitend, innen isolierend) – um nur eine kleine Auswahl zu nennen. Die Übergänge von der Grundlagenforschung zur angewandten Forschung sind mitunter fließend, und naturgemäß sind zukünftige Anwendungen nicht von vornherein klar erkennbar. So soll schon der englische Physiker Michael Faraday, ein Pionier der Elektrizitätslehre, auf die Frage des britischen Schatzkanzlers nach dem Nutzen seiner elektrischen Untersuchungen, geantwortet haben: »Keine Ahnung, Sir, aber ich bin sicher, Sie werden schon bald Steuern darauf erheben.«

Doch nicht erst die Atombombenabwürfe auf die Städte Hiroshima und Nagasaki am Ende des Zweiten Weltkriegs zeigen die Kehrseite der physikalischen Forschung. Raubbau an der Natur, Massenproduktion, Wegwerfgesellschaft und Klimawandel machen zunehmend deutlich, welche Verantwortung den Industriegesellschaften zukommt, eine nachhaltige und lebenswerte Welt zu schaffen – und zu erhalten. Eine Verpflichtung auch für die Physik. Das Einzige, was den Menschen vom Tier unterscheidet, ist sein Verstand, gepaart mit großer Neugier. Durch die Physik kann der Mensch die Natur erkennen. Vielleicht ist auch so Immanuel Kants Appell zu verstehen, wenn er sagt: »Habe Mut, dich deines eigenen Verstandes zu bedienen!« Das wollen wir beherzigen und springen nun direkt hinein in die Materie.

TEIL 1

DIE KLASSISCHE MECHANIK

Wo die Welt der Physik noch
in Ordnung zu sein scheint

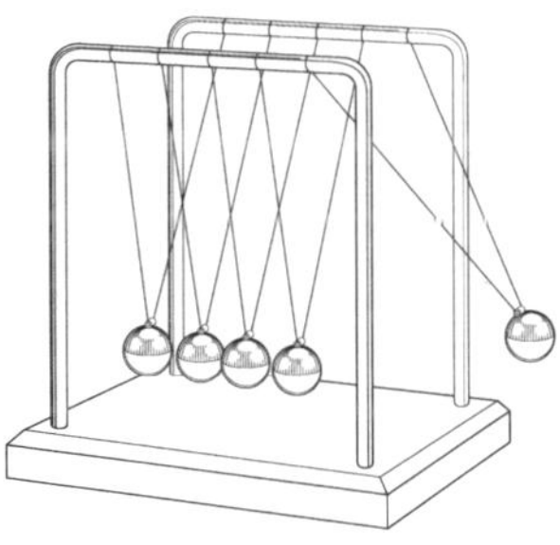

Die klassische Mechanik ist das Teilgebiet der Physik, das die Bewegung von Körpern unter dem Einfluss von Kräften beschreibt – zum Beispiel von Kreiseln oder Pendeln bis hin zum Planetenlauf um die Sonne. Sie basiert auf fundamentalen physikalischen Größen wie Raum, Zeit, Masse und Kraft. Die Grundlage der klassischen Mechanik sind die drei Newtonschen Gesetze. Das erste ist das Trägheitsprinzip, das besagt, dass Masse träge ist und ohne äußere Krafteinwirkung in Ruhe verbleibt oder ihre Bewegungsrichtung und Geschwindigkeit nicht ändert. Das zweite Newtonsche Gesetz ist das Aktionsprinzip, es beschreibt den grundlegenden Zusammenhang zwischen Kraft, Masse und Beschleunigung: Kraft ist Masse mal Beschleunigung. Das dritte Gesetz sagt aus, dass jede Kraft eine gleichgroße, aber entgegengesetzte Gegenkraft erzeugt. Der Stoß einer Kugel aus einem Katapult erzeugt einen gleichgroßen Rückstoß. Das ist das Prinzip von »Actio und Reactio«.

Für den englischen Naturforscher Isaac Newton stellt sich das Universum im 17. Jahrhundert als ein ausgezeichnetes (also »besonderes«) physikalisches System dar, als ein absoluter Raum, der stets gleich und unbeweglich bleibt. Auch die Zeit vergeht darin überall und für jeden Beobachter stets gleichförmig. Newton formuliert auch das Gravitationsgesetz, wonach die Gravitationskraft zwischen zwei Massekörpern mit ihrem Abstand voneinander quadratisch abnimmt – bei Verdopplung der Entfernung sinkt die Kraft auf ein Viertel des ursprünglichen Wertes. Obwohl Newton die Gravitationskraft auf diese Weise beschreiben kann, bleibt ihm schleierhaft, wie ihre Wirkung übertragen wird. Erst im 20. Jahrhundert zieht Albert Einstein aus Newtons selbstkritischen Gedanken die richtigen Schlussfolgerungen, aber dazu später mehr.

FRAGE 1: IST DIE NATUR ÜBERHAUPT DURCH PHYSIK BESCHREIBBAR?

Worin das Wesen der Physik ergründet wird und sich offenbart, dass das Dreikörperproblem Freiheit verheißt.

Die Frage mutet zunächst etwas philosophisch an, sie hat aber einen praktischen Bezug. Wir möchten wissen, inwieweit und wie genau physikalische Gesetzmäßigkeiten die Realität abzubilden vermögen. Inwiefern stellen die physikalischen Gesetze nicht eine Idealisierung dar, die der Wirklichkeit gar nicht entspricht? Oder ist es noch schlimmer? Die Physik gerät nämlich selbst unter idealisierten Annahmen schnell an ihre Grenzen. Zur Erläuterung schauen wir uns das sogenannte Zweikörperproblem in der klassischen Mechanik an: die Bewegung zweier punktförmiger Massen, die durch die Gravitationskraft miteinander wechselwirken. Dank des Newtonschen Gravitationsgesetzes lässt sich das Problem exakt lösen. Der Trick besteht darin, den Ursprung des Koordinatensystems in den Schwerpunkt der beiden Massen zu verlegen und die Relativbewegung von der Bewegung des Schwerpunkts zu separieren, damit also das Zweikörperproblem im Grunde auf ein Einkörperproblem zu reduzieren. Ein Beispiel für ein solches Zweikörperproblem ist die Bewegung eines Planeten um die Sonne. Doch stellt das Zweikörperproblem in Form zweier punktförmiger, sich umeinander bewegender Teilchen schon eine Idealisierung der Wirklichkeit dar. Überdies besteht die Welt überwiegend aus Systemen mit mehr als zwei Körpern, denken wir nur an unser Sonnensystem mit seinen acht Planeten und unzähligen Kleinplaneten. Ende des 19. Jahrhunderts konnte der französische Mathematiker Henri Poincaré nachweisen, dass es schon im Fall von drei miteinander in Wechselwirkung stehenden Teilchen keine geschlossene mathematische Lösung mehr gibt. Die physikalische Beschreibung des

Dreikörperproblems ist nicht mehr exakt, sondern nur noch numerisch und damit näherungsweise lösbar. Punkt.

Der Experimentalphysiker Thomas Naumann vom Deutschen Elektronen-Synchrotron DESY in Hamburg sieht das gelassen. Für ihn ist das Dreikörperproblem ein wunderschönes Beispiel dafür, dass sogar die klassische Mechanik fundamentales Chaos erzeugen kann. »Es hängt von den Massen, Abständen und Impulsen der drei Körper ab, ob sich das System in einem Zustand von Stabilität, Wiederholbarkeit und quasi-deterministischem, also festgelegtem Verhalten oder in einem fundamental chaotischen Zustand befindet.« Eine beliebig kleine Störung kann zu völlig unterschiedlichen Systemreaktionen führen. Diese Nichtvorhersagbarkeit bedeutet Instabilität und Chaos. Die damit verbundenen Nichtlinearitäten und daher komplexen Zusammenhänge sind zwar numerisch beschreibbar, aber eben nicht mehr durch eine einfache, prägnante Formel.

Naumann sieht darin einen herrlichen Widerspruch zum Anspruch der klassischen Mechanik und der aufstrebenden Mathematik ab der Zeit der Französischen Revolution, die es sich damals ambitioniert zum Ziel gemacht hatte, die Bahnen der Planeten genauso präzise zu berechnen wie die von Artilleriegeschossen – was wegen des Mehrkörperproblems nicht gelang. »Das kratzte natürlich kräftig am Erkenntnisoptimismus der Aufklärung im ausgehenden 18. Jahrhundert und der Französischen Revolution, die damals enorm progressiv ausgerichtet war. So soll Pierre-Simon Laplace auf die Frage Napoleons, wo denn Gott in seinen mathematischen Überlegungen stecke, selbstbewusst geantwortet haben, dass er dieser Hypothese nicht bedürfe.« Der Mathematiker Laplace vertrat die Ansicht, wer die Lage und Impulse aller Objekte im Universum genau kenne, könne den Zustand der Welt von der Vergangenheit bis in alle Zukunft exakt berechnen. Für Thomas Naumann hat dieser Laplacesche Determinismus eine fatalistisch-pessimistische Komponente. »Das wäre doch schrecklich«, sagt Naumann, »wenn alles tatsächlich derart vorherbestimmt wäre. Erst Chaos, Instabilität und Nichtvorhersagbarkeit machen unsere Zukunft fundamental offen. So sehr wir das Chaos fürchten – es ist eine Quelle der Freiheit. Nur aus ihm kann Neues entstehen.«

Doch welche Rolle spielen dann die Gesetze der Physik, wenn sie bloß innerhalb eines gewissen Bereichs und unter bestimmten Annahmen gültig sind? Diese Frage beantwortet Thomas Naumann ganz pragmatisch: »Es gibt in der Physik keine absolute Wahrheit. Es gibt nur relative Wahrheiten. Relativ zu ihrem Gültigkeitsbereich.« Das ist für ihn aber kein Makel. Für Naumann muss ein Gesetz, eine Theorie, eine Formel gut in ihrem Gültigkeitsbereich funktionieren. »Das Gesetz muss dabei möglichst einfach, effizient und minimal sein und mit einer minimalen Menge an Voraussetzungen und Informationen auskommen. Eine schöne Formel sollte kurz sein, also wenige Zeichen beinhalten. Das ist ein objektives Kriterium für Einfachheit und Eleganz. Und wie in der Kunst und der Ästhetik spielen in der Physik auch Symmetrien eine wichtige Rolle. Einfachheit, Funktionalität und Symmetrie sind eng mit Wahrheit und Schönheit verbunden.« Der Begriff des Gesetzes ist nach Auffassung von Naumann in der Physik von besonderer Bedeutung. »Wichtig für ein physikalisches Gesetz ist seine experimentelle Überprüfbarkeit und deren Wiederholbarkeit. Die Grenzen eines Gesetzes liegen zunächst einmal in den Grenzen der Genauigkeit.« Mitunter komme es in der Physik zu Paradigmenwechseln, bei denen ganze Theorien auf den Kopf gestellt würden, weil sie außerhalb eines gewissen Bereiches eben nicht mehr gelten, wie beispielsweise im Fall des Übergangs von der klassischen Mechanik und Elektrodynamik zur Relativitätstheorie. »Aber das ist kein Problem, denn wir nähern uns der Wahrheit immer nur asymptotisch, also ganz langsam an.«

Die Idee des Gesetzes hat nach Thomas Naumann im alten Judentum Form angenommen. »In der Heiligen Schrift gab Gott Moses am

Berge Sinai die Tafeln mit den Gesetzen. Damals waren das moralische Gesetze. Der Philosoph Immanuel Kant hat diese beiden Arten von Gesetzen sauber auseinandergehalten und gesagt, zwei Dinge erfüllten ihm das Gemüt mit Bewunderung und Ehrfurcht: der bestirnte Himmel über ihm und das moralische Gesetz in ihm.« Naumann zufolge habe sich zunächst im Judentum und später im Christentum der Gedanke herausgebildet, dass ein Gesetz hinter den Phänomenen des Universums stehen müsse. Während sich der griechische Gelehrte Aristoteles noch darauf beschränkte zu sagen, dass »die Dinge sind, wie sie sind«. Für Thomas Naumann ist das der typische Standpunkt eines Experimentalphysikers. »Der Gedanke, dass es hinter den Dingen ein Gesetz gibt, ist idealistisch und wurde von Aristoteles' Lehrer Platon vertreten.« Die Physiker versuchen also, das Gesetz hinter den Dingen zu erkennen. Und die Erkenntnistheorie fragt, ob sich die Natur überhaupt physikalisch beschreiben lässt. Für Nauman führt das zu der Frage, was die Rolle des Menschen in der Natur ist. »In uns, unseren Köpfen, unserer Wissenschaft, unserer Kultur reflektiert die Natur sich selbst. Sie macht ein Abbild ihrer selbst, gegossen in die abstrakte Form des Gesetzes.« Nach Naumann hat die Vorstellung des Gesetzes über das alte Israel Eingang in unsere abendländische Kultur gefunden. Die griechische Kultur steuerte Philosophie und Mathematik bei. Es folgten Renaissance und Aufklärung, in der Individuen begannen, frei zu denken, und dann die Mathematik ab der Zeit der Französischen Revolution bis hin zu unserer modernen Technokultur, von und in der wir heute leben. »Das entscheidende Erfolgsrezept«, sagt Thomas Naumann, »ist meines Erachtens die Vorstellung, dass es hinter den Dingen erstens ein Gesetz gibt und dass wir zweitens dieses Gesetz erkennen können.« Diese Vorstellung wird uns auch im Folgenden weiter begleiten.

TEIL 2

DIE THERMO-DYNAMIK

Wo Ordnung und Chaos gegeneinander antreten

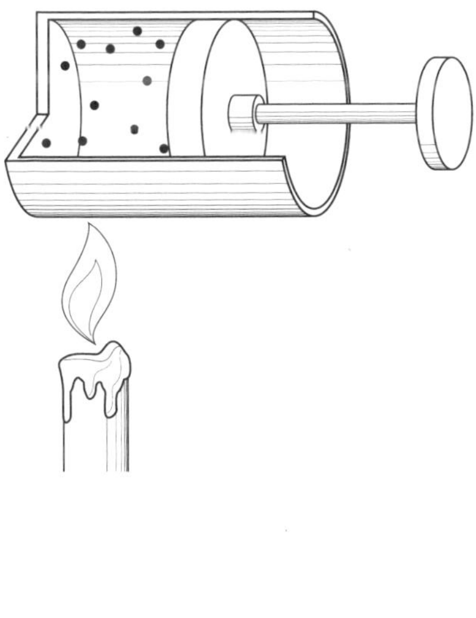

Die Thermodynamik beschreibt Prozesse, in denen Energie in Form von Wärme vorkommt. Darunter versteht man die ungeordnete Bewegung von Atomen und Molekülen. Die klassische Thermodynamik verknüpft Materieeigenschaften wie Druck, Temperatur, Volumen, spezifische Wärme, Reaktionswärme oder geleistete Arbeit miteinander. Sie basiert auf drei grundlegenden Postulaten, den Hauptsätzen der Thermodynamik. Der erste besagt, dass die Energie eines abgeschlossenen Systems konstant ist. Verschiedene Energieformen können sich ineinander umwandeln, zum Beispiel mechanische Energie in Wärme. Jedoch kann Energie weder vernichtet noch aus dem Nichts erzeugt werden.

Der zweite Hauptsatz trifft Aussagen über die Richtung des »freiwilligen« Wärmeflusses und seiner Folgen: Ohne Zutun von außen wird Wärme stets von heiß nach kalt transportiert. Der Satz ist eng verknüpft mit dem Begriff der Entropie, der häufig etwas irreführend als »Unordnung« eines Systems beschrieben wird. Der Zustand der größten Entropie ist die vollständige Durchmischung. In einem geschlossenen System kann die Entropie nicht abnehmen. Prozesse, bei denen sie gleich bleibt, bezeichnet man als umkehrbar (oder reversibel). Nimmt die Entropie zu, sind sie irreversibel – was bei makroskopischen Prozessen eigentlich immer der Fall ist. Zu einer anschaulichen Deutung der Entropie über die Anzahl von möglichen Mikrozuständen – wie den Anordnungsmöglichkeiten von Molekülen in einer Flüssigkeit oder einem Gas – kommt es in der statistischen Mechanik. Der Zusammenhang zwischen der Wahrscheinlichkeit eines makroskopischen Zustands und seiner Entropie wird zuerst von Ludwig Boltzmann im 19. Jahrhundert erkannt. Demnach ist der wahrscheinlichste Zustand eines Systems die größte Unordnung (die maximale Entropie). Der zweite Hauptsatz der Thermodynamik ist nicht allgemein beweisbar, er entspricht schlicht Erfahrungstatsachen und ist daher empirisch begründet.

Der dritte Hauptsatz besagt, dass die Entropie eines Reinstoffs mit perfekter Kristallstruktur, der sich in einem inneren Gleichgewicht befindet, mit sinkender Temperatur gegen Null strebt. Der absolute Nullpunkt der Temperatur kann demnach nicht erreicht werden.

FRAGE 2: WIE LÄSST SICH UNSERE TURBULENTE WELT VERSTEHEN?

Worin gezeigt wird, dass sich unser (kosmisches) Leben aus dem Chaos heraus selbst organisiert.

In der Natur tritt das Chaos sehr häufig in Form von Turbulenz auf. Dies ist zum Beispiel der Fall in einem Wasserfall oder in Luftwirbeln der Erdatmosphäre. Im Unterschied zu einer gleichförmigen (laminaren) Strömung in Flüssigkeiten oder Gasen zeichnet sich eine turbulente Strömung durch unregelmäßige Geschwindigkeiten und Druckschwankungen aus. Sie zeigt sich in Form von Wirbeln und führt zu verstärkter Durchmischung. Das Phänomen der Turbulenz ist noch nicht grundsätzlich verstanden. Der theoretische Physiker Uwe Thiele von der Universität Münster spricht in diesem Zusammenhang von offenen chaotischen Systemen. »Da gibt es Stoffe, die in das System hinein- und herausfließen und viele natürliche Prozesse antreiben, bei denen sich zeitabhängige räumliche Strukturen bilden. Man versteht bisher noch nicht richtig, was die eigentlichen Grundprinzipien dahinter sind. Mit anderen Worten: Man kann jedes einzelne turbulente System für sich betrachtet gut untersuchen und dafür einzelne Modelle erstellen, aber ein grundsätzliches, allgemeines Konzept für strukturbildende turbulente Systeme fehlt noch.«

Turbulente Vorgänge werden häufig mit dem Begriff der Selbstorganisation verknüpft – ein Wort, das auch im Bereich der Biophysik vorkommt. Dabei geht es um das Phänomen, dass sich Systeme selbstständig strukturieren. Entsprechend versuchen die Physiker, in jedem betreffenden System zu verstehen, wie die Reihenfolge der Strukturübergänge aussieht. »Fängt ein System zunächst an zu oszillieren, also mit einer bestimmten Periode zu schwingen, kommt danach vielleicht die Überlagerung einer zweiten und dritten Schwingung hinzu«, beschreibt Thiele ein Beispiel. »Ab wann verhält sich das System nun chaotisch? Ab der dritten Schwingung? Oder beobachtet man nahezu beliebig viele Perioden?«

Der Ansatz der Turbulenzforschung ist, unterschiedliche Systeme experimentell zu untersuchen und zu simulieren. Dabei bedient man sich der Grundgleichungen der Hydrodynamik (der Strömungslehre für Flüssigkeiten) mit dem Ziel, die experimentellen Ergebnisse zu reproduzieren. »Die Theorie versucht, die Eigenschaften der Turbulenz möglichst grundsätzlich zu beschreiben. Aber hier ist die Theorie tatsächlich noch nicht sehr weit. Entsprechend individuell fallen die Lösungsansätze für viele experimentell untersuchte turbulente Systeme aus – spezifische Modelle für konkrete Experimente, ohne dass sich im eigentlichen Sinne die Abfolge der Strukturen verstehen lässt, die man experimentell beobachtet.« Das Problem besteht darin, dass Turbulenzen in der Regel Strukturen betreffen, die sich über viele Längen- und Zeitskalen erstrecken und demnach im ganz Kleinen ebenso wirken wie im ganz Großen. Statistische Ansätze sind daher extrem schwierig anzuwenden.

Während sich ein typisches thermodynamisches Gleichgewicht, das globale Größen wie Druck und Temperatur beinhaltet, in der klassischen Thermodynamik sehr gut beschreiben lässt, sind Modelle für Nicht-Gleichgewichtsphänomene dagegen noch wenig entwickelt. »Dafür fehlen uns die thermodynamischen Grundgesetze.« Für Uwe Thiele sind die Gesetze der klassischen Thermodynamik deshalb im Grunde Gesetze des Gleichgewichts. Die eigentliche Thermodynamik des Nicht-Gleichgewichts wurde erst später begründet, von Wissenschaftlern wie Lars Onsager in den 1930er- und 1940er-Jahren oder Ilya Prigogine in den 1960er-Jahren. Uwe Thiele sieht einen Lösungsansatz in der Entschlüsselung des Phänomens der Selbstorganisation. »Man muss nicht nur die ›Organisation‹ in den turbulenten Systemen verstehen, sondern insbesondere, wie sich die Systeme ›selbst‹ organisieren.« Hier gibt es Uwe Thiele zufolge mehrere vielversprechende Ansätze, aber noch nicht *die* eine Theorie, die verspricht, alles zu lösen. Aber was genau ist unter der Selbstorganisation eines turbulenten Systems zu verstehen?

Der Physiker Frank Stefani vom Helmholtz-Zentrum Dresden-Rossendorf (HZDR) führt hier als Beispiel die Herkunft und Wirkung von kosmischen Magnetfeldern an – beispielsweise des Sonnenmagnetfeldes. Stefani spricht in diesem Zusammenhang vom Yin und Yang der kosmischen Magnetohydrodynamik und ihrer Turbulenz. »Yin bedeutet, dass Strömungen in elektrisch leitfähigen Flüssigkeiten Magnetfelder erzeugen können, was als hydromagnetischer Dynamoeffekt bezeichnet wird. Das Yang steht dafür, dass Magnetfelder wiederum in der Lage sind, stabile Strömungen zu destabilisieren, was auch Magneto-Rotationsinstabilität genannt wird.« Frank Stefani findet besonders faszinierend, dass diese beiden Effekte ineinandergreifen und eine gewisse Kreiskausalität bilden können. Er stellt fest, »dass Magnetfelder Strömungen destabilisieren können, dabei Turbulenz entsteht, und diese Turbulenz wiederum das angeregte Magnetfeld reproduzieren kann – die Schlange beißt sich so gewissermaßen in den eigenen Schwanz.«

Es geht also um die Frage, wie Ordnung im Chaos entsteht. »Wir haben eine hochgradig turbulente Strömung zum Beispiel im flüssigen Eisen des Erdkerns oder im Plasma der Sonne und dennoch entstehen dort relativ reguläre, also geordnete Strukturen.« Schon 1919 hatte der irische Physiker Joseph Larmor festgestellt, dass das Sonnenmagnetfeld nach dem Prinzip eines selbsterregten Dynamos funktioniert – ähnlich wie zuvor der Ingenieur Ernst Werner Siemens die Umwandlung von kinetischer Energie in elektrische Energie beschrieben hatte. Daraus entstand die Dynamotheorie: »Man nehme einen rotierenden Körper, in dem thermische oder kompositionelle, also zusammengesetzte Auftriebskräfte eine sogenannte konvektive Bewegung durch Strömungstransport erzeugen. Eine Kombination aus Corioliskraft, einer Trägheitskraft in einem rotierenden System, und Konvektion führt zum Auftreten von schraubenförmigen Strömungen. Und diese Schraubenform ist ganz essenziell für den Dynamoeffekt.« Auf diese Weise erzeugt die elektrisch leitfähige Materie ein sich selbst erhaltendes Magnetfeld. Stefani ist der Ansicht, dass bei der Erde verschiedene Formen eines mechanischen Antriebs durch Präzession und Nutation – also von Kreiselbewegung und Schwankung der Erdachse – oder Änderungen der Bahnexzentrizität und damit der Bahnform eine komplementäre Rolle spielen können. Zusammen mit seinem Team baut er gerade an einer gewaltigen »Höllenmaschine«, wie er selbst sagt. »Im Wesentlichen handelt es sich um einen Zylinder, der mit acht Tonnen flüssigem Natrium gefüllt ist und sich um zwei verschiedene Achsen dreht. Mit dieser präzessionsgetriebenen Strömung hoffen wir tatsächlich, Magnetfeldselbsterregung in einer echt homogenen Strömung zu finden, ganz ähnlich, wie wir es beim Erdmagnetfeld beobachten.«

Stefani versucht auf diese Weise, Umpolungsprozesse des Erdmagnetfeldes zu verstehen. »Man hat nämlich festgestellt, dass bei den Umpolungsprozessen des Erdmagnetfeldes eine gewisse Quasi-Regularität im Spiel ist. Möglicherweise gibt es sogar eine Verbindung zwischen den Eiszeiten und den Umpolungsprozessen des Erdmagnetfelds. Ein Gedanke, den ich extrem attraktiv finde.« Während der Eiszeiten bildeten sich große Eiskappen in den Polargebieten und der Meeresspiegel sank um schätzungsweise hundert Meter. Die Erde erfuhr dadurch eine Verkleinerung ihres Trägheitsmoments. Da ihr Drehimpuls aber grundsätzlich erhalten bleibt, musste sich die Erde schneller drehen. Die Größenordnung des Unterschieds betrug etwa 10^{-5} im Vergleich zur normalen Rotationsgeschwindigkeit. »Wir sehen also einen Einfluss auf die Rotationsbewegung der Erde. Und das kann offenbar dazu führen, dass der Geodynamo, der relativ stabil läuft, sozusagen einen zusätzlichen kleinen Auslöseimpuls erhält, und dann schließlich eine Umpolung durchführt. Wie der sogenannte Schmetterlingseffekt in der nichtlinearen Dynamik: Wir haben große Systeme, die extrem empfindlich für kleine Einflüsse sind.«

Turbulenzen spielen auch in unserer Atmosphäre eine große Rolle. Sie sind damit ebenfalls relevant für die Klimaforschung. »Das Turbulenzproblem ist bei uns allgegenwärtig«, erklärt der Klimaforscher Mojib Latif vom GEOMAR Helmholtz-Zentrum für Ozeanforschung in Kiel, »es ist eine echte Herausforderung für unsere Klimamodellierung.« Denn auch hier müssen statistische Prozesse über alle Längen- und Zeitskalen betrachtet werden. »Wir können zwar die Prozesse auf der molekularen Skala sehr gut verstehen, aber die kleinen Skalen beeinflussen auch die großen Skalen, und wir können eben keine Modelle entwickeln, die von der molekularen bis zur makroskopischen Skala alles beliebig genau abbilden«, hält Latif fest. »Wir müssen also die Modelle beziehungsweise die zugrundeliegenden mathematischen Gleichungen vereinfachen und mitteln. Da aber diese Gleichungen nichtlinear sind, also hochkomplex, erkauft man sich diese Mittelung dadurch, dass neue Terme auftreten, für die es keine physikalischen Begründungen gibt.«

Als Beispiel für die Schwierigkeiten der Skalierung führt Latif die Berücksichtigung der Wolken in den Klimamodellen an. »Wolken sind oft relativ klein und das macht es für die Simulationsrechnung schwer. Denn wir lösen die mathematischen Gleichungen dadurch, dass wir den Erdball mit einem Raster überziehen.« Die Kantenlänge eines solchen Rasterwürfels, mit dem ein atmosphärisches Volumen erfasst wird, liegt typischerweise im Bereich von 50 bis 100 Kilometern. »Wolken sind häufig kleiner, liegen also unterhalb dieser Rasterwürfelskala. Wir müssen demnach Aussagen über die Wolken machen, die sich in diesem Würfel befinden, den wir gerade noch auflösen können.« Die Einbeziehung von Nichtlinearitäten und Turbulenzen hängt stark von den zur Verfügung stehenden Computerkapazitäten ab. »In der Klimamodellierung sprechen wir gerne von der ›Brute Force‹, von der rohen Gewalt, die uns hilft. Wenn die Computer schneller werden und wir die Auflösung der Modelle erhöhen und engmaschiger rechnen können, werden die Modellrechnungen entsprechend genauer.«

Mojib Latif koordiniert zurzeit ein großes wissenschaftliches Projekt namens PalMod (Paläoklima-Modellierungsinitiative), bei dem mit Klimamodellen der letzte Eiszeitzyklus simuliert werden soll: von der letzten großen Warmzeit bis zur Gegenwart, also von der Zeit vor etwa 130.000 Jahren durch die letzte Eiszeit hindurch bis in die gegenwärtige Warmzeit. Um dann in die Zukunft zu blicken angesichts der Frage: Wie könnte sich unser Klima entwickeln? »Was wir gerade erleben, ist kein Vergleich zu dem, was die Eiszeitmenschen erleben mussten. Damals ist das Klima im wahrsten Sinne des Wortes Achterbahn gefahren. Es wäre wunderbar, wenn wir mit unseren Klimamodellen diese rapiden und turbulenten Schwankungen des eiszeitlichen Klimas simulieren könnten. Weil man dann natürlich ein ganz anderes Vertrauen in das Klimamodell gewinnt, das auch unsere Zukunft simulieren soll.« Durch die Erforschung von Turbulenzen lernen wir also, das Chaos in der Welt nicht zu fürchten, es vielleicht sogar zu beherrschen.

TEIL 3

DIE ELEKTRO-DYNAMIK

Wo die Beziehung zwischen Feldern eine große Rolle spielt

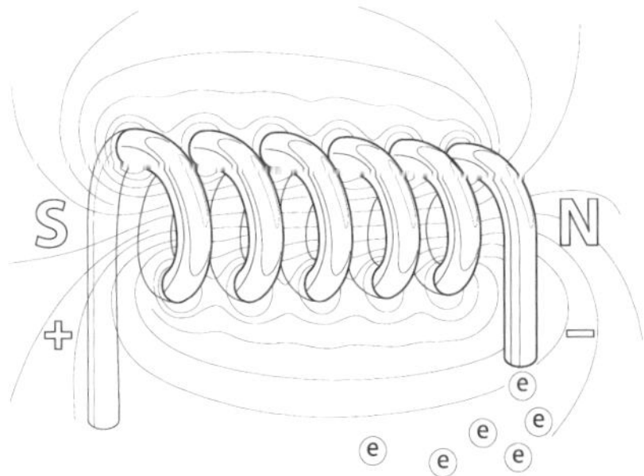

In der Natur findet man positive und negative elektrische Ladungen, zwischen denen die sogenannte Coulomb-Kraft wirkt. Elektrische Ladungen können in Materie gleichmäßig verteilt oder getrennt sein, sie können aufgenommen oder abgegeben werden. Phänomene mit ruhenden oder bewegten Ladungen werden als Elektrizität bezeichnet. Eine Ladung erzeugt ein elektrisches Feld mit einer bestimmten Stärke und Richtung in jedem Raumpunkt. Bewegte Ladungen verursachen einen elektrischen Strom und dieser ruft ein Magnetfeld hervor. Das magnetische Feld beschreibt – entsprechend dem elektrischen Feld – den Zustand des Raums in der Umgebung eines Magneten. Jeder Magnet hat einen Nord- und einen Südpol. Die Lehre vom magnetischen Feld und vom Verhalten der Materie in ihm bezeichnet man als Magnetismus.

Die Wirkungen zwischen elektrischen und magnetischen Erscheinungen sind wechselseitig: Jeder sich zeitlich ändernde elektrische Strom erzeugt ein veränderliches Magnetfeld, und dieses bewirkt in einem Leiter wiederum elektrische Spannungen oder Ströme. Ein Magnetfeld induziert ebenfalls in einem bewegten Leiter eine Spannung, da auf die Ladungen, die sich in dem Leiter befinden, dann die sogenannte Lorentz-Kraft wirkt. Veränderliche Magnetfelder sind immer mit elektrischen Feldern gekoppelt und veränderliche elektrische Felder stets mit Magnetfeldern – beide pflanzen sich gemeinsam als elektromagnetische Welle im Raum fort.

Die Lehre von bewegten elektrischen Ladungen und zeitlich veränderlichen elektrischen und magnetischen Feldern bezeichnet man als Elektrodynamik. Ihre Phänomene werden durch die Grundgleichungen des schottischen Physikers James Clerk Maxwell aus den 1860er-Jahren beschrieben und bilden eine fundamentale Grundlage der klassischen Physik. Sie besagen, dass elektrische Feldlinien eine Quelle haben – die Ladung nämlich –, während magnetische Feldlinien quellenfrei sind. Änderungen des Magnetfeldes führen zu einem elektrischen Wirbelfeld, umgekehrt führen elektrische Ströme zu einem magnetischen Wirbelfeld.

FRAGE 3: WO STECKEN DIE MAGNETISCHEN MONOPOLE?

Weshalb es sie eigentlich geben sollte und wo sie nach dem Urknall geblieben sein könnten.

Wir halten also fest, dass es *elektrische* Monopole gibt, und zwar in Form elektrischer Ladungen, wie sie beispielsweise Elektronen tragen. Aber gibt es auch *magnetische* Monopole, ein magnetisches Pendant zum elektrischen Monopol – der Elementarladung? Oder gibt es sie nicht? Für Thomas Naumann vom Deutschen Elektronen-Synchrotron DESY in Hamburg ist dies eine unbegreifliche Asymmetrie, die die Elektrodynamik seit mehr als 150 Jahren begleitet. Die Beobachtung nämlich, dass wir zwar elektrische Ladungen vorfinden, aber keine magnetischen. (Gemeint sind hier wirklich isolierbare magnetische Monopole und nicht etwa solche, die in der Festkörperphysik als »Quasiteilchen« in speziellen Materialien wie dem sogenannten »Spin-Eis« realisiert werden können.) Die Elektrodynamik beschreibt Magnetfelder durch geschlossene Feldlinien, die nirgendwo beginnen und enden. Magnetfelder werden nicht durch magnetische Ladungen erzeugt, sondern durch elektrische Ströme, also durch bewegte elektrische Ladungen, oder durch entsprechend magnetisierte Gegenstände.

Ludwig Boltzmann, der Begründer der statistischen Physik und der Thermodynamik, war bezaubert von der Schönheit, Symmetrie, Eleganz und Effizienz der Maxwellschen Gleichungen. Im Vorwort seines Lehrbuchs zur klassischen Elektrodynamik von 1891 zitiert er

Johann Wolfgang Goethes Faust: »War es ein Gott, der diese Zeichen schrieb?« Doch die Asymmetrie zwischen Elektrizität und Magnetismus missfiel ihm. »Wenn Boltzmann die Elektrodynamik trotz dieser Asymmetrie als göttlich empfindet, wie überirdisch schön müsste dann eine symmetrische Elektrodynamik sein?«, fragt Thomas Naumann. »Eigentlich hätte der liebe Gott doch gleich eine symmetrische Elektrodynamik schaffen können.« Aber magnetische Monopole lassen sich partout nicht finden. »Wenn ich einen klassischen Permanentmagneten zerbreche, teilt er sich wieder in einen Nord- und einen Südpol auf. Mit anderen Worten: Wir können niemals einen magnetischen Monopol isolieren. Das ist ein uraltes Problem der klassischen Elektrodynamik und widerspricht auch *meinem* Schönheitssinn.« Thomas Naumann bezeichnet diese Asymmetrie als »ugly truth«, als »hässliche Wahrheit«. Viele Physiker verfolgen nämlich den Ansatz, dass physikalische Formeln schön, ästhetisch, symmetrisch und einfach sein müssen. »In unserer guten alten klassischen Elektrodynamik ist da etwas faul.«

Bereits Anfang des 20. Jahrhunderts stellte deshalb der britische Physiker Joseph John Thomson theoretische Überlegungen zu magnetischen Monopolen und ihrer Wirkung an. Er ließ dazu in Gedankenexperimenten einen elektrischen und einen magnetischen Pol umeinander rotieren und berechnete ihren Drehimpuls. »Tatsächlich wurden aber bisher magnetische Monopole niemals beobachtet«, hält Naumann nochmals fest. »Wenn es sie gäbe, wären sie aufgrund ihrer Symmetrie zu elektrischen Monopolen von diesen auch nicht einfach zu unterscheiden. Elektrizität und Magnetismus wären einander viel ähnlicher.« Man könnte auch sagen: Elektrische und magnetische Felder wären zwei Seiten ein und derselben Medaille. Um 1930 knüpfte der englische Physiker Paul Dirac an die Gedanken von Thomson an und entwickelte eine relativistische Quantentheorie des Elektrons. Ohne zukünftigen Kapiteln dieses Buches vorgreifen zu wollen: Dirac konnte unter anderem beweisen, dass im Falle der Existenz magnetischer Monopole jede elektrische Ladung ein Vielfaches der Elementarladung sein muss, womit sich die experimentell beobachtete »Quantisierung« der elektrischen Ladung erklären ließe – für die es bisher in der Physik keine befriedigende Erklärung gibt. »Leider bedeutet die Tatsache, dass die elektrische Ladung quantisiert ist, in Umkehrung nicht, dass es zwingend auch magnetische Monopole geben muss«, hält Naumann fest und seufzt. »Aber immerhin konnte Dirac zeigen, dass die magnetischen Ladungsmonopole, sofern es sie gibt, verhältnismäßig stark sein müssen.« Und damit müssten sie sich auch in entsprechenden Detektoren, beispielsweise in Ionisationskammern, nachweisen lassen – was bisher aber nicht gelungen ist.

In den theoretischen Vorstellungen gibt es jedoch nicht nur die besagten magnetischen Dirac-Monopole. Es wurden in den 1970er-Jahren auch andere Ideen entwickelt, denen zufolge bei der Abkühlung des Universums kurz nach dem Urknall kleine »Defekte« an den Grenzen des damals heißen Universums eingefroren sind – ähnlich der Defekte beim Abkühlen einer Metallschmelze, bei der kleine Kristalle und bestimmte Materialbezirke entstehen. Das Fehlen der magnetischen Monopole in unserer Welt konnte sich damit erklären, dass diese Defekte, die Monopole, in der Zeit der kosmischen Inflation, einer frühen Phase extrem rascher Expansion des Universums, in mittlerweile unerreichbare Ferne gerückt sind. Diese magnetischen Inflationsmonopole wurden in den 1970er-Jahren unter anderem von den Physikern Gerardus 't Hooft und Alexander Markowitsch Poljakow vorgeschlagen. »Diese Biester könnten neben der Quantisierung der Ladung noch für eine Reihe anderer Effekte verantwortlich sein, wie zum Beispiel für den hypothetischen Zerfall des Protons«, erklärt Naumann. Das Proton, das nach dem heutigen Standardmodell stabil ist, könnte also unter Beteiligung magnetischer Monopole zerfallen. Damit würden magnetische Monopole die Stabilität von Materie beeinflussen. »Festzustehen scheint, dass diese magnetischen Monopole, sofern es sie überhaupt gibt, wirklich verdammt rar sind.« Trotzdem wird nach ihnen gesucht, unter anderem mit dem großen Teilchenbeschleuniger »Large Hadron Collider« (LHC) der Europäischen Organisation für Kernforschung CERN in Genf und dort genauer mit dem MoEDAL-Detektor (»Monopole and Exotics Detector at the LHC«), einer Erweiterung des großen Experiments LHCb. »Denn die Frage ist tatsächlich zu fundamental, um sie unbeantwortet zu lassen«, resümiert Naumann. Oder um es mit Einstein zu sagen: »Die Existenz der magnetischen Monopole ist ›zu schön, um nicht wahr zu sein‹.«

TEIL 4

DIE RELATIVITÄTS-THEORIE

Wo zwischen Bezugssystemen absolute Gleichberechtigung herrscht

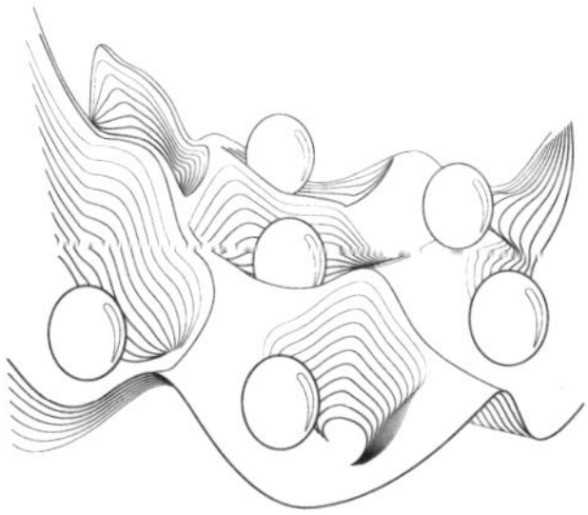

Mit seiner speziellen Relativitätstheorie stellt Albert Einstein Anfang des 20. Jahrhunderts die Forderung auf, dass sich im Universum nichts schneller bewegen darf als das Licht. Hieraus leitet er das Relativitätsprinzip ab, wonach es kein ausgezeichnetes Bezugssystem gibt und damit auch keine absolute Zeit. Raum und Zeit bilden vielmehr eine fundamentale Einheit, Energie und Masse sind äquivalent. Der Ausgangspunkt der allgemeinen Relativitätstheorie ist das Newtonsche Gravitationsgesetz, an dem Einstein missfällt, dass die Gravitationswirkung zwischen zwei Massen instantan, also unmittelbar, übertragen wird – selbst über kosmische Entfernungen hinweg. Einstein nimmt stattdessen an, dass sich ein Gravitationsfeld höchstens mit Lichtgeschwindigkeit im Raum ausdehnt – analog zum elektromagnetischen Feld in der Elektrodynamik.

Der Ausbreitungsraum des Gravitationsfeldes ist gemäß Einstein die Raumzeit. Jeder Raumzeitpunkt entspricht einer Koordinate im dreidimensionalen Raum zu einer bestimmten Ereigniszeit. Die Wirkung des Gravitationsfeldes zeigt sich in der Geometrie dieser Raumzeit. Das Raumzeitgitter wird durch das Gravitationsfeld gekrümmt, eine Masse bewegt sich darin von einem Raumzeitpunkt zum anderen auf der kürzesten Verbindungslinie, einer sogenannten Geodäte. Veranschaulichen kann man sich eine solche Bahn in der gekrümmten Raumzeit durch die Bewegung auf einer Kugeloberfläche: Der kürzeste Weg zwischen zwei Punkten verläuft hier entlang eines Kreisbogens. Mit den jüngsten Entdeckungen von Gravitationswellen (also von Wellen in der Raumzeit – siehe auch Frage 33) bei der Verschmelzung von Neutronensternen und schwarzen Löchern hat das goldene Zeitalter der Gravitationsphysik begonnen.

FRAGE 4: WAS SIND RAUM UND ZEIT?

Während sie für Augustinus, Newton, Leibniz und Kant noch die Bühne des Welttheaters sind, erhebt Einstein sie zu Akteuren.

Der mathematische Physiker und Wissenschaftsphilosoph Rainer Schimming von der Universität Greifswald empfiehlt, die beiden Begriffe zunächst einmal phänomenologisch zu betrachten. »Zum Begriff des Raums fallen einem ein: Ort, Lage, Entfernung und Richtung, bei der Zeit: Datum und Dauer. Das Auffälligste an der Phänomenologie der Zeit sind ihre drei Modi: Vergangenheit, Gegenwart und Zukunft. Die Vergangenheit ist abgeschlossen und nicht mehr beeinflussbar. Die Gegenwart ist dieser Moment jetzt gerade. Und die Zukunft ist ungewiss.« Während Vergangenheit und Zukunft zeitliche Intervalle beschreiben, ist die Gegenwart nur ein Punkt. Zur Präzisierung dieser Begriffe spricht Schimming als nächstes vom physikalischen Raum und der physikalischen Zeit. »Diese sind beide objektiv, real und universell. Objektiv heißt unabhängig vom Subjekt. Real heißt nicht nur ausgedacht, nicht nur geistig. Universell heißt: Alle Dinge befinden sich im natürlichen Raum, alle Prozesse verlaufen in der natürlichen Zeit.« Diese werden jedoch von den Menschen sehr unterschiedlich empfunden, und es treten dabei ganz verschiedene Aspekte auf.

Rainer Schimming weist darauf hin, dass es zum physikalischen Raum und der physikalischen Zeit sehr unterschiedliche Ansichten gibt. Am bekanntesten ist die Vorstellung des absoluten Raums und der absoluten Zeit von Isaac Newton aus dem 17. Jahrhundert. Der Raum ist hier ein idealer, unveränderlicher Behälter. Und die Zeit ist eine ideale Uhr, die von nichts abhängt und deshalb, neben der Materie, unveränderlich ist. »Doch seit alters her gibt es eine konkurrierende Sichtweise – bei Augustinus von Hippo in der Antike ebenso wie bei Gottfried Wilhelm Leibniz, einem Zeitgenossen Newtons – nämlich die relationale Sichtweise.« Raum und Zeit haben darin keinen eigenständigen Realcharakter, sondern sind nur Relationen der Materie. Der Raum ist das Produkt der möglichen Lagebeziehungen zwischen Körpern, und die Zeit ist die Relation des Nacheinanders. »Ohne ein Ding und ohne ein Ereignis würde es Raum und Zeit gar nicht geben.« Nach Augustinus und Leibniz konstituieren also Dinge und Ereignisse erst den Raum und die Zeit. Und Immanuel Kant, der ein knappes Jahrhundert später lebte, bezeichnet in seiner berühmten »Kritik der reinen Vernunft« Raum und Zeit »als a priori unserer Erfahrung« und als »reine Formen der sinnlichen Anschauung«. Rainer Schimming nennt noch eine weitere Interpretation des physikalischen Raums und der physikalischen Zeit – die von Albert Einstein aus dem 20. Jahrhundert. »Wir sind nämlich nicht von der Materie getrennt oder ihr gegenübergestellt, sondern selbst Materie.« Raum und Zeit sind bei Einstein zur vierdimensionalen Raumzeitunion verschmolzen und haben den Status eines physikalischen Feldes. Einstein verwendet dafür einen Ansatz des Mathematikers und Physikers Hermann Minkowski. »Aus dieser vierdimensionalen Raumzeitunion werden Raum und Zeit abgeleitet, abhängig vom jeweiligen Bezugssystem. Diese Abhängigkeit ist die sogenannte Relativität von Raum und Zeit.«

Mit der Einsteinschen Raumzeit gehen Dinge einher, die unserem Alltagserleben stark zu widersprechen scheinen. Der Teilchenphysiker Albrecht Wagner vom Deutschen Elektronen-Synchrotron DESY führt hier das Phänomen der Zeitdilatation an. »Dank Einsteins spezieller Relativitätstheorie wissen wir, dass die Zeit keine absolute Größe ist, sondern jedes Bezugssystem seine eigene Zeit hat und es deshalb zwischen unterschiedlichen Bezugssystemen keine Gleichzeitigkeit gibt.« Wagner verweist dazu auf die relative Lebensdauerverlängerung einer bestimmten Sorte von Elementarteilchen, den sogenannten Myonen, die durch die kosmische Strahlung in den obersten Schichten der Erdatmosphäre entstehen. »Diese Myonen sind sehr kurzlebige Teilchen, die im eigenen Ruhesystem eine Lebensdauer von etwa einer Mikrosekunde haben, also knapp einer Millionstel Sekunde.« Eigentlich dürfte ihre Flugzeit daher nicht ausreichen, um nach ihrer Entstehung in einer Höhe von etwa hundert Kilometern hinunter bis zur Erde zu gelangen. »Weil sie sich aber mit nahezu Lichtgeschwindigkeit auf die Erde zubewegen, existieren sie tatsächlich für einen ruhenden Beobachter sehr viel länger und erreichen deshalb das Nachweisgerät am Erdboden.«

Als zweites Beispiel für die Zeitdilatation führt Albrecht Wagner das berühmte Zwillingsparadoxon an. »Es beschreibt ein Zwillingspaar, das zu einem bestimmten Zeitpunkt getrennt wird. Der eine bleibt auf der Erde, der andere steigt in eine Rakete und bewegt sich mit nahezu Lichtgeschwindigkeit durch das Weltall. Nach vielen, vielen Erdenjahren kehrt der Astronaut, kaum gealtert, auf die Erde zurück und trifft auf seinen Zwilling – der inzwischen ein Greis ist.« Auch wenn dieses scheinbare Paradoxon nur ein Gedankenexperiment darstellt, lässt sich die Zeitdilatation durch Uhrenvergleiche zwischen Satelliten und ruhenden Systemen auf der Erde experimentell leicht nachweisen. »Die Zeitdilatation ist im physikalisch-mathematischen Sinn kein Rätsel mehr«, sagt Wagner, »sie steht bloß im krassen Widerspruch zu unserem Zeitempfinden und Erleben.«

Wie ist aber nun die Struktur von Raum und Zeit bestimmt? »Durch die Mathematik«, sagt der Theoretiker Rainer Schimming. »Das Standardmodell für den Raum ist der dreidimensionale euklidische Raum«, erklärt er, »wenngleich sich die Mathematik ohne Schwierigkeit auch höherdimensionale Räume vorstellen kann.« Das mathematische Standardmodell für die Zeit hingegen ist der Zeitpfeil. »Also eine ideale Gerade, versehen mit einer Richtung.« Die Richtung gibt an, wie die Zeit von der Vergangenheit über die Gegenwart in die Zukunft verläuft. Mithilfe der Mathematik hat die Physik jedoch festgestellt, dass die Struktur der Raumzeit auch anders aussehen könnte. »Sie könnte zum Beispiel gekrümmt sein, wie es in der allgemeinen Relativitätstheorie ausgeführt ist. Sie könnte auch einteilig oder mehrteilig sein oder aus nicht zusammenhängenden Teilen bestehen, sie könnte endlich oder unendlich ausgedehnt sein.« Schimming verweist dazu auf die Gleichungen von Alexander Friedmann oder Georges Lemaître aus den 1920er-Jahren, die die Entwicklung des Universums beschreiben. »Daraus resultieren die Vorstellungen von einem geschlossenen oder einem offenen Entwicklungsverlauf des Universums.« Inzwischen sind die Physiker ziemlich fest davon überzeugt, dass das Weltall offen ist und sich für alle Zeiten ausdehnt, aber dazu später mehr.

Die Frage nach Raum und Zeit führt auch zu Paradoxien, also Widersprüchen, innerhalb der jeweiligen Betrachtungsweisen. Aus physikalischer Perspektive sind hier insbesondere bestimmte Singularitäten zu nennen. Eine Singularität lässt sich mathematisch nicht beschreiben, sie ist »formal nicht definiert« wie zum Beispiel der Quotient eins durch Null – die Beschreibung bricht zusammen. In der Physik zeigen Singularitäten also die Verständnisgrenze einer Theorie an. Die wichtigsten Singularitäten in Bezug auf Raum und Zeit sind der Moment des Urknalls oder das Zentrum eines schwarzen Lochs. Diese Punkte lassen sich nicht durch das physikalische Konzept der Raumzeit beschreiben, sie sind sozusagen ausgeschnitten.

Schließlich gibt es noch das Paradoxon der Quantenfeldtheorie: Demnach gibt es keinen völlig leeren Raum, der Raum ist stets mit Energie angefüllt. Der natürliche Raum im Zustand minimaler Energie heißt Vakuum. »In gewisser Weise ist die sichtbare Welt, die wirkliche Welt mit physikalischem Raum und physikalischer Zeit, nur eine Fluktuation dieses Vakuums. Das ist für Laien nicht vorstellbar, aber trotzdem eine Tatsache und daher tatsächlich ein Paradoxon.« Die Physiker diskutieren auch die These, dass Vakuumfluktuationen kleine Gravitationsfelder erzeugen können – eines der ganz großen Rätsel der Physik. Denn wenn es so wäre, hätte das einen fundamentalen Einfluss auf die Strukturen und die Entwicklung unseres Universums. Doch dazu später mehr.

Neben dem Paradoxon des leeren Raums bietet die Physik auch ein Paradoxon der Zeit an – ein großes Problem, an dem sich die Physiker bis zum heutigen Tage die Zähne ausbeißen (wenn sie es nicht stillschweigend ignorieren). Die Grundgleichungen der Physik erlauben nämlich einen Rückwärtsgang der Welt – die Umkehrung des Zeitpfeils. »Die fundamentalen Naturgesetze allein erlauben, dass die Zeit rückwärts laufen kann, was allerdings noch nie beobachtet wurde«, sagt Schimming. Durch eigens hinzugefügte Gesetze wird dies in der Physik daher im Prinzip ausgeschlossen, insbesondere durch den zweiten Hauptsatz der Thermodynamik. Er besagt, dass die Entropie in einem abgeschlossenen System nicht abnehmen kann. Damit ist die Entropie eine gerichtete Zustandsgröße und zwar in der Art, dass die Unordnung zunimmt. »Das ist etwas, was jeder von uns beobachten kann. Wenn man ein Zimmer nicht aufräumt, nimmt die Unordnung zu. Es ist noch niemals beobachtet worden, dass spontan die Unordnung in einem Zimmer abnimmt.« Dies gilt ganz allgemein in thermodynamischen Systemen in Raum und Zeit – in gewisser Weise ein echtes Welträtsel.

FRAGE 5: WIE VIELE DIMENSIONEN HAT DAS UNIVERSUM?

Vielleicht mehr, als wir denken, aber sie sind uns verborgen – wir spüren sie nur, wenn etwas darin verschwindet.

Der theoretische Physiker Heinrich Päs von der Universität Dortmund empfiehlt, zunächst einmal darüber nachzudenken, was Dimensionen eigentlich sind. »Dimensionen legen letztlich die Zahl der Koordinaten in einem System fest. Mit Koordinaten können Ort und Zeit eines Ereignisses bestimmt werden.« Ein Ort auf der Erde beispielsweise lässt sich durch drei Zahlen charakterisieren: den Breitengrad, den Längengrad und die Höhe über der Erdoberfläche. Schließlich wird noch die Zeit festgelegt durch die entsprechende Ortszeit. »Damit kommen wir auf drei Raumdimensionen plus eine Zeitdimension. Das ist die augenscheinliche Zahl der Dimensionen.« Soweit entspricht dies nicht nur unserer alltäglichen Erfahrung, sondern es lässt sich auch aus bestimmten Messergebnissen ableiten – zum Beispiel aus der Beobachtung der Kraftwirkung zwischen elektrischen Ladungen. Klassisch betrachtet bilden die Orts- und Zeitdimensionen also eine Art Bühne, auf der sich die Physik abspielt. »Einsteins Relativitätstheorie zeigt jedoch, dass es etwas komplizierter ist, dass diese Bühne selbst dynamisch ist und mit ihrer Darstellerin, der Materie, wechselwirkt«, erklärt Heinrich Päs.

Tatsächlich kann man auch experimentell nach Abweichungen zu unserer Dimensionsvorstellung suchen. Denn wenn es zusätzliche Dimensionen gäbe, wenn zum Beispiel vier statt drei Raumdimensionen vorlägen, dann wäre die elektrische Feldstärke nicht mehr auf einer zweidimensionalen Kugeloberfläche um eine Ladung herum überall gleich groß, sondern auf einer dreidimensionalen Oberfläche. Dann würde die elektrische Kraft sich nicht mehr mit dem Abstandsquadrat verringern, sondern ihrer Kubikzahl entsprechend (also hoch drei) und damit viel stärker. »Selbstverständlich gibt es auch exotischere Vorstellungen.« Päs' Arbeitsgruppe zum Beispiel arbeitet an der Frage, ob bestimmte Elementarteilchen, die Neutrinos, aufgrund ihrer außergewöhnlichen Eigenschaften in zusätzliche Dimensionen eintauchen können. »Wir überlegen, ob sie darüber sozusagen Abkürzungen nehmen und somit schneller sein könnten als in den augenscheinlich vorhandenen drei Dimensionen.« Eine hochbrisante Frage, die sich insbesondere im Zusammenhang mit bestimmten Anomalien beim Neutrinoexpermiment »MiniBooNE« des amerikanischen Forschungszentrums Fermilab bei Chicago stellt. »Die Kollegen dort haben im Juni 2018 über aktuell vorliegende Messdaten berichtet, und diese passen sehr gut zu unseren Mutmaßungen, dass Neutrinos möglicherweise zusätzliche Dimensionen ›sehen‹.«

Aber warum erkennen wir offenbar nur drei Raumdimensionen? In den 1990er-Jahren haben sich Teilchenphysiker intensiv mit dieser Frage beschäftigt und unter anderem vor dem Hintergrund der sogenannten Stringtheorie – in der Elementarteilchen als ein- oder mehrdimensionale »Fäden« betrachtet werden – drei mögliche Szenarien entwickelt, die miteinander zusammenhängen könnten. »Das vielleicht anschaulichste Szenario davon ist, dass diese zusätzlichen Dimensionen kompaktifiziert sein könnten«, erklärt Päs. Das heißt, dass zusätzliche Dimensionen so klein sind, dass man sie nicht sieht. »Man kann sich das etwa wie ein Blatt Papier vorstellen, das zunächst zweidimensional ist. Wenn man dieses Blatt nun vom Rand her ganz eng einrollt, dann sieht es aus einem hinreichend großen Abstand aus wie eine Linie, also wie etwas Eindimensionales.« Damit hätte man zwei Dimensionen auf eine Dimension kompaktifiziert. Lediglich bei Streuexperimenten mit extrem hohen Teilchenenergien ließe sich ein solches eingerolltes System wirklich auflösen und zeigen, dass es tatsächlich zweidimensional ist.

Eine andere Möglichkeit, die laut Päs ebenfalls diskutiert wird, sind die sogenannten Branen. Das Wort leitet sich vom Begriff der Membran ab. Man geht davon aus, dass die bekannten Elementarteilchen, mit denen wir im physikalischen Alltag zu tun haben, auf einer dreidimensionalen Fläche »gefangen« sind und deswegen nicht in mögliche Zusatzdimensionen vordringen können. »Sie sind in dieser Theorie festgeklebt wie Fliegen auf einem Fliegenfänger«, erklärt Päs, »deshalb können sie nicht in die zusätzlichen Dimensionen hinaus.« Möglicherweise hängt dies aber auch von den Eigenschaften der Elementarteilchen ab: Eventuell gibt es – wie erwähnt – unter ihnen welche, die in der Lage sind, in diese weiteren Dimensionen einzutauchen. Ein Kandidat dafür ist das besagte Neutrino – ein extrem leichtes, neutrales Elementarteilchen, das als Relikt des Urknalls omnipräsent im Universum ist, aber kaum Spuren hinterlässt. »Wenn diese Neutrinos oder bestimmte Sorten von Neutrinos tatsächlich in diese Extradimensionen vordringen könnten, dann wären sie natürlich fantastische ›Sonden‹, um diese Phänomene zu studieren.«

Eine dritte Möglichkeit, diese zusätzlichen Dimensionen zu verstecken, ist theoretisch das »Warping«. Mit sogenannten »Space-and-Time-Warps« – auf Deutsch: Verzerrungen der Raumzeit – haben schon Wissenschaftler wie der berühmte Physiker Stephen Hawking und andere gearbeitet. Warping beruht darauf, dass Einstein zufolge Raum und Zeit keine starre Bühne darstellen, sondern dass sie durch Materie verändert werden, der Raum also durch Materie gekrümmt wird. »Man geht aber beim Warping davon aus, dass Raum und Zeit sowie zusätzliche Raumdimensionen dergestalt gekrümmt sind, dass man nicht weit in sie vordringen kann und man sie deshalb im physikalischen Alltagsleben nicht mitbekommt.« Tatsächlich gibt es noch weitere Thesen zu Extradimensionen unseres Universums. »Es könnte auch sein, dass wir in einer Art Hologramm leben«, sagt Päs. Bei einem Hologramm erblickt man ein dreidimensionales Bild, das von einer zweidimensionalen Fläche erzeugt wird. Es ist deshalb für Päs theoretisch vorstellbar, dass wir zwar den Eindruck haben, in einer dreidimensionalen Welt zu leben, dass diese Welt jedoch nur holografisch auf einer zweidimensionalen Ebene produziert wird. »Solche Überlegungen stellen das Konzept der Dimensionen als etwas eindeutig Definierbares selbst infrage.«

Die Frage nach Extradimensionen ist auch deshalb so spannend, weil sie Möglichkeiten bietet, die Gravitation – die schwächste der fundamentalen physikalischen Kräfte – zu untersuchen. Bei Streuexperimenten am Teilchenbeschleuniger LHC der Europäischen Organisation für Kernforschung CERN in Genf wird zum Beispiel erforscht, ob sich bei großen Teilchenenergien Effekte zeigen, die darauf hinweisen, dass die Gravitation stärker wird. Dabei werden Teilchen auf nahezu Lichtgeschwindigkeit beschleunigt und zur Kollision gebracht. »Ein spektakulärer Effekt wäre zum Beispiel, wenn man aus Elementarteilchen ein kleines schwarzes Loch erzeugen könnte, das anschließend charakteristisch zerstrahlt.« Das hieße nämlich, dass die Gravitation insgesamt stark genug ist, um ein solches schwarzes Loch zu erzeugen, dass aber Teile des Gravitationsfeldes in zusätzliche Dimensionen ausströmen und darin verschwinden. »Das wäre ein – wenngleich noch hypothetisches – Szenario.«. Es stellt sich laut Päs allerdings die Frage, ob die technisch erreichbaren Energien in Teilchenbeschleunigern prinzipiell ausreichen, um Effekte dieser Art hervorrufen zu können. Deswegen fokussieren er und seine Arbeitsgruppe sich auch stärker auf das Neutrino. »Das Neutrino ist deswegen so spannend, weil es ein bisschen aus der Reihe der anderen Elementarteilchen tanzt und insofern eine perfekte Sonde für neuartige Physik darstellt: nämlich, um bisher unbekannte Effekte in der Teilchenphysik zu suchen, aber auch, um etwas exotischeren Fragestellungen in der Kosmologie nachzugehen, wie zum Beispiel derjenigen nach der Struktur von Raum und Zeit.« Diese Frage ist für Päs auch deshalb so spannend, weil sie letztlich die Grundlage unserer Realität darstellt, da eine Welt ohne Raum und Zeit nicht vorstellbar ist. »Ich persönlich bin fest davon überzeugt, dass Raum, Zeit und Materie ganz eng miteinander verknüpft sind, ganz grundlegend und prinzipiell – dass Raum, Zeit und Materie letztlich gemeinsam aus einer zugrundeliegenden Quantenrealität heraus entstehen.«

TEIL 5

DIE QUANTEN-THEORIE

Wo diskrete Sprünge und Unschärfen Hand in Hand gehen

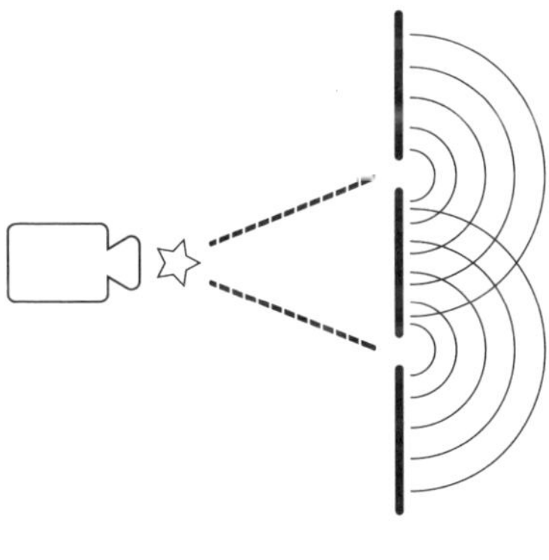

Die Quantentheorie formuliert die allgemeinen physikalischen Gesetzmäßigkeiten im mikroskopisch Kleinen, im Bereich der Moleküle, Atome, Atomkerne und Elementarteilchen. Wenngleich die Gesetze von der Erhaltung des Impulses, Drehimpulses und der Energie auch hier gelten, muss die Quantentheorie auf eine exakte Beschreibung der Bewegung atomarer Teilchen im Sinne der klassischen Mechanik verzichten. Der Zustand eines mikroskopischen Systems ist nur über Wahrscheinlichkeiten beschreibbar. Die »Quantelung« der Energie und anderer physikalischer Größen – also das Auftreten von diskreten (sprunghaften) Zuständen im atomaren Bereich – ist eine weitere Vorstellung, die in der klassischen Mechanik nicht auftaucht. Die Quantentheorie berücksichtigt ferner den Welle-Teilchen-Dualismus, demzufolge Quantenteilchen sowohl Teilchen- als auch Wellencharakter besitzen. Die Wechselwirkung von Strahlung und Materie durch Absorption oder Emission von Photonen (den Lichtquanten) ist ein weiteres Konzept dieser Theorie. Die möglichen Zustände eines Quantenteilchens werden durch Quantenzahlen gekennzeichnet. Kann in der klassischen Mechanik der Ort und Impuls eines Teilchens zu jedem Augenblick genau gemessen werden, so besitzen diese Werte in der Quantentheorie eine von der Natur vorgegebene Unschärfe.

Die Entwicklung der Quantentheorie erfolgt stufenweise: Die zuerst eingeführte Quanten*mechanik* erlaubt die Beschreibung von Quantenteilchen als Materiewellen. Sie ist das Ergebnis der Arbeiten von Louis de Broglie, Erwin Schrödinger, Werner Heisenberg, Niels Bohr, Paul Dirac und anderen in den 1920er- und 1930er-Jahren. Paul Dirac vereinigt sie mit der speziellen Relativitätstheorie. Im Rahmen der Entwicklung der Quantenfeldtheorie werden schließlich in den folgenden Jahrzehnten nicht nur Teilchen, sondern auch Teilchenfelder als Quantenobjekte behandelt. Nach wie vor ungelöst ist die Einbeziehung der *allgemeinen* Relativitätstheorie zu einer vereinheitlichten Theorie der Quantengravitation.

FRAGE 6: WORIN BESTEHT DAS MESSPROBLEM DER QUANTENMECHANIK?

Wobei sich das Spukhafte der Quantenteilchen zeigt, das sich bei einer Messung wie von Zauberhand aufzulösen scheint.

In der klassischen Mechanik lassen sich Ort und Geschwindigkeit eines Teilchens, beispielsweise einer Billardkugel auf einem Billardtisch, genau bestimmen und bei Kenntnis der Randbedingungen auch vorhersagen. Die gleiche Aussage können wir aber über ein Quantenteilchen nicht treffen. Wir können nicht vorhersagen, dass sich ein Quantenteilchen, beispielsweise ein Elektron, zu einem bestimmten Zeitpunkt an einem bestimmten Ort befindet. Der Grund dafür ist, dass der Zustand des Elektrons durch eine Wellenfunktion beschrieben wird, die sehr weit ausgedehnt sein kann. An welchem Ort sich das Quantenteilchen genau befindet, ist nicht definitiv vorhersagbar. Erst wenn eine Messung durchgeführt wird, lässt sich feststellen, wo sich das Teilchen im Moment der Messung befunden hat. Es stellt sich nun die Frage: Wo liegt eigentlich die Grenze zwischen dem quantenmechanischen und dem klassischen Bereich?

»Um diese Frage zu klären, könnte man behaupten, dass die klassische Physik für makroskopische, also für große Objekte gilt, wohingegen die Quantenmechanik mikroskopische Objekte wie Atome, Atomkerne oder Elektronen beschreibt«, erklärt der Experimentalphysiker Klaus Wick von der Universität Hamburg. »Aber so einfach ist es nicht. Denn eine klare Grenze gibt es nicht.« Viele quantenmechanische Phänomene erstrecken sich über einen großen Raumbereich. »Dazu gehört zum Beispiel die Supraleitung oder die Suprafluidität von Helium-3.« Diese makroskopischen Phänomene ermöglichen in bestimmten Festkörpern oder Flüssigkeiten unterhalb einer kritischen Temperatur einen verlustfreien Transport von elektrischer Energie.

Nach Wick gibt es also keine eindeutige Grenze zwischen Quantenmechanik und klassischer Physik, es existieren aber immerhin Übergänge. »Schon Niels Bohr hat mit seinem Korrespondenzprinzip festgestellt, dass es Verbindungen gibt.« Dieses Prinzip besagt, dass im Grenzfall großer Quantenzahlen (also bei hohen Energien) die Aussagen der Quantentheorie mit den Aussagen der klassischen Physik übereinstimmen. Was heißt das aber konkret?

Nehmen wir an, ein geladenes Quantenteilchen durchquert eine Nebelkammer – eine Kammer also, in der sich gesättigter Wasserdampf befindet. Vor dem Eintreffen verhält sich das Quantenteilchen wie ein quantenmechanisches Objekt. Beim Durchgang durch die Nebelkammer jedoch hinterlässt es eine Spur. Das Teilchen verhält sich praktisch wie ein klassisches Objekt. »Und das ist streng genommen zunächst einmal verwirrend«, sagt Klaus Wick. Einen Hinweis zum besseren Verständnis dieses Phänomens hat Wick zufolge der Heidelberger Physiker Heinz-Dieter Zeh im Jahr 1970 aufgezeigt. Nach dem sogenannten Dekohärenz-Programm wechselwirkt das Quantenteilchen mit seiner Umgebung, im vorliegenden Fall also mit den Wassermolekülen. Dabei entstehen einzelne Molekülionen, also geladene Teilchen, die als Kondensationskeime wirken. Es entstehen Wassertröpfchen, die wir beobachten können. »Es wird also gar nicht das quantenmechanische Teilchen gemessen, sondern lediglich die Tröpfchen, die auf dem Weg des Quantenteilchens durch die Kammer entstehen.«

Doch auch dieser Erklärungsansatz kann keine Grenze angeben zwischen den Bereichen der klassischen Physik und der Quantenmechanik. Es erfolgt vielmehr bei jedem einzelnen Tröpfchen ein Übergang von einem quantenmechanischen in einen klassischen Zustand. Dieser Übergang kann nicht direkt mit den Methoden der Quantenmechanik behandelt werden. »Das ist das Problem«, sagt Wick. »Man umgeht es dadurch, dass man in der Quantenmechanik die Übergänge nicht einzeln beschreibt, sondern lediglich Wahrscheinlichkeitsverteilungen für den Ort angibt.« Dazu beruft man sich laut Klaus Wick auf zwei Postulate: einerseits die Bornsche Regel, nach der die Ortswahrscheinlichkeit berechnet wird, andererseits das Kollapspostulat. Letzteres legt fest, dass die Wellenfunktion eines Quantenteilchens bei einer Ortsmessung im Augenblick dieser Messung in allen anderen Bereichen verschwindet – prompt und mit Überlichtgeschwindigkeit. »Das bezeichnet man als den Kollaps der Wellenfunktion«, sagt Klaus Wick. »Und dieser Kollaps im Moment der Messung kann mit der Schrödinger-Gleichung nicht beschrieben werden.« Denn diese stellt die zeitlich kontinuierliche Veränderung eines quantenmechanischen Zustands dar. Stattdessen erfolgt bei einer Messung ein plötzlicher, diskontinuierlicher Kollaps. Dies bezeichnet man als das Messproblem der Quantenmechanik.

»Die Diskussion über die korrekte Interpretation des Messprozesses wird geführt, seit es die Quantenmechanik gibt«, sagt der theoretische Physiker Andreas Wipf von der Universität Jena. Dabei geht es im Wesentlichen um die korrekte Interpretation des mathematischen Formalismus. »Was auch immer *korrekt* hier bedeutet«, sagt Wipf. Die Theorie der Quantenmechanik führt nach Wipf unweigerlich zur Überlagerung von makroskopischen Zuständen. Ein berühmtes Beispiel dafür ist »Schrödingers Katze«, ein Gedankenexperiment, das Vorstellungen der Quantenmechanik und der klassischen Physik unmittelbar miteinander verkoppelt: In einem geschlossenen Kasten befinden sich eine Katze und ein radioaktives Präparat, das innerhalb einer bestimmten Zeitspanne mit einer gewissen Wahrscheinlichkeit zerfällt. Der Zerfall löst die Freisetzung eines Giftes aus, das die Katze tötet. Gemäß der Quantenmechanik müsste die Katze aber vor einer Messung gleichzeitig tot und lebendig sein können. »Welch seltsame Vorhersage. Mit der Struktur der Quantenmechanik hängen ebenfalls die Nichtlokalität von Korrelationen und der sogenannte Indeterminismus zusammen.« Nichtlokalität von Korrelationen bedeutet, dass das Ergebnis einer lokalen Messung entscheidend davon abhängen kann, welche Größe an anderen Orten beobachtet wird. Mit Indeterminismus ist gemeint, dass es Ereignisse gibt, die durch die Ursachen nicht eindeutig bestimmt sind. Das Ganze ist also mehr als die Summe seiner Teile. Die Stützpfeiler der Quantentheorie sind für Wipf der mathematische Formalismus einerseits und das Experiment auf der anderen Seite, der Messprozess. »Der Formalismus beschreibt eine wunderbare Theorie, die wir gut verstehen und die in sich konsistent ist. Dabei treten verschiedene physikalische Größen auf. Und mit Blick auf den Messprozess geht es um die Wahrscheinlichkeit, dass ein gewisses Messresultat eintritt.« Die Bornsche Regel und das Kollapspostulat sagen uns, welche Messresultate wir erwarten. Doch wie wahrscheinlich ist ein bestimmtes Messresultat, was passiert konkret bei der Messung, was bewirkt die Messung, also der Eingriff eines klassischen Apparats auf das quantenmechanische System?

Man denke beispielsweise an das berühmte Doppelspaltexperiment, bei dem eine Blende bestehend aus zwei eng nebeneinanderliegenden Spalten mit Elektronen beschossen wird: Auf einem Detektor hinter den Spalten entsteht ein Interferenzmuster, wie man es von ebenen Wellen kennt, die hinter den Spalten Kugelwellen erzeugen. Prüft man während der Messung jedoch, durch welchen Spalt die Elektronen jeweils fliegen, dann verschwindet das Wellenmuster, die Elektronen verhalten sich wie Partikel, die entweder durch den einen oder den anderen Spalt fliegen. Je nach Messung fällt das sich ergebende Interferenzmuster im Detektor qualitativ völlig unterschiedlich aus. Die Wellenfunktion, die eine Wahrscheinlichkeitsverteilung für bestimmte Messresultate liefert, wird somit durch die Wechselwirkung mit dem Messapparat dramatisch geändert. »Der Eingriff bewirkt den Kollaps der Wellenfunktion. Das ist tatsächlich ein großes Interpretationsproblem, vor das die Physiker gestellt werden, dass nämlich eine sehr kleine, scheinbar kaum störende Messung das quantenmechanische System radikal ändert.«

Es gibt nach Wipf alternative Theorien, die das Interpretationsproblem zu umgehen versuchen. »Die bekannteste darunter ist vielleicht die Bohmsche Mechanik, in der die Wellenfunktion tatsächlich eine physikalische Realität besitzt.« Der Akt der Messung spielt darin keine besondere Rolle. Nach Wipf vielleicht am stärksten akzeptiert – neben der oben beschriebenen Standardinterpretation (der sogenannten Kopenhagener Interpretation) – ist das schon von Klaus Wick angesprochene Dekohärenz-Programm. »Dekohärenz bedeutet hier das Verschieben von quantenmechanischer Superposition (sprich Überlagerung) in ein statistisches Gemisch aus Zuständen«, erklärt Wipf, »und das unterscheidet die Quantenmechanik zunächst von der klassischen Physik.« Demnach müsse Dekohärenz bei der Wechselwirkung eines Systems mit der Umgebung unvermeidlich auftreten. Als Ergebnis geht das Quantenverhalten eines Systems offensichtlich verloren, so wie in der klassischen Mechanik Energie durch Reibung verlorengeht. »Was man nun mittels dieser Theorie zu zeigen erhofft (und in gewisser Weise auch zeigen kann) ist, dass ein System aufgrund der Dekohärenz bestimmte Zustände auswählt und andere wiederum verschwinden.« Andreas Wipf nennt als Beispiel für die Superposition quantenmechanischer Zustände wieder Schrödingers Katze: Katze tot, Katze lebendig. »Je größer das System wird, desto kürzer ist die Dekohärenzzeit, bis die quantenmechanischen Korrelationen verschwinden.« Dabei betrachtet man nicht bloß den Zustand einer Katze, sondern die Zustände einer Vielzahl von Katzen. Das ist für Wipf ein sehr schöner Ansatz, der aber leider auch nicht völlig problemlos ist. »Interferenzen verschwinden nicht vollständig, das Programm ist noch nicht lückenlos ausgearbeitet.« Seit ein paar Jahren werden weitere Alternativen diskutiert, »was uns zeigt, dass das Messproblem der

Quantenmechanik nach wie vor lebhaft diskutiert wird.« Trotz der verschiedenen Ansätze gibt es offenbar noch keine vollständig zufriedenstellende Interpretation, womit die Quantenmechanik einen spukhaften Wesenszug behält, der fest zu ihrer Natur zu gehören scheint.

FRAGE 7: WAS IST QUANTENGRAVITATION?

Weshalb die allgemeine Relativitätstheorie und die Quantentheorie die Ehe verweigern, obwohl die Trauzeugen bereitstehen.

Dahinter verbirgt sich die Frage nach der Vereinheitlichung der allgemeinen Relativitätstheorie für das makroskopisch Große (der Gravitation) mit der Quantentheorie für das mikroskopisch Kleine (mit der Quantisierung also). Nach Ansicht des theoretischen Physikers Hermann Nicolai vom Max-Planck-Institut für Gravitationsphysik wird diese Frage von vielen als die größte Herausforderung der Physik überhaupt angesehen. »Wir haben zwei Theorien, die in ihrem jeweiligen Gültigkeitsbereich fantastisch gut funktionieren. Aber wir wissen auch, dass diese beiden Theorien gleichzeitig nicht zueinanderpassen.« Doch warum passen diese Theorien nicht zusammen? »Die Schwierigkeiten sind zum einen begrifflicher Art«, erklärt Nicolai. »Zum anderen haben sie mit der Mathematik hinter diesen beiden Theorien zu tun.« Konzeptionell ist die Welt der Quantentheorie eine der Wahrscheinlichkeiten, der Statistik. »Es gibt keine definitiven Vorhersagen für Einzelereignisse. Man kann im Rahmen der Quantentheorie nur statistische Aussagen machen.« Entsprechend wichtig ist das Heisenbergsche Unschärfeprinzip – die Unmöglichkeit also, Ort und Impuls eines Quantenteilchens gleichzeitig beliebig genau zu messen. Das bedeutet aber, dass die Quantentheorie eine Welt der Ungewissheit beschreibt und damit ein Element des Indeterminismus in die Physik hineinbringt. »Das ist begrifflich schon etwas sehr anderes als die allgemeine Relativitätstheorie, bei der man es mit Differenzialgleichungen zu tun hat, mit denen sich zukünftige Abläufe im Prinzip beliebig genau vorhersagen lassen. In der allgemeinen Relativitätstheorie und der dazugehörigen Gravitationstheorie hat man eine Vorhersagbarkeit im Sinne eines klassischen Determinismus, wie schon bei Newton in der klassischen Mechanik.« Im Gegensatz zum Kontinuum der Raumzeit postuliert die Quantentheorie eine gewisse Körnigkeit der Materie (eine Quantisierung oder Quantelung). Eigentlich ist zu erwarten, dass diese Körnigkeit in letzter Konsequenz auch für Raum und Zeit selbst gelten muss. »Was uns aber noch mehr beschäftigt, sind die mathematischen Widersprüche, die bei dem Versuch entstehen, den Formalismus der Quantentheorie, genauer der Quantenfeldtheorie, auf die Einsteinschen Gleichungen anzuwenden.« Laut Nicolai verfängt man sich dabei sehr schnell in Problemen durch Unendlichkeiten in den mathematischen Ausdrücken (sogenannte Singularitäten). »Mit diesen Unendlichkeiten kommt man mathematisch nicht zurecht, anders als in der Quantenfeldtheorie der Materiewechselwirkungen, wo der mathematische Formalismus grundsätzlich sehr gut funktioniert.«

Weshalb sollte man sich dann überhaupt Gedanken über die Vereinheitlichung machen, wenn allgemeine Relativitätstheorie und Quantentheorie ohnehin ganz verschiedene Geltungsbereiche haben? »Weil es Bereiche der Physik gibt, wo sich die beiden Theorien nicht mehr auseinanderhalten lassen.« Das betrifft insbesondere den Urknall und alle Prozesse bei der Entstehung unseres Universums, aber auch die Vorgänge im Zentrum eines schwarzen Lochs. »Die anderen drei physikalischen Grundkräfte (elektromagnetische, starke und schwache Kraft) hat man in der Quantenfeldtheorie sozusagen in den Griff bekommen. Aber bei der Gravitation funktioniert das nicht.« Das große Ziel ist aber, alle Kräfte aus einer einzigen Urkraft abzuleiten. »Das kann man sich etwa wie folgt vorstellen: Das Universum dehnt sich aus und kühlt sich dabei ab. Aber am Anfang war es unvorstellbar heiß und dicht, und die Erwartung ist, dass in der Phase unmittelbar nach dem Urknall alle Kräfte vereinheitlicht, also ununterscheidbar waren.«

Spätestens seit den 1970er-Jahren begann man zu begreifen, dass die Vereinheitlichung nicht ohne Weiteres funktionieren kann. »Seither gibt es viele und sehr unterschiedliche Lösungsansätze, zum Beispiel mit Hilfe der Stringtheorie«, sagt Nicolai, »oder genauer mit der Superstringtheorie.« Diese geht über die Quantenfeldtheorie hinaus und postuliert, dass es keine punktförmigen Teilchen mehr gibt, sondern dass es sich bei den Elementarteilchen, anschaulich gesprochen, um kleine Fäden handelt. Mit diesem Ansatz kann man Nicolai zufolge gewisse mathematische Schwierigkeiten auflösen. Die Superstringtheorie geht von einem Gleichgewicht zwischen Bosonen und Fermionen aus – also von Teilchen mit ganzzahligem und halbzahligem Eigendrehimpuls (Spin) –, die in einer solchen Weise zusammenwirken, dass sich die Unendlichkeiten in der Theorie formal aufheben. »Aus diesem Grund hat in den letzten Jahren die Erweiterung des Standardmodells der Teilchenphysik um die Supersymmetrie sehr viel Aufmerksamkeit erhalten, weil es berechtigte Hoffnung zu geben schien, dass sich bei der Inbetriebnahme des ›Large Hadron Collider‹ (LHC) am CERN Effekte der Supersymmetrie in irgendeiner Form zeigen müssten«, erklärt Nicolai. »Aber diese Hoffnung hat sich, wie wir inzwischen einsehen müssen, nahezu vollständig zerschlagen.« Es ist zwar für Nicolai nicht ausgeschlossen, dass die Skala der Supersymmetrie bei sehr viel höheren Energien liegt als denen, die sich mit dem LHC oder auch zukünftigen Teilchenbeschleunigern erreichen lassen. »Wahrscheinlicher ist es für mich aber, dass wir neue Konzepte jenseits der Supersymmetrie und der Superstrings benötigen. Hinweise darauf ergeben sich aus völlig neuartigen Symmetrien, die man beim Studium der Einstein-Gleichungen entdeckt hat.« Aber wie lassen sich diese theoretischen Überlegungen mit experimentellen Analysen zusammenbringen?

»Die Untersuchung der hochenergetischen kosmischen Strahlung, wie sie am Pierre-Auger-Observatorium in Argentinien vermessen wird, bietet hier zum Beispiel eine Möglichkeit.« Dieses Observatorium registriert Elementarteilchen aus dem Universum, deren kinetische Energien um viele Größenordnungen über denen liegen, welche sich mit Teilchenbeschleunigern auf der Erde erreichen lassen. »Für den Ursprung dieser hochenergetischen Teilchen hat man bisher keine richtige Erklärung.« Die Ursache könnte nach Ansicht von Nicolai etwas mit sogenannten superschweren Gravitinos zu tun haben. Das sind hypothetische Teilchen, die ursprünglich von der Supersymmetrie vorhergesagt wurden. »Meine Kollegen und ich meinen hier Effekte zu sehen, die möglicherweise auf eine Annihilation zwischen Gravitinos und Antigravitinos in Neutronensternen zurückgehen.« Hermann Nicolai schließt nicht aus, dass sich eine völlig neue Physik in den gemessenen Phänomenen manifestieren könnte (siehe auch Frage 32).

Auch der theoretische Physiker Claus Kiefer von der Universität Köln sieht ein Problem bei der Vereinheitlichung der beiden großen Theorien darin, dass die experimentellen Befunde fehlen. »Denken wir zurück an die Anfangszeit der Quantentheorie, an die Untersuchung der elektromagnetischen Spektren, an die Hohlraumstrahlung, die intensiv von Max Planck untersucht wurde. Oder an die Molekülphysik. Nichts war bis dahin verstanden, aber es gab eben unwahrscheinlich viele experimentelle Daten. Bei der Quantengravitation ist es leider umgekehrt. Es existiert sehr viel Mathematik, sehr viel begriffliche Diskussion, aber es fehlen die experimentellen Befunde.«

Doch wie Nicolai sieht auch Claus Kiefer eine Reihe neuer experimenteller Zugänge zu kosmischen Phänomenen, die Abhilfe versprechen – beispielsweise die aktuellen Messungen von Gravitationswellen. Dabei handelt es sich um Wellen in der Raumzeit, die von beschleunigten Massen verursacht werden. Sie wurden von der Relativitätstheorie vorhergesagt und sind im Jahr 2015 erstmals gemessen worden. »Im Zusammenhang mit Gravitationswellen gibt es zahlreiche interessante Arbeiten«, erklärt Kiefer, »wovon viele jedoch noch vage und teilweise spekulativ sind.« Die aktuelle Forschung geht über den Test der allgemeinen Relativitätstheorie hinaus. »Einige Zugänge deuten darauf hin, dass es eine grundlegende Theorie geben könnte, die sich aus einer Vereinigung von Einsteins Theorie mit der Quantentheorie ergibt. Manche Wissenschaftler spekulieren, dass sich Effekte dieser Quantengravitation am Horizont eines schwarzen Lochs beobachten lassen müssten.« Schwarze Löcher haben einen sogenannten Ereignishorizont: Ereignisse, die jenseits davon liegen, können von außen nicht gesehen werden. »Es gibt bemerkenswerte theoretische Überlegungen«, fährt Kiefer fort, »dass sich am Ereignishorizont etwas Spannendes ereignet, was mit Quantengravitation zu tun haben könnte und das dann auch zu messbaren physikalischen Effekten führen müsste.« In Frage kommt dafür beispielsweise der LISA-Detektor (»Laser Interferometer Space Antenna«), ein Gravitationswellendetektor, der in den 2030er-Jahren auf Spurensuche gehen soll. »Dieser Satellitendetektor soll im Weltall installiert werden und auch sehr schwache Gravitationswellen messen können – darunter solche, die vom frühen Universum übriggeblieben sind. Dies würde uns ein direktes Fenster eröffnen, um in die frühen Phasen des Weltalls zu schauen, in der die Quantengravitation besonders wichtig war.«

Der Experimentalphysiker Albrecht Wagner vom Deutschen Elektronen-Synchrotron DESY macht auf einen weiteren Aspekt aufmerksam, bei dem die Quantengravitation eine besondere Rolle spielen dürfte. »In der Physik gibt es Wechselwirkungen, die nicht invariant sind gegenüber Ladungs- und Raumspiegelungen.« Dabei handelt es sich um Teilchenprozesse, die gespiegelt im Raum und mit umgekehrtem Ladungsvorzeichen nicht oder nicht in derselben Häufigkeit auftreten wie die ungespiegelten Ereignisse. Wenn ein solcher sowohl räumlich als auch ladungsmäßig gespiegelter, nicht invarianter Prozess rückwärts in der Zeit liefe, dann wäre er physikalisch wieder völlig vergleichbar mit dem ungespiegelten Ereignis. Das ist das sogenannte CPT-Theorem aus den 1950er-Jahren von Gerhart Lüders und Wolfgang Pauli, wonach die Symmetrie von Teilchenprozessen bei Spiegelung der Ladung (»Charge«), des Raums (»Parity«) und der Zeit (»Time«) erhalten bleibt. »Das lässt sich mathematisch herleiten und ist ein fester Bestandteil der Beschreibung des Mikrokosmos.« Aber diese Überlegungen stoßen bei ganz kleinen Zeitspannen tatsächlich an ihre Grenzen, also zum Beispiel in der Zeit unmittelbar nach dem Urknall. »Hier gibt es für die Quantentheorie ein kleinstmögliches Intervall, für das die physikalischen Gesetze gelten. Dieses Intervall ist unheimlich kurz, es beträgt bloß rund 10^{-43} Sekunden (die sogenannte Planck-Zeit)«, erklärt Albrecht Wagner. »Ihre Länge wird durch drei fundamentale Konstanten der Physik bestimmt: die Lichtgeschwindigkeit, die Gravitationskonstante und das Planck-sche Wirkungsquantum.« Das ist die Verbindung zwischen der Mikrowelt und der Gravitation. »Im Zeitraum der Planck-Zeit lässt sich tatsächlich nicht mehr zwischen Ursache und Wirkung unterscheiden. Hier erwartet man zu einem besseren Verständnis zu gelangen, wenn es gelingt, eine Quantentheorie der Gravitation aufzustellen.« Bleibt die Frage, ob sich die Quantentheorie eines Tages nicht doch mit der Relativitätstheorie verheiraten lässt.

FRAGE 8: QUANTENCOMPUTING – DIE TECHNOLOGIE VON MORGEN?

Wo mehr Bits als Atome im Universum beteiligt sein könnten.

Die Quantenphysik ist längst Teil unseres technischen Alltagslebens geworden. Die gesamte Elektronik mit ihren Halbleitern und Computerchips wäre ohne die fundamentalen Erkenntnisse aus der Quantenphysik nicht vorstellbar. Und tatsächlich tritt die Quantenphysik aktuell einen neuerlichen Siegeszug an – mit dem Quantencomputing. »Der einfache Unterschied zum konventionellen Computing besteht darin«, setzt der Experimentalphysiker Dieter Meschede von der Universität Bonn an, »dass beim Quantencomputing die Rechenprozesse eines Computers auf Basis von Quantenoperationen ausgeführt werden.« Grundsätzlich besteht jeder Rechner aus einer Eingabeeinheit, einem Prozessor und einer Ausgabeeinheit. Sogenannte Register sind besonders schnelle Speicherbereiche, die eine Programmierung erlauben. Ein- und Ausgabeeinheit sind Elemente aus der klassischen Computerwelt. Sie enthalten digitale Informationen bestehend aus Nullen und Einsen, und diese binären Zahlen werden im Prozessor verarbeitet. »Der Quantencomputer ist ganz entsprechend aufgebaut. Bloß arbeitet sein Prozessor anders als in einem konventionellen System.« Der Quantenprozessor setzt Quantenphänomene ein und verwendet sogenannte »Qubits«. Diese Abkürzung steht für »Quantenbit«. Dabei handelt es sich um ein »manipulierbares Zweizustandsquantensystem«, das alle quantenmechanischen Überlagerungszustände von 0 und 1 annehmen kann, bei einer Messung aber nur die Zustände 0 und 1 erlaubt. »Qubits sind also nicht auf binäre Bits beschränkt«, erläutert Meschede. Der Quantenprozessor wirkt auf diese Qubits und gibt am Ende eine Folge von Nullen und Einsen heraus. »Eigentlich ist es so einfach. Ich berechne also wie beim klassischen Rechner Funktionen«, so Dieter Meschede, »aber es sind Funktionen, die auf Quantenoperationen beruhen.«

Diese Quantenoperationen bieten ungeheure Möglichkeiten für das Computing. Die einfachste Weise, sich das vorzustellen, bietet das Superpositionsprinzip, also die Überlagerung von Zuständen. Schauen wir zunächst auf die Registerseite und stellen uns vor, mit fünf Bits zu arbeiten. »Ich kann auf diese Weise genau eine Zahl von 0 bis 31 darstellen. Wenn ich stattdessen den Quantenrechner nehme, kann ich in diesem 5-Qubit-System die Zahlen von 0 bis 31 auf einmal darstellen und beschreiben, sprich überlagern.« Das bietet ein hohes Maß an Parallelität. Wenn ein normaler Speicher also n Bits hat, kann man mit quantenmechanischen Korrelationen n^2 Bits speichern. Auf diese Weise lassen sich – rein theoretisch – mehr Bits als Atome im Universum adressieren. Das ist das Geheimnis des Quantencomputings: die aus der Verschränkung der Qubits entstehenden Korrelationen nutzbar zu machen. Dabei bedeutet Verschränkung, dass sich das Gesamtsystem in einem wohldefinierten Zustand befindet, obwohl die einzelnen Qubits dies nicht sind. Man benötigt dafür bestimmte Quantenalgorithmen, die durch sogenannte Quanteninterferenz bestimmte Lösungswege bevorzugen und verstärken. »Das ist der wesentliche Punkt bei dieser Art des Computings. Im Ausgaberegister, das ich am Ende auslese, finde ich einen Funktionswert, zu dessen Berechnung eine hohe Parallelität, also die Überlagerung und Interferenz der verschiedenen Quantenpfade, effizient genutzt werden muss.«

Als Rechenbeispiel führt Dieter Meschede das inverse Telefonbuchproblem an. Die Nummern der eingetragenen Personen sind gemäß ihren Namen in alphabetischer Reihenfolge geordnet. »Beim inversen Telefonbuchproblem haben Sie eine Telefonnummer und möchten nun herausfinden, zu wem diese Nummer gehört.« Dazu muss man mit klassischen Routinen im Schnitt etwa die Hälfte aller

Einträge ansehen, bis die gesuchte Nummer gefunden ist – bei einer Zahl von einer Million Namenseinträgen im Telefonbuch wären das also rund 500.000 Suchaktionen. Lässt man einmal außer Acht, dass sich die Einträge im Telefonbuch auch auf konventionelle Weise umsortieren lassen, benötigt der Quantenrechner erheblich weniger Suchprozesse – im Durchschnitt die Wurzel der Anzahl der Einträge. Im besagten Fall wären es also nur rund 1.000 Suchaktionen, bis ein Quantenrechner den Namen zu der Telefonnummer gefunden hätte. Grundsätzlich bietet das Quantencomputing also einen Vorteil bei der Suche in unstrukturierten, großen Datenbanken, in denen die Suchdaten nicht sinnvoll sortierbar sind.

Die Integration der Quantenmechanik in unser technisches Alltagsleben ist für Dieter Meschede zunächst noch nichts Ungewöhnliches. Doch die Überlagerungszustände beim Quantencomputing sind sehr schwer zu beherrschen. Das ganze System ist hochsensibel. »Das Problem ist, dass man eigentlich zwei normalerweise nicht miteinander kooperierende Dinge zusammenführen muss: Einerseits gilt es, die Quantenzustände extrem gut von der natürlichen Umgebung zu isolieren, damit sie lange existieren. Auf der anderen Seite sollen Prozesse daran ausgeführt werden, ich möchte also einen Hebel an sie ansetzen. Diese beiden widersprüchlichen Anforderungen zusammenzubringen, ist eine große technische Herausforderung.« Meschede sieht für das Quantencomputing im Wesentlichen zwei Entwicklungspfade, von denen der eine der sogenannte Ionenfallen-Quantencomputer ist. »Beide Pfade setzen in gewisser Weise auf Atome. Ionen sind zum Beispiel geladene Atome, die sich verhältnismäßig leicht speichern lassen und die dann mit Kreiseln vergleichbare Qubit-Zustände haben, von denen einer rechtsherum läuft, der andere linksherum. Diese Art des Quantencomputers hat das Feld auf der experimentellen Seite überhaupt erst eröffnet.« Die andere Entwicklung wird »Circuit-QED« genannt: Dabei stellen supraleitende Schaltkreise mit einzelnen oder paarweise beweglichen Elektronen oder aber elementaren sogenannten Flussquanten »künstliche Atome« als Grundlage des Quantencomputers her. Diese supraleitenden Qubits werden in Nanostrukturtechnologie hergestellt. Heutige Ionenfallen können bereits mit etwa 20 Qubits operieren. Die Circuit-QED-Systeme zielen ab auf etwa 80 Qubits.

Quantencomputer entsprechen aktuell noch Aufbauten im Labormaßstab. In der Regel benötigt man mehrere Räume, um die Infrastruktur für einen solchen Computer unterzubringen. Das ist vergleichbar mit der Entwicklung von klassischen Rechnern, wie zum Beispiel dem gewaltigen ENIAC-Computer der US-Armee oder den Maschinen des Computerbauers Konrad Zuse aus den 1940er-Jahren. Beide hatten ähnlich beeindruckende Ausmaße. »Die vollständige Parallelität in den Quantencomputern haben wir zwar noch nicht erreicht, die Leistungsgrenze liegt zurzeit etwa bei zehn Qubits. Doch können heutige Quantencomputer schon einfache Algorithmen für recht komplexe Fragestellungen bearbeiten.« Für das Quantencomputing müssen allerdings völlig neue Algorithmen entwickelt werden, die das Gerät befähigen, den Mehrwert der hochgradigen Parallelisierung auch effizient umzusetzen. »Das letzte Wort zu der Frage, wie komplex, wie ›makroskopisch‹ also ein solcher Quantencomputer werden kann, ist noch nicht gesprochen.«

Gleichzeitig tritt neben dem Quantencomputing ein weiteres Entwicklungsgebiet in Erscheinung – die Quantenkommunikation. »Ziel ist die Erhöhung der Übertragungssicherheit und der Datensicherheit in der Internetkommunikation zwischen verschiedenen Computern und Rechnernetzwerken«, erklärt Andreas Tünnermann vom Fraunhofer-Institut für Angewandte Optik und Feinmechanik (IOF) in Jena. Zusammen mit zahlreichen Kollegen aus dem In- und Ausland (unter anderem auch mit Dieter Meschede) arbeitet Tünnermann im Rahmen des Forschungsprojekts QuNET (für Quantennetzwerk) an der abhörsicheren Datenübertragung sowie dem Einsatz neuer Verschlüsselungsverfahren – sogenannter Post-Quantum-Kryptografie-Verfahren, die auch durch Quantencomputer praktisch nicht entschlüsselt werden können. Die Quantenkommunikation macht sich ebenfalls Grundprinzipien der Quantenmechanik zunutze. »Das Verfahren nennt sich ›Quantum-Key-Distribution‹ oder kurz QKD«, stellen es Andreas Tünnermann und sein Kollege Falk Eilenberger von der Universität Jena vor. Es basiert darauf, dass man über einen nichtlinearen optischen Prozess in einer Übertragungsleitung ein »verschränktes« Photonenpaar herstellt, das es einem ermöglicht festzustellen, ob ein Lauschangriff auf die Leitung stattfand. Die verschränkten Photonen ergänzen sich – unabhängig von ihrer Entfernung – stets in ihren Eigenschaften. Misst man eines von ihnen, so kennt man auch den Zustand des anderen. Die Forscher der Quantenkommunikation sprechen von Alice und Bob an jeweils einem Ende der Kommunikationskette, die einen Quantenschlüssel zur Verschlüsselung ihrer Kommunikation austauschen. Das eine Photon eines verschränkten Photonenpaares schickt man zu Alice, das andere zu Bob. Die Quantenkorrelation zwischen den beiden ursprünglichen Photonen liefert also den Schlüssel für Alice und Bob. »Wenn jemand bei der Übertragung dieses Schlüssels mithört, dann würde er im Prinzip aus dem Photonenstrom einzelne Photonen entfernen.« Dieser Eingriff aber würde das quantenmechanische System verändern (siehe auch Frage 6). Zudem hilft die Gesetzmäßigkeit, dass sich Quantensysteme nicht kopieren lassen. »Der Abhörer kann die Information nicht unbeachtet herausnehmen und quasi wieder geklont zurückstecken. Das würde die Verschränkung aufheben und bei Alice und Bob zu sehen sein.« Hier macht man sich also eine fundamentale Eigenschaft von Quantenteilchenpaaren zu eigen. Die Kommunikation kann nicht mitgeschrieben werden, ohne dass dies bemerkt wird. »Der quantenmechanische Mechanismus garantiert uns, dass der Schlüssel sicher ist, weil keine unbefugte Person ihn benutzen kann, ohne dass Alice und Bob das mitbekommen.« Womit schlussendlich gezeigt ist, wie praktisch sich Quantenmechanik in unseren technischen Alltag integrieren lässt.

FRAGE 9: WAS IST KÜNSTLICHE INTELLIGENZ UND WO LIEGEN IHRE GRENZEN?

Von lernfähigen Maschinen und was an der menschlichen Intelligenz gegenüber der künstlichen so rätselhaft ist.

Bevor wir diese Frage im Detail besprechen, möchten wir uns die Situation im aktuellen wissenschaftlichen Betrieb vergegenwärtigen: Die Datenverarbeitung von Messwerten und ihre Analyse erfolgt in der Physik mit Hilfe von Computersystemen. Mit zunehmender Leistungsfähigkeit der experimentellen Methoden – denken wir zum Beispiel an Teilchenbeschleuniger mit höchsten Teilchenenergien und Wechselwirkungsraten wie dem LHC am CERN – steigt auch die Datenmenge ins schier Unermessliche. »In der Teilchenphysik konzentrieren wir unsere Forschung auf Teilchenreaktionen, die nur sehr selten auftreten«, erläutert die Experimentalphysikerin Kerstin Borras vom Deutschen Elektronen-Synchrotron DESY das Problem. »Das bedeutet aber, dass wir unvorstellbar große Datenmengen nehmen, analysieren und in unseren Simulationen verwenden müssen, um daraus überhaupt eine ausreichende Anzahl dieser äußerst seltenen Prozesse herausfiltern zu können.« Kerstin Borras beschreibt hier ihre Erfahrungen mit dem CMS-Experiment am LHC am CERN. »Im Moment bekommen wir das alles mit unserem ›Standard-Computing‹ gerade noch halbwegs hin.« Dabei helfen auch neuartige Algorithmen und Konzepte mit sogenannten Helmholtz-Maschinen, wie beispielsweise das »Machine-Learning« oder das »Deep-Learning«

(also maschinelles Lernen), um den größer werdenden Herausforderungen der »Big Data Science«, der Wissenschaft mit großen Datenmengen zu begegnen. Eine Helmholtz-Maschine besteht aus einem künstlichen neuronalen Netz (einer Art Nervennetz), das trainiert wird, die verborgene Struktur eines Datensatzes dadurch zu erfassen, dass es unter Zuhilfenahme eines generativen Modells den Datensatz praktisch nachbildet. Bei einer solchen Maschine handelt es sich bereits um ein lernendes System im Sinne der künstlichen Intelligenz (abgekürzt: KI).

»Aber wir müssen feststellen, dass wir beim ›High Luminosity Upgrade‹ des LHC mit den bestehenden Systemen langsam an unsere Grenzen kommen«, sagt Borras. Der Umbau des Beschleunigers soll die Anzahl der Teilchenkollisionen in den Experimenten drastisch erhöhen. »Es ist absehbar, dass die Steigerungsrate von ›Moore's Law‹ bald schon nicht mehr ausreichen wird, um das rechentechnisch zu bewältigen.« Das Mooresche Gesetz ist eine Faustregel, der zufolge sich die Komplexität integrierter Schaltkreise bei etwa gleichbleibenden Kosten alle ein bis zwei Jahre verdoppelt. »Doch die Datennahmeraten in unseren Experimenten steigen schneller, als moderne CPUs nach Moore's Law hinterherkommen.« Früher gab es pro Kollision eines Teilchenpakets im Beschleuniger etwa eine interessante Teilchenreaktion, die aufgezeichnet, analysiert und archiviert wurde. »Heute ist es so, dass wir bei einer Proton-Proton-Kollision am LHC 50 bis 60 Sekundärreaktionen haben, die eine Vielzahl von Daten und noch einmal so viele Untergrundsignale produzieren. Wir zeichnen inzwischen Daten im Umfang von einigen Gigabyte pro Sekunde auf, also in der Größenordnung von etlichen Petabyte pro Jahr (das entspricht 10^{15} Byte). Das Computing hält damit kaum noch Schritt.« Borras bleibt aber optimistisch. »Die Datennahme war in physikalischen Experimenten immer schon eine Herausforderung.« In der Teilchenphysik sind Borras zufolge deshalb neueste Computertechnologien stets als erstes zum Einsatz gekommen und die Nutzung von brandneuen Quantencomputern zum Beispiel nur folgerichtig und eine Frage der Zeit. »Das schließt bei Steuerung, Analyse und Simulation selbstverständlich auch völlig neue KI-Systeme nicht aus.«

Künstliche Intelligenz birgt ein enormes Potential, um mit großen Datenmengen effizienter umgehen zu können – nicht nur in der Grundlagenforschung, sondern im technischen Alltag des Menschen allgemein. Aber was genau verbirgt sich hinter dem Begriff? Die Neurowissenschaftlerin Katrin Amunts vom Forschungszentrum Jülich (FZJ) ist wissenschaftliche Leiterin des europäischen »Human-Brain-Projekts« und empfiehlt, dazu erst einmal Kriterien der *natürlichen* Intelligenz heranzuziehen. Dabei spielen Begriffe wie Kognition (Informationsverarbeitung), Einsicht, Logik (also Folgerichtigkeit) bis hin zur Empathie (Mitgefühl) eine Rolle. »Unter künstlicher Intelligenz wiederum versteht man die Übertragung bekannter Prinzipien und Netzwerkstrukturen des Gehirns zur Lösung kognitiver Probleme auf künstliche neuronale Netzwerke und elektronische Systeme«, erklärt Amunts. Als Beispiel für Hardware im Bereich der KI führt sie »neuromorphe« Computer an, die nach dem Vorbild des menschlichen Gehirns lernen und Informationen übertragen. »Ein Bereich der Forschung zur künstlichen Intelligenz beschäftigt sich mit künstlichen neuronalen Netzen, die in ihrer Struktur den natürlichen neuronalen Netzwerken teilweise sehr ähneln.« Der Begriff der »Intelligenz« bildet gewissermaßen eine Brücke zwischen natürlichen Netzwerken, wie sie im menschlichen Gehirn vorzufinden sind, und künstlichen. »Es steckt auch die Idee dahinter, die Netzwerkstrukturen im Gehirn mit denen der künstlichen neuronalen Netzwerke zu vergleichen und ihre Funktionalitäten zu untersuchen.« Ein Ansatz der KI-Forschung besteht daher darin, die kognitiven Fähigkeiten des Menschen besser verstehen zu lernen und die daraus gewonnenen Erkenntnisse auf technische Systeme zu überführen – beispielsweise Erkenntnisse zur Informationsverarbeitung beim Sehen, um etwa nicht scharf voneinander getrennte Objekte noch unterscheiden zu können. Bisher zeigt sich die natürliche Intelligenz im Umgang mit unvollständigen Informationen gegenüber der künstlichen Intelligenz weit überlegen. So kann bereits ein zweijähriges Kind die spärliche Mimik im Gesicht eines Menschen richtig interpretieren, was einem künstlichen Netzwerk nicht ohne Weiteres gelingt.

Wichtige theoretische Grundlagen zu neuronalen Netzwerken wurden bereits in den 1950er- und 1960er-Jahren gelegt. In der Tat wurden in dieser Zeit auch schon die ersten künstlichen Netzwerke aufgebaut und programmiert. Ein Beispiel ist das sogenannte Perzeptron (nach dem lateinischen Wort »perceptio«, das Begreifen), ein vereinfachtes künstliches neuronales Netz, das erstmalig vom amerikanischen Psychologen und Informatiker Frank Rosenblatt im Jahr 1958 vorgestellt wurde. »Bei der KI geht es aber in der Regel nicht um die vollständige Übertragung unseres Wissens von natürlichen Systemen auf künstliche«, sagt Amunts, »sondern mehr um die Entwicklung neuroinspirierter Systeme, die in ganz bestimmten Aspekten Ähnlichkeiten zu natürlichen Netzwerken aufweisen.« Neuroinspiriert insofern, weil sich nur bestimmte Grundprinzipien überführen lassen. »Meistens sind es eher vereinfachte Regeln des menschlichen Gehirns, die übersetzt und auf ein neuronales Netz oder einen Computerchip übertragen werden können.« Hinsichtlich der Komplexität des menschlichen Gehirns stünden die KI-Systeme ohnehin weit zurück. »Es gibt jedoch Aufgaben, für die künstliche Systeme in besonderer Weise prädestiniert sind, die sie schneller und zielgerichteter bewältigen als natürliche.« Dazu trägt auch die rasante Entwicklung der Rechenleistungen in der Computertechnologie bei, die insbesondere auf dem Gebiet der sogenannten tiefen neuronalen Netze entscheidend ist. Erfolgreiche

Anwendungen der KI kommen zum Beispiel aus der elektronischen Bilderkennung im Bereich der medizinischen Diagnostik, etwa bei der Klassifizierung von Zelltypen. Verbunden sind sie in der Regel mit großen Mengen an zu bearbeitenden Daten, oftmals unter notwendiger Zuhilfenahme von Höchstleistungsrechnern. »Dennoch ist offensichtlich, dass wir Menschen bestimmte Aktivitäten sehr viel besser und effizienter durchführen können als jedes künstliche neuronale Netz.« Dazu gehört das menschliche Sprachverständnis genauso wie das Erkennen und Einordnen von Bildszenerien unter erschwerten Bedingungen – zum Beispiel während einer Autofahrt bei schlechten Sichtverhältnissen.

»Als Neurowissenschaftlerin interessiert mich vor allem, welche strukturellen Unterschiede zwischen natürlichen und künstlichen Netzwerken solche funktionellen Unterschiede verursachen.« Besonders faszinierend erscheint Katrin Amunts die große Variabilität des menschlichen Gehirns. »Es gibt nicht *das eine* menschliche neuronale Netzwerk, sondern es gibt viele verschiedene Ausprägungen davon.« Das Gehirn erweist sich als ausgesprochen flexibel. »Ich finde es außerordentlich spannend, dass wir Menschen unterschiedliche Strategien entwickeln können, um bestimmte Aufgaben zu lösen – zum Beispiel Objekte in unserer Umgebung zu erkennen, einzuordnen und zu sortieren. Diese erstaunliche Variabilität des Gehirns in Beziehung zu seiner neuronalen Struktur und zu seiner Leistungsfähigkeit zu setzen, ist uns aber bisher nur in Ansätzen gelungen«, räumt Amunts ein. Zudem würde sich diese Variabilität in KI-Systemen in diesem Ausmaß bisher nicht zeigen.

Eine der ganz spannenden Fragen in Bezug auf künstliche neuronale Netzwerke ist deshalb für Amunts diejenige nach den genauen Bedingungen, unter denen ein künstliches Netz optimal arbeiten kann. Und weshalb ein Netzwerk zu dem einen oder zu dem anderen Ergebnis kommt. »Kausalität spielt dabei eine große Rolle. Wir wollen nachvollziehen, weshalb bestimmte Klassen von Objekten durch ein Netz erkannt werden und andere eben nicht. Wir wollen das entsprechende Ergebnis reproduzieren und die Gründe, wie es zustande gekommen ist, genau verstehen.« Katrin Amunts verweist in diesem Zusammenhang auf die Forschung zu Algorithmen zum maschinellen Lernen. »Zukünftig könnten zum Beispiel sogenannte ›Generative Adversarial Networks‹ (GAN) helfen, solche Fragen genauer zu untersuchen und zu verstehen.« Bei diesem speziellen Verfahren des maschinellen Lernens konkurrieren neuronale Netze um die Lösung eines bestimmten Problems – ein bisschen wie Menschenkinder, die bei Wettspielen Zusammenhänge erlernen. Dass künstliche Intelligenz dann auch irgendwann zu einem Bewusstsein führen könnte, ist eine naheliegende Idee, die wir später unter Frage 19 aufgreifen.

TEIL 6

DIE ATOMPHYSIK

Wo Elektronen und Photonen das Sagen haben

Ein Atom besteht aus einem elektrisch positiv geladenen Atomkern, der von den negativ geladenen Elektronen der Atomhülle umgeben ist. Die Atomphysik ist die Physik dieser Atomhülle und der darin ablaufenden Vorgänge. Sie spielen sich im Energiebereich einer chemischen Flamme ab – im Gegensatz zu Vorgängen der Kernphysik, deren Prozesse im Kern stattfinden bei Energien, die vergleichbar sind mit denen einer Atombombenexplosion. Die Kräfte in der Atomphysik beruhen auf der Anziehung von Atomkern und Elektronenhülle durch ihre entgegengesetzten elektrischen Ladungen, auf Coulomb-Kräften also.

Auch die Kräfte zwischen den Atomen sind elektrischer Art. Durch sie werden Moleküle und Kristallgitter erzeugt, sie sind grundlegend für chemische Prozesse. Von erheblicher Bedeutung ist die Wechselwirkung der Elektronen untereinander. Dabei handelt es sich meist um Vielteilchensysteme, die sich nur näherungsweise beschreiben lassen. In den entsprechenden Modellen wird das Vielteilchenproblem in der Regel auf ein Zweiteilchenproblem zurückgeführt – das Wasserstoffatom, das nur aus einem Proton im Kern und einem Elektron in der Hülle besteht und das sich nahezu exakt beschreiben lässt. Da die Erkenntnisse über Atome überwiegend aus der Beobachtung von optischen Spektren gewonnen werden, also aus der Emission und Absorption von Lichtwellen (oder Lichtteilchen, den Photonen), muss für ein vollständiges theoretisches Verständnis die Quantenmechanik um Interaktionen von geladenen Teilchen und Licht erweitert werden. Dazu entwickeln der amerikanische Physiker Richard Feynman und andere in den 1940er-Jahren die Quantenmechanik weiter zur Quantenelektrodynamik (QED). Die Atomphysik hat viele technische Anwendungen und steht in engem Zusammenhang mit Disziplinen wie der Laserphysik oder der Quantenoptik.

FRAGE 10: GIBT ES TEILCHEN AUS DEM NICHTS?

Vom wabernden Quantenschaum des Vakuums und wie wir ihn untersuchen möchten.

Der theoretische Physiker Andreas Wipf von der Universität Jena führt im Zusammenhang mit dieser Frage die Heisenbergsche Unschärferelation an. »Nach Heisenberg können Energie und Zeit eines Quantenteilchens nicht gleichzeitig genau gemessen werden. Es gibt immer eine gewisse Unschärfe. Daher sollte es theoretisch möglich sein, auch dem Vakuum – also dem Zustand ganz ohne Materie – kurzzeitig etwas Energie zu entlocken.« Er nennt als Beispiel die Erzeugung eines »virtuellen« Elektron-Positron-Paars. Virtuell bedeutet, dass das Paar nur einen kurzlebigen Zwischenzustand darstellt. »Ein solches Materie-Antimaterie-Paar hat eine verhältnismäßig große Energie, aber nach einer Trilliardstel Sekunde verschwindet es schon wieder – es annihiliert.« Es vernichtet sich also wieder. Durch die kontinuierliche Erzeugung und Vernichtung dieser virtuellen Paare herrscht eine konstante Vakuumenergiedichte in Raum und Zeit. »Das alleine ist noch nicht sonderlich interessant, weil das nicht direkt messbar ist«, sagt Wipf, »aber solche Fluktuationen des Vakuums können durch äußere Einflüsse verändert werden.« Als Beispiel führt Andreas Wipf den Casimir-Effekt an. »Nehmen Sie zwei ungeladene, parallel ausgerichtete Leiterplatten im Vakuum. Sie werden feststellen, dass sie sich anziehen, obwohl sie doch ungeladen sind. Die Leiterplatten verändern nämlich die Vakuumfluktuation, und dies führt wiederum zu einer Veränderung der Vakuumenergie. Die Veränderung der Energie hängt vom Abstand der Platten ab, was letztlich zu einer bestimmten Kraftwirkung führt. Und exakt die ist gemessen worden.« Je näher sich die beiden Platten sind, umso stärker ziehen sie sich an. Zwischen den Platten kann sich nämlich bei geringerem Plattenabstand eine geringere Anzahl an virtuellen Teilchen bilden, was zu einem Druck von außen auf die Platten führt.

Ein etwas anderes Beispiel für Teilchen aus dem Nichts führt der Experimentalphysiker Randolf Pohl vom Max-Planck-Institut für Quantenoptik (MPQ) aus der Quantenelektrodynamik an. »Das ist die Theorie, von der wir glauben, dass sie die sichtbaren Vorgänge um uns herum am allerbesten beschreibt«, erklärt er. »Die Quantenelektrodynamik dient quasi als Blaupause für viele weitere Theorien. Sie beschreibt die Wechselwirkung von geladenen Teilchen und Licht.« Die Theorie hat sich in den 1940er-Jahren auch durch den amerikanischen Physiker Willis Lamb etabliert. Er entdeckte den später nach ihm benannten »Lamb-Shift« im Wasserstoffatom. »Dass nämlich zwei bestimmte Atomzustände des Wasserstoffs, die nach der relativistischen Quantenmechanik von Paul Dirac eigentlich die gleiche Energie haben sollten, eine kleine Differenz aufweisen.« Der Physiker Hans Bethe konnte kurz darauf zeigen, dass der Lamb-Shift im Wasserstoffatom maßgeblich durch die »Selbstenergie« des Elektrons bewirkt wird, »dass also das Elektron in der Hülle des Wasserstoffatoms virtuelle Lichtquanten emittiert und sogleich wieder absorbiert.«

Die Entdeckung der Lamb-Verschiebung war für die Entwicklung der relativistischen Quantenmechanik hin zu einer Quantenelektrodynamik (QED) von größter Bedeutung. Zuvor hatte die Theorie nur die Emission und Absorption von reellen Lichtquanten bei atomaren Übergängen behandelt. Nun zeigte sich, dass das Elektron im Atom selbst ständig Lichtquanten erzeugt und aufsaugt. »Wenn ein Elektron im Orbit um ein Proton kreist und kurzzeitig ein Photon emittiert und absorbiert, dann führt die Summe all dieser Effekte zu dem, was sich mit der Quantenelektrodynamik inzwischen sehr gut berechnen lässt.« Randolf Pohl arbeitet unter anderem an Experimenten mit myonischem Wasserstoff. Dabei handelt es sich um ein Wasserstoffatom, dessen Kern statt von einem Elektron von einem Myon umkreist wird – dem rund 200-mal schwereren Geschwisterteilchen des Elektrons. Bei Pohls Experimenten geht es aber inzwischen weniger um Tests der QED, sondern um die Vermessung des Protonenradius. Durch seine Untersuchungen am Paul-Scherrer-Institut in der Schweiz konnte er zeigen, dass der Durchmesser des Protons um einige Prozent kleiner ist als bis dato durch Streuexperimente angenommen.

Um einen Test der Quantenelektrodynamik geht es hingegen beim folgenden Experiment, das zurzeit am »European XFEL« – einer mehr als drei Kilometer langen Röntgenlaseranlage am Deutschen Elektronen-Synchrotron DESY – aufgebaut wird. »An der ›Helmholtz International Beamline for Extreme Fields‹ (HIBEF) am European XFEL wollen wir die Quantenelektrodynamik bei hohen Feldern und niedrigen Energien messen«, sagt Roland Sauerbrey vom Helmholtz-Zentrum Dresden-Rossendorf (HZDR), der maßgeblich an dem Projekt mitarbeitet. »Unter diesen Bedingungen ist die QED nämlich tatsächlich noch nicht getestet worden.« Aber auch hier steht nicht allein der Test der QED im Vordergrund. »Es geht neben Prozessen der Lichtstreuung an reellen Photonen auch um die Suche nach Phänomenen im niedrigen Energiebereich um einige hundert Elektronenvolt, die auf ganz neue Teilchen hindeuten könnten, beispielsweise auf Teilchen der dunklen Materie.« (Siehe auch Fragen 10, 30 und 31.) Ein Elektronenvolt (eV) ist eine Energieeinheit, die in der Atom-, Kern- und Teilchenphysik häufig synonym für die Masse eines Teilchens verwendet wird. Ein Elektron hat beispielsweise eine Ruheenergie (oder Masse) von 0,5 Megaelektronenvolt (1 MeV = 10^6 eV). Grundlage des Experiments von Sauerbrey ist der Effekt der Vakuumfluktuation und – damit eng verknüpft – der Vakuumpolarisation. »Nach der Theorie von Paul Dirac hat das Vakuum eine endliche Temperatur. Wenn es aber eine endliche Temperatur hat, dann gibt es dort auch Photonen«, erklärt Sauerbrey. »Jedes dieser Photonen kann virtuell ein Elektron-Positron-Paar oder auch ein Proton-Antiproton-Paar erzeugen, die kurz nach ihrer Erzeugung sogleich wieder annihilieren und sich in ein Photon verwandeln.« Wie schon von Andreas Wipf beschrieben, brodelt beständig eine Suppe aus virtuellen Teilchen im Vakuum, darunter eben auch geladene. »Und in dieser brodelnden Suppe geladener Teilchen platzieren wir nun unser Experiment, um damit den Nachweis zu erbringen, dass es diese brodelnde Suppe tatsächlich gibt«, erklärt Sauerbrey. Zwar gibt es experimentelle Evidenzen, aus denen deutlich wird, dass Vakuumfluktuation tatsächlich existiert, neben dem Casimir-Effekt oder dem Lamb-Shift auch das anomale magnetische Moment des Elektrons und des Myons, worauf wir noch zu sprechen kommen. »Aber einen Nachweis bei sehr starken elektromagnetischen Feldern hat es bisher noch nicht gegeben. Hier schafft das HIBEF-Experiment Abhilfe.«

Der Aufbau besteht aus einem Hochintensitätslaser, dessen Licht in ein absolutes Vakuum eingestrahlt wird, in dem sich kein Teilchen aufhalten darf. Das Laserlicht soll das Vakuum etwas polarisieren, das bedeutet, es soll die Schwingungsrichtung des elektromagnetischen Hintergrundfelds des Vakuums ausrichten. »Das geht deswegen, weil das Vakuum unter anderem aus einem virtuellen Sud von Elektron-Positron-Paaren besteht, die in einem Zeitraum von etwa 10^{-22} Sekunden von der Paarerzeugung bis zu ihrer Annihilation existieren«, erklärt Sauerbrey. »Wenn nun hier ein starkes elektromagnetisches Feld vorliegt, werden diese geladenen Teilchen-Antiteilchen-Paare ein ganz kleines bisschen auseinandergezogen. Das erzeugt eine Polarisation des Vakuums.« Diese Polarisation wollen Sauerbrey und seine Kollegen nun nachweisen. »Die Polarisation verändert letztlich den Brechungsindex des Vakuums.« Das kennen wir aus optischen Experimenten. »Wir müssen deshalb nur die Änderung des Brechungsindex' nachweisen.« Dazu wird zunächst das elektrische Feld des Hochintensitätslasers im Vakuum angelegt und damit das Hintergrundfeld des Vakuums polarisiert. Dann wird parallel zum Strahl des Hochintensitätslasers der Röntgenstrahl des European XFEL eingestrahlt. Dieser hochintensive Röntgenstrahl ist exakt linear polarisiert – das heißt, die Schwingungsrichtung seines elektromagnetischen Feldes ist konstant – und seine Polarisationsrichtung ist um 45 Grad gegen die Polarisationsrichtung des Vakuums geneigt. Der Strahl erfährt im polarisierten Vakuum eine Doppelbrechung und wird damit ein wenig elliptisch polarisiert – die Schwingungsrichtung beschreibt nun eine schmale Ellipse. »Diese Veränderung können wir direkt nachweisen, und damit auch den Effekt der Vakuumpolarisation.«

Das Experiment birgt große technische Herausforderungen. Zunächst einmal wird ein hochintensiver Röntgenlaserstrahl benötigt, wie ihn im Grunde nur der weltweit einmalige European XFEL zur Verfügung stellt. Außerdem braucht man einen sehr intensiven Laser im Petawattbereich (10^{15} Watt) – den gibt es an der HIBEF-Strahllinie. Die zweite Herausforderung besteht darin, den Röntgenstrahl so zu polarisieren, dass sich die Elliptizität auch nachweisen lässt. »Das stellt außerordentlich hohe Anforderungen an die Instrumentierung, die nur in Zusammenarbeit mit verschiedenen, hochspezialisierten Kollaborationspartnern wie beispielsweise dem Helmholtz-Institut Jena bewerkstelligt werden können.« Die nächste Herausforderung liegt in der Herstellung eines perfekten Vakuums. »Wir brauchen ein Vakuum, das sicherstellt, dass im Fokus des Lasers kein einziges Teilchen vorhanden ist«, erklärt Sauerbrey. Dazu wird in der Vakuumkammer in hoher Taktfolge das Licht eines Reinigungslasers eingeschossen, der alles ionisieren soll, was an Teilchen im Fokus steckt. »Ein Kondensator saugt sie dann ab, und es verbleibt für eine Zeit von wenigen Millionstel Sekunden ein wirklich perfektes Vakuum, in dem das Experiment stattfinden kann.«

Für den Teilchenphysiker Thomas Naumann vom DESY sind dies alles sehr spannende Experimente zum Vakuum, »weil wir lernen, dass das Nichts etwas sehr Lebendiges ist.« Für Naumann sind der

Elektromagnetismus und alle seine Phänomene letztlich Folge einer »nichttrivialen« Struktur des Vakuums. »Ich kann nämlich den gesamten Elektromagnetismus im Grunde aus zwei rein mathematischen Symmetrieforderungen an den leeren Raum ableiten: der Forderung nach Invarianz gegenüber relativistischen Lorentz-Transformationen der Raumzeit und nach Eichinvarianz der elektromagnetischen Potentiale.« Das bedeutet, dass sich die physikalischen Prozesse durch Transformation der Raumzeit und der elektromagnetischen Potentiale nicht verändern. Naumann zitiert zum Abschluss den Philosophen Martin Heidegger, der den berühmten Satz des idealistischen Philosophen Georg Wilhelm Friedrich Hegel »Das Sein ist!« spöttisch und nihilistisch umkehrt mit: »Das Nichts nichtet!« Dieser negative Satz hat aber für Naumann einen zutiefst positiven Aspekt. »Wir lernen: Das Nichts ist etwas Lebendiges. Ein lebendiges, gebärendes, kreatives Nichts. Wie das Chaos, das Tohuwabohu bei der Erschaffung der Welt im Alten Testament.«

FRAGE 11: WIE KONSTANT SIND DIE NATURKONSTANTEN?

Was ihre Veränderung für das Universum bedeuten würde und wie wir der Frage mittels Atomuhren auf den Grund gehen.

Die physikalischen Gesetze enthalten in der Regel Naturkonstanten, eine davon ist zum Beispiel die Elementarladung. Naturkonstanten bestimmen unter anderem auch die Stärke der physikalischen Grundkräfte. Als *fundamentale* Naturkonstanten bezeichnet man Größen, die für alle Teilchen und Wechselwirkungen gleichermaßen gelten und deren Werte sich zeitlich nicht ändern sollten. Zudem gibt es noch Naturkonstanten, die sich auf spezifische Teilchenarten und

Wechselwirkungen beziehen. Für den Experimentalphysiker Piet Schmidt von der Universität Hannover und der Physikalisch-Technischen Bundesanstalt (PTB) sind die Naturkonstanten eine Besonderheit. »Wir können zwar in der Physik dank unserer Gesetze sehr viel berechnen und vorhersagen, nicht aber die Naturkonstanten. Diese Konstanten können wir nur messen. Sie ergeben sich nicht aus der Theorie. Das ist unbefriedigend, weil wir überhaupt nicht wissen, weshalb die Konstanten den Wert haben, den wir messen.« Immerhin fügen sich die Naturkonstanten in ein Theoriegebäude ein, das ein Universum beschreibt, wie wir es beobachten. »Würden sich die Naturkonstanten in Wirklichkeit signifikant von unseren Messungen unterscheiden, müsste das Universum völlig anders ausschauen. Diese Feststellung ist auch unter dem Begriff ›Feinabstimmung‹ (englisch: ›Fine-tuning‹) bekannt.«

Die von einer Theorie prognostizierten Naturkonstanten müssten sich – sofern sie nicht prinzipieller Natur sind wie das Verhältnis von Umfang und Radius eines Kreises – während der Entwicklung des Universums auch ändern können. Denn die Physiker sind sich recht sicher, dass die Werte einiger fundamentaler Größen früher andere waren als in der Gegenwart. »Vereinfacht gesagt: So, wie Gegenstände eine Temperatur haben, hätten dann auch die Naturkonstanten einer solchen Fundamentaltheorie einen Wert, der sich wie die Temperatur eines Gegenstands mit der Zeit ändert«, erklärt Piet Schmidt. Aber wie kann man nach variablen Fundamentalkonstanten suchen? Wie äußert es sich, wenn sich Naturkonstanten mit der Zeit verändern? »Ein Beispiel für eine Konstante, die sich daraufhin untersuchen lässt, ist die sogenannte Feinstrukturkonstante«, erläutert Piet Schmidt. Sie gibt die Stärke der elektromagnetischen Wechselwirkung an, wie stark sich also zum Beispiel die negativ geladenen Elektronen in der Atomhülle und die positiv geladenen Protonen im Atomkern anziehen. Im einfachen Atommodell flitzen die Elektronen auf festen Bahnen um den positiv geladenen Atomkern. »Nun könnte ein Elektron – zum Beispiel durch Zufuhr von Energie mittels eines Laserlichtstrahls – in der Atomhülle auf ein höheres Niveau gehoben werden. Das entspricht einfach einer anderen Bahn des Elektrons um den Kern. Und die Energie, die wir zuführen müssten, um das Elektron auf die nächsthöhere Bahn zu heben, hängt von der Größe der Feinstrukturkonstanten ab.« Veränderungen der Feinstrukturkonstanten führen zu Änderungen der Energieniveaus in der Atomhülle. »Um solche Änderungen messen zu können, brauchen wir allerdings die präzisesten Messgeräte, die uns zur Verfügung stehen.«

Im besagten Fall sind das optische Atomuhren. »Eine optische Atomuhr wird mit einem Laser betrieben, bei dem eine Farbe beziehungsweise Frequenz genau auf einen Elektronenübergang in einem Atom abgestimmt wird«, erklärt Schmidt. »Das Ticken der Atomuhr entspricht den Schwingungen des Laserlichts, mit dem ein Übergang des Elektrons in den angeregten Zustand erzeugt wird – die Frequenzabstimmung ist vergleichbar mit dem Stimmen eines Musikinstruments mit Hilfe einer Stimmgabel.« Nun basieren Atomuhren auf unterschiedlichen Atomen, sie haben also unterschiedliche Referenzübergänge. Diese reagieren verschieden auf mögliche Änderungen der Feinstrukturkonstanten. »Das bedeutet, falls sich der Wert der Feinstrukturkonstanten vergrößerte, würde bei der einen Atomuhr mehr Energie benötigt werden, um einen Übergang zu bewerkstelligen als bei der anderen.« Beim Vergleich der unterschiedlichen Atomuhren müssten folglich deren Zeitangaben auseinanderlaufen. Das wäre messbar und ein untrüglicher Hinweis darauf, dass sich die Feinstrukturkonstante verändert hätte«, erklärt Piet Schmidt. Aber bisher haben die Zeitmessungen mit Atomuhren keine solchen Diskrepanzen gezeigt.

Für den Theoretiker Christof Wetterich von der Universität Heidelberg ist das Ergebnis nicht ganz überraschend. »Wir wissen, dass sich die Konstanten in dem Zeitrahmen, in dem wir Physiker Experimente machen, also in den letzten knapp hundert Jahren, offenbar nicht oder nur recht wenig geändert haben.« Die Messungen relativer Veränderungen beispielsweise der Feinstrukturkonstanten oder des Verhältnisses der Elektronenmasse zur Protonenmasse ergaben, dass sie maximal in der Größenordnung von rund 10^{-17} pro Jahr liegen können. »Das wären winzige Änderungen. Wir wissen also, dass sich daraus höchstens ganz geringe Effekte ergeben könnten, wenn wir Änderungen der Naturkonstanten annehmen«, sagt Wetterich. In der weiteren historischen Rückschau sind die Grenzen nicht mehr ganz so strikt, allerdings sind auch die entsprechenden Experimente komplizierter. »Weil uns nur wenige direkt messbare Informationen aus der frühen Zeit des Universums zur Verfügung stehen.«

Doch es gibt Zeugnisse aus der Frühzeit, wie zum Beispiel natürliche Kernreaktoren, Meteoriten oder auch die kosmische Mikrowellenhintergrundstrahlung, die uns Informationen liefern, durch die man physikalisch bis fast an den Anfang des Universums zurückgelangt. Wetterich kommt in diesem Zusammenhang auf den Wert des Higgs-Feldes zu sprechen, das, wie wir später sehen werden, die Massen der Elementarteilchen wie die des Elektrons festlegt. »Das Higgs-Feld ist laut der Teilchenphysik ein skalares Feld.« Mathematisch betrachtet ist ein skalares Feld eine Funktion, die jedem Punkt eines Raumes eine reelle Zahl (einen sogenannten Skalar) zuweist, wie etwa einen Druck, eine Luftfeuchtigkeit oder eine Temperatur in der Atmosphäre der Erde. »Die Theorie der Teilchenphysik sagt hier ganz klar, dass im ganz frühen Universum, als die Temperaturen bei Werten größer als 10^{12} Kelvin lagen, der Wert des Higgs-Felds ungefähr Null war. Wenn der Wert des Higgs-Felds aber früher ein anderer war als heute, dann muss zum Beispiel auch die Masse des Elektrons zu einem früheren Zeitpunkt eine andere gewesen sein.« Die theoretischen Physiker sind sich laut Wetterich deshalb ziemlich sicher, dass die

Werte solcher physikalischen Größen früher andere waren als in der Gegenwart. »Nur heißt hier früher wirklich sehr viel früher, also vor 13,8 Milliarden Jahren – etwa 10^{-12} Sekunden nach dem Urknall. Wenn man entsprechend nah an den Urknall herangeht, dann unterscheiden sich diese physikalischen Größen in der Tat von den heutigen.«

Die große Frage für Wetterich ist aber, ob sie sich auch heute noch ändern. Eine Antwort hierauf ließe wichtige Rückschlüsse auf grundlegende Eigenschaften der Theorie zu. »Das Gesamtkonzept der Quantenfeldtheorie, auf dessen Grundlage wir unsere Gesetze zur Materie und ihrer Wechselwirkungen formulieren, geht davon aus, dass diese Gesetze vom Quantenvakuum abhängen. Kommt man dagegen von der kosmologischen Seite, dann hat man die kosmologischen Gleichungen, und die Gesetze hängen entsprechend von deren Lösungen ab.« Man erwartet auf beiden Seiten im Prinzip, dass sich die fundamentalen Konstanten wie die Kopplungskonstanten, die die Stärke der Grundkräfte bestimmen, mit der Zeit ändern. »Die Frage ist nun, wann hat diese Änderung der Konstanten aufgehört, oder findet sie immer noch statt?« Christof Wetterich hatte bereits 1987 im Rahmen kosmologischer Modellbetrachtungen eine dynamische »dunkle Energie« vorgeschlagen, die heute in der Physik als Quintessenz bezeichnet wird (siehe Frage 36). »Wenn eine Änderung der fundamentalen Konstanten in der heutigen Epoche nachweisbar wäre, dann hätten wir ein sehr starkes Argument dafür, dass die dunkle Energie nicht statisch, sondern dynamisch ist, und auch dafür, dass es ein sehr schwaches, aber immer stärker werdendes Skalarfeld geben muss, das wiederum verantwortlich ist für die dunkle Energie.« Christof Wetterich hatte dieses Skalarfeld damals Kosmonfeld genannt. Es hätte die Eigenschaft, sich auch heute noch zu ändern, und wenn dies der Fall wäre, dann könnten sich auch heute noch die Naturkonstanten ändern. »Der zentrale Punkt, den es aber zuvor zu klären gilt, ist natürlich: Findet jemand experimentell zeitlich veränderliche

Naturkonstanten? Oder sind die Effekte einfach zu klein, so dass man sie – zumindest in der nächsten Zeit – nicht beobachten kann?« Fürwahr eine fundamentale Fragestellung, auf die wir im Kapitel zur Kosmologie zurückkommen werden.

FRAGE 12: WORIN BESTEHEN DIE RÄTSEL DER HEISSEN PLASMEN?

Weshalb das Spiel mit dem Feuer so verheißungsvoll ist.

Ein Plasma ist ein Gas aus Ionen – das sind Atome, denen eines oder mehrere ihrer Hüllenelektronen fehlen – und entsprechend freien Elektronen. Es stellt eine Art »vierten Aggregatzustand« dar – neben fest, flüssig und gasförmig. Für den theoretischen Physiker Frank Jenko vom Max-Planck-Institut für Plasmaphysik (IPP) ist die Untersuchung von Plasmen hochinteressant. »Plasmen kommen sowohl auf der Erde als auch im Universum an vielen Stellen vor. In der Regel handelt es sich dabei um turbulente Plasmen. Das bedeutet, sie sind wilden Schwankungen in Raum und Zeit unterworfen und zeigen mitunter turbulente Strukturen, oft zusammengesetzt aus Plasmawellen, von denen es eine ganze Menge unterschiedlicher Typen gibt.« Das System der turbulenten Plasmen grundsätzlich zu verstehen, stellt nach Ansicht von Frank Jenko eine große Herausforderung für die Wissenschaft dar. »Das verbindet die Plasmaphysik mit vielen anderen Gebieten wie der Erforschung von Turbulenzen in Fluiden (also fließenden Substanzen) oder in der Astrophysik.« Auch die Phänomenologie des Wetters und die Klimaforschung sind für Jenko Beispiele. Turbulenz ist ein grundlegendes Phänomen in offenen Systemen fernab vom thermodynamischen Gleichgewicht (siehe Frage 2). »Obwohl diese Systeme sehr stark zwischen verschiedenen

Eigenschaften und Zuständen fluktuieren, treten sie interessanterweise gleichzeitig in einem statistischen Sinne sehr strukturiert auf.«

Turbulente Plasmen können also in ihren globalen Eigenschaften sehr robust gegenüber Veränderungen sein, obwohl die mikroskopische Dynamik in einem solchen System von allen möglichen Details abhängt. »Chaos und Ordnung treten sozusagen überlagert auf. Das ist wahnsinnig interessant.« Das gilt mit Blick auf astrophysikalische Plasmen, in denen Turbulenzen eine ganz zentrale Rolle spielen, wie zum Beispiel bei der Entstehung von Magnetfeldern oder bei der Beschleunigung von kosmischer Strahlung. Aber es gilt auch im Labor, beispielsweise bei der Fusionsforschung, wo Turbulenz die Leistungsfähigkeit von Fusionsreaktoren bestimmt. »Insofern hat man es bei turbulenten Plasmen mit Phänomenen zu tun, die einerseits physikalische Fundamente berühren, aber auch essenziell sind für die angewandte Fusionsforschung.«

Neben verbesserten experimentellen Möglichkeiten in der Plasmaphysik sind nach Meinung von Jenko in den letzten Jahren auch bei der theoretischen Beschreibung signifikante Fortschritte zu verzeichnen. »Das liegt vor allem daran, dass wir es immer besser hinbekommen, die relativ komplexen grundlegenden Turbulenzgleichungen auf Hochleistungsrechnern zu lösen. Ich glaube, dass wir tatsächlich ein goldenes Zeitalter in der Turbulenzforschung erleben.« Jenko verspricht sich neben neuen grundlegenden Erkenntnissen auch ein besseres Verständnis von spezifischen Turbulenzprozessen wie der magnetischen Rekonnexion (sprich der Neuorganisation der Magnetfeldlinien) oder dem Dynamoeffekt (siehe Frage 2), welche zur Entstehung und Strukturierung von Magnetfeldern sowie der Beschleunigung geladener Teilchen auf extrem hohe Energien im Universum und im Labor führen. »Diese grundlegenden Phänomene sind miteinander verwoben, und wir lernen, sie in einem Zusammenhang zu sehen. Das führt dazu, dass wir lange unverstandene fundamentale Prozesse in turbulenten Plasmen endlich knacken können.« Mit diesem Wissen könnte man auch Eigenschaften von Fusionsplasmen konstruktiv beeinflussen. »Wir müssen das Verhalten der Plasmen bestmöglich verstehen, um es für die Nutzung domestizieren zu können.«

Dieser Ansicht ist auch Sibylle Günter, Direktorin am IPP, die neben ihrem Forschungsmanagement auch mehrere Projekte zur Fusionsforschung wissenschaftlich koordiniert. »Wir wollen die Kernfusion erforschen, also das Verschmelzen von kleineren Atomkernen zu größeren, um letztlich diesen Prozess als künftige Energiequelle zu erschließen.« Eine große Herausforderung dabei ist, dass man für die Fusion von zwei Atomkernen sehr hohe Temperaturen benötigt. »Bei Temperaturen von 100 Millionen Grad Celsius befindet sich jede Materie im Plasmazustand. Mit unserer Forschung studieren wir deshalb im Wesentlichen das komplexe Verhalten dieser heißen Plasmen, sprich die Wechselwirkung von heißen Plasmen mit starken Magnetfeldern.« Weil die Ionen und Elektronen eines Plasmas durch elektromagnetische Felder stark beeinflusst werden, reagiert ein Plasma darauf viel empfindlicher als ein neutrales Gas. »Wir können die Bewegung der Plasmateilchen mit Magnetfeldern beeinflussen. Entlang der Magnetfeldlinien können sich die geladenen Teilchen ungehindert bewegen, aber senkrecht dazu werden sie durch die Lorentz-Kraft auf kleine Kreisbahnen gezwungen. Diesen Effekt nutzen wir, um die unglaublich heißen Plasmen magnetisch einzuschließen.«

In einem Fusionskraftwerk möchte man leichte Atomkerne miteinander verschmelzen, um dabei Energie freizusetzen. Die Atomkerne in den Plasmen sind jedoch positiv geladen und gleichnamig geladene Teilchen stoßen sich ab. Die Abstoßung wird durch die hohen Geschwindigkeiten der Atomkerne überwunden, das heißt durch extrem hohe Temperaturen im Plasma. »Für ein effektives

Kraftwerk bräuchten wir Temperaturen von etwa 100 bis 200 Millionen Grad Celsius. Zum Vergleich: Die Sonne hat in ihrem Zentrum eine Temperatur von 15 Millionen Grad.« Vor diesen unglaublichen Temperaturen müssen die Wände des Kraftwerks auf eine besondere Weise geschützt werden – mit Hilfe von Käfigen aus Magnetfeldern, die die heißen Plasmen einschließen und isolieren. Konkrete Konzepte für Fusionskraftwerke sehen die Verschmelzung von Deuterium und Tritium zu Helium vor. Bei beiden Stoffen handelt es sich um schwerere Varianten des »normalen« Wasserstoffs mit einem beziehungsweise zwei zusätzlichen Neutronen im Kern. Bei der Fusion werden thermonuklear selbst geheizte Plasmen erzeugt. Das sind Plasmen, in denen die Energie der bei der Fusion produzierten Heliumkerne ausreicht, um die hohe Temperatur ohne weitere Energiezufuhr von außen aufrechtzuerhalten. »Diese Kerne sind derart schnell, dass sie Wellen und Instabilitäten im Plasma anregen können, womit sich eine ganz neue Physik eröffnet.« Die Herausforderungen für den Einschluss und die Wärmeisolierung eines solchen Plasmas sind allerdings enorm. »Jede materielle Wand verbietet sich, sie würde unter diesen Temperaturen schlicht wegschmelzen«, erklärt Sibylle Günter. »Stattdessen benutzen wir die besagten Magnetfeldkäfige, um die Bewegungen der geladenen Plasmateilchen dergestalt zu beeinflussen, dass sie gar nicht erst an die materielle Wand des Reaktors gelangen können.« Günter und ihre Kollegen wollen eine Wärmeisolation erreichen, die 50-mal besser ist als die von Styropor, und das bei den angestrebten 100 bis 200 Millionen Grad. Die Forscher stehen dabei vor vielen Fragen, die noch nicht wirklich verstanden sind, darunter auch die nach der optimalen Konfiguration des Magnetfeldkäfigs.

Im Prinzip gibt es zwei Magnetkonzepte: den Tokamak und den Stellarator. Bei beiden Typen wird das Plasma durch ein starkes Magnetfeld eingeschlossen und zusammengehalten, das beim Tokamak teilweise von einem im Plasma fließenden elektrischen Strom erzeugt wird. Beim Stellarator entsteht es ausschließlich mit Hilfe von äußeren stromdurchflossenen Spulen. »Wobei noch offen ist, welches der beiden Einschlusskonzepte erfolgversprechender ist und sich durchsetzen wird.« Der Tokamak ist verhältnismäßig weit entwickelt und sehr viel einfacher zu bauen als ein Stellarator. Doch der Stellarator bietet andere Vorteile. Weil sein Magnetfeld allein durch externe Spulen produziert wird, kann er beispielsweise im stationären Betrieb laufen und ein Plasma über sehr lange Zeiträume einschließen. Ein Tokamak kann dagegen lediglich gepulst arbeiten – im Kraftwerk für wenige Stunden, unterbrochen durch etwa halbstündige Pausen. Tokamak oder Stellarator, wichtig ist in beiden Fällen, dass ihr Magnetfeldkäfig das Plasma einschließt und die Wärmeisolierung ausreichend ist. »Wenn man die Bewegung von einzelnen Teilchen im Magnetfeldkäfig verfolgt, lässt sich theoretisch eine extrem gute Wärmeisolierung herstellen, selbst wenn hochenergetische elastische Stöße zwischen den Plasmateilchen einbezogen werden. In einem solchen Szenario hätte ein schlauchartiges Plasma mit einem Radius von 20 Zentimetern in seinem Inneren die für die Fusion notwendigen 100 Millionen Grad, während an seinen Rändern lediglich Temperaturen von 1.000 Grad herrschen würden, was für das Wandmaterial verträglich wäre.«

Allerdings funktioniert das in der Praxis leider nicht ohne Weiteres, es gibt zahlreiche ungelöste Rätsel und Fragen. »Wenn ich zum Beispiel ein Plasma bei gegebener Raumgröße aufheize, steigt zunächst wie erwartet die Temperatur. Doch ab einer bestimmten Temperatur im Zentrum des Plasmas, die je nach Raumgröße und Magnetfeld etwas unterschiedlich ausfällt, kann man so viel heizen, wie man will: Die Temperatur ändert sich nicht mehr.« Die maximal erreichbare Temperatur eines Plasmas hängt somit stark vom Magnetfeld ab und ist dann offenbar durch seine Raumgröße limitiert. »Dieses experimentelle Ergebnis hat uns sehr überrascht.« Man erklärt sich das inzwischen durch Turbulenzen im Plasma oberhalb eines gewissen Temperaturgradienten. »Dann nämlich setzen turbulente Strömungen ein, die kältere und heißere Regionen des Plasmas vermischen und so den Temperaturanstieg verhindern«, erklärt Sibylle Günter. An der Plasmaforschung zeigt sich eindrucksvoll, welche Bedeutung die Grundlagenforschung für technische Entwicklungen hat – im vorliegenden Fall die Untersuchung heißer, turbulenter Plasmen für die anwendungsorientierte Fusionsforschung, die eine interessante Option für eine zukünftige Energieerzeugung in Aussicht stellt.

TEIL 7

DIE PHYSIK DER KONDENSIERTEN MATERIE

Wo rätselhafte Ordnung herrscht

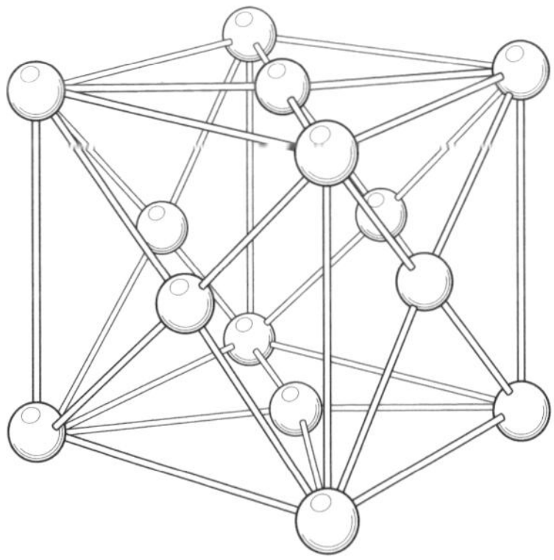

Als kondensierte Materie werden Festkörper und Flüssigkeiten bezeichnet, im Unterschied zu Gasen oder Plasmen. Die entsprechende Physik behandelt deshalb feste oder flüssige Aggregatzustände einer großen Zahl (in der Größenordnung 10^{23}) chemisch mehr oder weniger stark gebundener Atome – den Bausteinen der Materie. Eine chemische Bindung basiert auf der elektrostatischen Wechselwirkung zwischen unterschiedlich geladenen Ionen oder auf Elektronen, die sich die Hüllen mehrerer Atome »teilen«. Die Physik der kondensierten Materie beschäftigt sich mit den makroskopischen und mikroskopischen Eigenschaften solcher Verbünde. Sie basiert auf den Gesetzen der statistischen Mechanik, des Elektromagnetismus und der Quantentheorie. Aufgrund der großen Anzahl an beteiligten Atomen handelt es sich stets um Vielteilchensysteme, für deren Beschreibung statistische Modelle und spezifische Näherungsverfahren herangezogen werden müssen. Die Physik der kondensierten Materie geht unter anderem zwei Fragestellungen nach: Welche effektiven Kräfte halten die Atome im Festkörper oder in der Flüssigkeit zusammen – welcher Art also ist die chemische Bindung? Und: Wie sieht ihre strukturelle Ordnung aus? Zunehmend wird darüber hinaus auch die Dynamik von chemischen Prozessen in kondensierter Materie untersucht.

Als ein Begründer der modernen Kristallografie gilt unter anderem der französische Physiker Auguste Bravais. Seine Arbeiten aus den 1860er-Jahren zum Kristallaufbau bilden die mathematisch-konzeptionelle Grundlage für die Röntgenstreuexperimente von Max von Laue Anfang des 20. Jahrhunderts. Aus dem Beugungsmuster von Röntgenstrahlung an Kristallen kann man so erstmals auf die Kristallstruktur schließen. Die Bandbreite heutiger Röntgenquellen erstreckt sich von kompakten Elektronenröhren über große Synchrotrons (Ringbeschleuniger) für Elektronen – wie BESSY II am Helmholtz-Zentrum Berlin (HZB) oder PETRA III am Deutschen Elektronen-Synchrotron DESY in Hamburg – bis hin zu kilometerlangen (geraden)

Linearbeschleunigern für sogenannte Freie-Elektronen-Laser (FEL). Letztgenannte Anlagen erzeugen gepulste intensive Röntgenstrahlen, zum Beispiel FLASH am DESY oder der mehr als drei Kilometer lange European XFEL zwischen Hamburg und Schenefeld in Schleswig-Holstein. Das Prinzip der beschleunigerbasierten Strahlungserzeugung beruht auf der Ablenkung sehr schneller geladener Teilchen durch Magnete. Als »Sondenteilchen« zur Erforschung der Materie kommen neben elektromagnetischer Strahlung und Elektronen auch Neutronen zum Einsatz. Sie stammen aus der Kernspaltung in Reaktoren (wie dem Forschungsreaktor München FRM II) oder aus »Spallationsquellen« – bei denen beschleunigte Teilchen auf Atomkerne geschossen werden, um aus ihrer Spaltung Neutronen zu gewinnen – wie die »European Spallation Source« (ESS) in Lund in Schweden. Außerdem werden auch Ionen aus Ionenquellen (wie dem Schwerionenbeschleuniger UNILAC des GSI Helmholtzzentrums für Schwerionenforschung in Darmstadt) verwendet. Das dahinterstehende Prinzip des Streuexperiments ist jedoch für alle Anlagen stets das gleiche und im Grunde seit hundert Jahren unverändert: Sondenteilchen streuen am Untersuchungsgegenstand, und die Art der Streuung erlaubt Rückschlüsse auf dessen Struktur.

FRAGE 13: WIE FUNKTIONIERT HOCHTEMPERATUR-SUPRALEITUNG?

Das Rätsel des reibungslosen Stroms – schon bei größter Kälte geheimnisvoll, bei »Wärme« aber erst recht.

Aus der Schulphysik kennen wir das Ohmsche Gesetz: Jeder metallische Leiter besitzt einen elektrischen Widerstand R. Dieser berechnet sich aus der am Leiter anliegenden elektrischen Spannung U dividiert durch den elektrischen Strom I, der durch den Leiter fließt, kurz R = U / I. Bei einem Supraleiter geht der elektrische Widerstand beim Unterschreiten einer bestimmten Temperatur, der sogenannten Sprungtemperatur, gegen Null. Supraleitung gestattet den verlustfreien Transport von elektrischer Energie. Die Temperaturen von Supraleitern liegen jedoch typischerweise extrem tief, was die praktische Nutzung stark einschränkt. »Die Forschung an Supraleitung begann vor etwa hundert Jahren«, erläutert der Experimentalphysiker Matthieu Le Tacon vom Karlsruher Institut für Technologie (KIT), »als man dank der sich entwickelnden Kryogenik, also der Tieftemperaturtechnik, in die Lage versetzt wurde, Materialien nahe an den absoluten Nullpunkt herunter zu kühlen.« Die Untersuchung des Phänomens fiel zeitlich zusammen mit der Entdeckung, dass es in einem Festkörper ein bestimmtes Verhältnis von »freien« zu gebundenen Elektronen gibt. »Was die Physiker damals wissen wollten: Was ist bei Temperaturen in der Nähe des absoluten Nullpunkts (bei –273 Grad Celsius) im Material mit den Elektronen los? Sind sie festgefroren oder haben sie eine perfekte Leitfähigkeit?«

Die Antwort zählt für Matthieu Le Tacon zu einer der großen physikalischen Sensationen des 20. Jahrhunderts, nämlich, dass bei diesen Temperaturen der elektrische Widerstand im tiefgekühlten Material spontan verschwindet. »Das war wirklich eine Überraschung. Um die Gründe dafür besser zu verstehen, musste man allerdings weitere 50 Jahre Forschungsarbeit investieren.« Die daraus entwickelte Theorie zeichnet sich unter anderem durch den sogenannten Meißner-Ochsenfeld-Effekt aus. Demnach wird ein von außen angelegtes Magnetfeld aus dem Inneren des Supraleiters vollständig verdrängt, wenn das Material in den supraleitenden Zustand übergeht. Die eigentliche Grundlage zur Beschreibung der Supraleitung in Metallen bildet schließlich die sogenannte BCS-Theorie, die – benannt nach ihren Schöpfern John Bardeen, Leon Neil Cooper und John Robert Schrieffer – im Jahr 1957 vorgelegt wurde. Es handelt sich um eine Vielteilchentheorie, nach der sich aus jeweils zwei Elektronen durch Wechselwirkung mit dem Atomgitter sogenannte Cooper-Paare bilden, die den ganzen Festkörper umgeben und von lokalen »Hindernissen« wie zum Beispiel Atomkernen nicht mehr beeinflusst werden. Sie ermöglichen einen widerstandslosen Ladungstransport. »Tatsächlich funktioniert diese Theorie sehr gut für die meisten Metalle«, erklärt Le Tacon, »wobei sich ein Metall durch eine große Anzahl an Elektronen auszeichnet, die mehr oder weniger kompakt in dem Festkörper vorliegen.« Diese Elektronen sind relativ frei, also nicht stark an die Atomrümpfe gebunden. »Als man in den 1970er- und 1980er-Jahren langsam den Eindruck bekam, endlich alles zu diesem Thema verstanden zu haben, wurden Materialien entdeckt, die bei sehr viel höheren Temperaturen Phänomene von Supraleitung zeigen.« Die Bedingungen, unter denen bei diesen neuen Materialien Supraleitung auftrat, unterschieden sich signifikant von denen, die man verstanden zu haben glaubte.

»Diese neuen Materialien, von denen ich spreche, sind eher schlechte Metalle, haben also sehr eingeschränkte Leitereigenschaften, eigentlich handelt es sich eher um Isolatoren.« Zudem enthielten die Materialien, die nun als Hochtemperatursupraleiter in Erscheinung traten, Sauerstoff und andere Stoffe, die man im Zusammenhang mit konventionellen supraleitenden Materialien bis dato überhaupt nicht kannte. Dagegen waren die typischen Ingredienzien, die als Basis für eine gute Supraleitung galten, in diesen neuen Materialien nicht enthalten. »Kurzum: Die ›kalte‹ oder konventionelle Supraleitung war eine Überraschung, galt dann aber lange Zeit als verstanden. Bis neue Materialien auftauchten, die eine ›warme‹ Supraleitung bei höheren Temperaturen zeigen, und nun sind die Mechanismen dahinter im Grunde wieder unverstanden.«

Der Dreh- und Angelpunkt ist somit die Frage nach der Leitfähigkeit. Für Matthieu Le Tacon ist der Beginn der modernen Festkörperphysik vor etwas mehr als hundert Jahren mit ziemlich genau dieser Frage verknüpft. »Die Existenz von Elektronen war zwar bekannt. Aber nicht, dass es quasi-freie Elektronen in einem Festkörper gibt. Zunächst versuchte man, sie als Gas zu beschreiben, wobei mit diesem Begriff hier gemeint ist, dass die Elektronen verdünnt und ohne gegenseitige Wechselwirkung auftreten.« Dieser Ansatz allein war aber nicht sehr erfolgreich. Kurz darauf wurde die Quantenmechanik entwickelt. »Dieses Konzept griff man auch in der Festkörperphysik auf und beschrieb die freien Elektronen entsprechend als Quantengas.« Demnach sind die Elektronen Fermionen, also Teilchen mit einem halbzahligen Eigendrehimpuls (Spin), sprich mit Spin ½. Es gilt somit das Pauli-Prinzip, wonach die Elektronen eines Atoms nicht in allen Quantenzahlen übereinstimmen können. Dieser Ansatz schien zur Beschreibung des Phänomens der Leitfähigkeit erfolgversprechender, doch führte auch er nicht zu einer wirklich befriedigenden Lösung.

»Die beste Theorie zur Beschreibung metallischer Leiter wurde von dem sowjetischen Physiker Lew Dawidowitsch Landau entwickelt«, erklärt Le Tacon. Im Jahr 1956 beschrieb Landau die Elektronen nicht wie ein Gas, sondern wie eine Flüssigkeit. Diese sogenannte Fermi-Landau-Quantenflüssigkeitstheorie ist auch für die BCS-Theorie wichtig, da sie die Grundlage für die Beschreibung des metallischen Zustands eines Systems liefert, das unter bestimmten Umständen supraleitend wird. Der supraleitende Zustand wird dabei als Instabilität der Fermi-Flüssigkeit beschrieben, bei dem die Elektronen mit den Ionen des Metallgitters wechselwirken und sich in einen Quantenzustand begeben, der zu besagten makroskopisch messbaren Effekten führt. »Mit diesem Ansatz kann die konventionelle ›kalte‹ Supraleitung recht gut beschrieben werden«, sagt Matthieu Le Tacon. »Das Problem bei Hochtemperatursupraleitern ist aber, dass bereits ihr Grundzustand nichts mit der Vorstellung von Elektronen in einer Flüssigkeit zu tun hat.« Das Verhalten der Elektronen in diesen neuen Materialien unterscheidet sich gravierend von dem, was Le Tacon und seine Kollegen von metallischen Elektronen kennen. Insbesondere der Mechanismus, der bei einer bestimmten Sprungtemperatur den Übergang vom Grundzustand in den supraleitenden Zustand beschreibt, ist bei den neuen Materialien maßgeblich verschieden von dem der bekannten kalten Supraleiter.

»Das Stichwort lautet hier ›Emergenz‹. Das kollektive Verhalten von 10^{23} Elektronen ist nicht ohne Weiteres zu verstehen. Es bewirkt etwas, was das einzelne Elektron alleine nicht kann.« Matthieu Le Tacon untersucht mit seiner Arbeitsgruppe die kollektive Dynamik der Elektronen in diesen neuen Materialien. »Wir kochen im wahrsten Sinne des Wortes an neuen Supraleitern. Wir machen Festkörperchemie, züchten Kristalle und versuchen, ihre Eigenschaften empirisch-analytisch zu verstehen.« Dazu werden an den Materialien spektroskopische Untersuchungen mit Synchrotronstrahlungs- oder Neutronenquellen durchgeführt. Synchrotronstrahlung ist elektromagnetische Strahlung – sprich Photonen, also Licht –, das geladene Teilchen wie Elektronen aussenden, wenn sie beispielsweise von einer geraden Bahn durch Ablenkmagnete auf eine Kreisbahn gezwungen werden. Typische Neutronenquellen sind Forschungsreaktoren mit einem kontinuierlichen Neutronenfluss oder die erwähnten Spallationsquellen mit einem gepulsten Strom aus Neutronen. Das Ziel der Streuexperimente mit Photonen oder Neutronen im Fall der Untersuchung der Supraleitung ist, die kollektive Anregung der Elektronen in den supraleitenden Materialien zu erklären.

Sebastian Schmidt vom Helmholtz-Zentrum Dresden-Rossendorf (HZDR), der als Direktor am Forschungszentrum Jülich (FZJ) bis vor Kurzem auch die Forschung mit Neutronen am Forschungsreaktor München II (FRM II) begleitet hat, weist auf die Bedeutung der unterschiedlichen experimentellen Methoden bei solchen Untersuchungen hin. »Die hochkorrelierten Elektronensysteme in supraleitenden

Materialien haben unterschiedliche Freiheitsgrade. Da gibt es die Ladung, den Spin, die Struktur des Kristallgitters und einen ›orbitalen‹ Magnetismus, der von der Umlaufbahn der Elektronen abhängt. Alle diese Größen sind eng miteinander verknüpft«, erklärt Schmidt (siehe auch Frage 16). »Wir brauchen deshalb unterschiedliche Messmethoden, um auf diese verschiedenen Aspekte einzugehen.« Neutronen eignen sich laut Schmidt beispielsweise für die Erforschung der magnetischen Momente der Elektronen. »Die Neutronen sind elektrisch neutral, verfügen aber ebenfalls über ein magnetisches Moment. Sie wechselwirken als Sondenteilchen bei Streuexperimenten deshalb mit dem untersuchten Material und dessen Elektronen ganz anders als elektrisch geladene Elektronen«, erklärt Sebastian Schmidt. Experimentelle Komplementarität ist das Stichwort: Es bedeutet, sich gegenseitig ergänzende Messmethoden einzusetzen, um ein vollständiges Bild von dem untersuchten Gegenstand zu erhalten und alle relevanten physikalischen Parameter, die für Effekte wie die »warme« Supraleitung eines Festkörpers ursächlich sind, aufzunehmen und zu verstehen.

Matthieu Le Tacon vom KIT ist fasziniert davon, wie sich durch eine kleine Änderung des Parametersatzes der makroskopische Zustand eines Festkörpers dramatisch verändern kann. »Durch Anlegen eines äußeren Magnetfelds oder Erhöhung des Drucks, der eigentlich wenig Einfluss auf die Elektronen haben sollte, mutiert das Material, das eben noch Eigenschaften eines Isolators aufwies, plötzlich zum Supraleiter.« Die Herausforderung ist, zu verstehen, weshalb diese kleinen Änderungen, zum Beispiel in der Ladungsträgerdichte oder in der Kristallstruktur, derart dramatische Konsequenzen nach sich ziehen können. Wie lassen sich solche Vielteilchensysteme kontrollieren und beeinflussen? »Das ist ein wirklich hochkomplexes Problem, sowohl von der experimentellen als auch von der theoretischen Seite aus betrachtet.«

Der Experimentalphysiker Thomas Tschentscher, der die Forschung am European XFEL in Hamburg-Schenefeld koordiniert – der größten beschleunigerbasierten Röntgenquelle der Welt – kann das nur bestätigen. »Zwar ist man empirisch bei der Erforschung der Hochtemperatursupraleitung inzwischen relativ weit gekommen, und man bewegt sich durch Schaffung neuer Materialien beständig auf höhere Sprungtemperaturen zu.« Diese sogenannten »Hochtemperatursupraleiter« werden bereits bei Temperaturen um –200 Grad Celsius und höher supraleitend. »Aber man hat trotz dieser großen Fortschritte offenbar noch kein vollständiges Modell, kein konzeptionelles Gesamtverständnis, wie die Supraleitung eigentlich generiert wird.« Dazu kommt laut Tschentscher noch der Wunsch der Wissenschaftler mit Blick auf materialtechnische Anwendungen, dass sich Supraleitung ein- und ausschalten lassen sollte. Doch auch diese Funktionalität ist noch nicht ganz verstanden. »Dafür muss man die Dynamik der Magnetisierung besser verstehen. Hier bietet sich unter anderem die zeitaufgelöste Röntgenstreuung an, mit der sich die verschiedenen zeitabhängigen Zustände der Elektronen sehr schön darstellen lassen.« Röntgenquellen wie der European XFEL bieten hier mit ihren extrem kurzen Röntgenpulsen – neben anderen experimentellen Herangehensweisen – ganz neue Untersuchungsoptionen, aber dazu unter der Frage 16 mehr. Der Traum von der widerstandslosen Stromübertragung jedenfalls ist noch lange nicht ausgeträumt.

FRAGE 14: LEUCHTENDE BLASEN – WIE ERKLÄRT SICH DIE SONOLUMINESZENZ?

Ein Phänomen aus der Akustik, das schon Schiffen den Garaus machte.

Die Sonolumineszenz ist ein eindrucksvolles Beispiel dafür, dass Materie auch unter scheinbar unspektakulären Randbedingungen Rätselhaftes und Spektakuläres zu bieten hat. Als Sonolumineszenz bezeichnet man das Phänomen, dass es in einer Flüssigkeit unter starken hochfrequenten Druckschwankungen zur Bildung von kollabierenden Gasblasen kommt, die ultrakurze, hochenergetische Lichtblitze aussenden. »Das Erstaunliche an der Sonolumineszenz ist die Energiefokussierung und der Transfer von akustischer Energie in Lichtenergie«, erklärt der theoretische Physiker Detlef Lohse vom Max-Planck-Institut für Dynamik und Selbstorganisation (MPIDS), der auch an der Universität Twente in den Niederlanden lehrt. Typische akustische Energien, die zur Herstellung von Sonolumineszenz benötigt werden, liegen im Bereich von 10^{-12} Elektronenvolt pro Molekül. Dagegen liegt die Energie von optischem Licht in der Größenordnung von einigen Elektronenvolt. »Die Frage lautet daher: Wie kann aus einer verhältnismäßig schwachen akustischen Energie Licht entstehen? Denn genau das beobachtet man bei Sonolumineszenz.« Das Phänomen kann zum Beispiel in einem mit Wasser gefüllten Kolben auftreten, in dem eine einzelne Blase in einem akustischen Feld gefangen ist. Dieses Feld hat typischerweise eine Frequenz von 20 bis 40 Kilohertz. »Jedes Mal, wenn die Blase durch die akustische Welle zusammengedrückt wird, gibt es einen Lichtpuls, es entsteht also ein Lichtblitz.« Bei den genannten Frequenzen im Ultraschallbereich sind das 20.000 bis 40.000 Lichtblitze pro Sekunde, die von uns als kontinuierliches Leuchten wahrgenommen werden. »Das

Erstaunliche dabei ist, dass dies alles bei Raumtemperatur stattfindet und die akustische Energie in der Blase so stark fokussiert werden kann, dass sich diese Lichtproduktion ergibt.«

Detlef Lohse berichtet, dass sich das Phänomen über die Blasendynamik erklären lässt. »Die Blasendynamik ist ein Gebiet der Strömungsmechanik und eigentlich recht gut verstanden. Sie basiert auf hydrodynamischen Gleichungen, im Wesentlichen auf den Navier-Stokes-Gleichungen.« Sie beschreiben die Impulserhaltung in strömenden Flüssigkeiten. »Diese Gleichungen hat schon seinerzeit Lord Rayleigh benutzt, um die Dynamik einer Blase zu beschreiben, die im Zentrum eines akustischen Feldes gefangen ist und von diesem Feld angetrieben wird.« Das führte zur heute sogenannten Rayleigh-Plesset-Gleichung. »Dabei handelt es sich um eine gewöhnliche Differenzialgleichung für den Blasenradius als Funktion der Zeit. Der Antriebsterm der Gleichung ist der akustische Druck. Der Emissionsterm wiederum ist eine Schallemission.« Wenn der Druck hoch ist, wird die Blase komprimiert. Wenn der Druck gering ist, dehnt sich die Blase aus. Auf diese Weise oszillieren die Blase und ihr Volumen in der Mitte des Kolbens.

Was passiert nun bei der Sonolumineszenz? »Das Besondere bei der Sonolumineszenz ist, dass der Antriebsdruck so hoch und der Kollaps der Blase so stark ist, dass die Moleküle innerhalb der Blase bis zu ihrem sogenannten ›Hardcore‹-Radius zusammengedrückt werden. Bei dieser extremen Kompression der Blase entsteht Wärme«, erklärt Detlef Lohse. Das kennt man vom Aufpumpen des Fahrradreifens – wenn die Luft in der Fahrradpumpe komprimiert wird, steigt die Temperatur in der Pumpe. »Im Fall der Sonolumineszenz passiert genau dasselbe, nur immens schnell und sehr intensiv, so dass sich das Gas innerhalb der Blase erwärmt und dabei teilweise ionisiert wird.« Das Gas erhitzt sich typischerweise auf bis zu 15.000 Grad Celsius, wie Lohse und seine Kollegen herausgefunden haben. Durch dieses heiße, teilweise ionisierte Gas kommt es zur Lichtemission.

»Ganz so einfach ist das allerdings nicht«, erklärt Lohse. »Auch die Formstabilität der Blase spielt eine große Rolle. Der Kollaps verläuft nur dann für die Entstehung von Sonolumineszenz intensiv genug, wenn die Blase beim Kollaps sphärisch bleibt.« Die Blase muss außerdem diffusiv stabil (ausdehnbar) und chemisch stabil sein. »Alle diese Stabilitätsbedingungen sind die entscheidenden Faktoren zur Entstehung der Sonolumineszenz.«

Dass auch die chemische Stabilität eine Rolle spielt, ist zunächst überraschend. »Aber eine Luftblase zum Beispiel wird so heiß, dass molekulare Gase wie Stickstoff oder Sauerstoff aufbrechen. Was in der ›Luft‹ der sonolumineszierenden Blase übrig bleibt, ist letztlich nur Argon. Argon ist ein Edelgas, das zu einem Prozent in Luft enthalten ist. Alle anderen Gasbestandteile werden verbrannt. Die Verbrennungsprodukte rekombinieren zu Stickstoffoxiden und anderen Molekülen oder Radikalen, die sich dann im Wasser auflösen.« Laut Lohse begünstigt Argon den Prozess der Sonolumineszenz, da es als einatomiges Gas wenige physikalische Freiheitsgrade (also Bewegungsmöglichkeiten) besitzt. »Deswegen wird das Argon besonders heiß, und es kommt es zu Ionisierungseffekten.« Der Mechanismus der Lichterzeugung lässt sich schließlich aus der Plasmaphysik ableiten, es ist im Prinzip die sogenannte thermische Bremsstrahlung – also elektromagnetische Strahlung, die durch die Ablenkung freier Elektronen durch geladene Ionen oder durch Stöße mit neutralen Atomen erzeugt wird. Hinzu kommt die Lichtemission durch die Rekombination des teilweise ionisierten Gases, sprich die Wiedervereinigung von Ionen und Elektronen.

Das Phänomen der Einzelblasensonoluminesenz als solches ist aus Sicht von Detlef Lohse inzwischen geklärt. »Die Herausforderung, vor der wir aktuell stehen, ist, die Wechselwirkungen verschiedener Blasen untereinander zu verstehen.« Wenn also ein komplexes System aus vielen Blasen zu betrachten ist und zum Beispiel ein Blasenkollektiv kollabiert. »Solche Effekte haben wir in der Nähe rotierender Schiffsschrauben, die dadurch mechanisch beschädigt oder gar zerstört werden können. Die Dynamik hinter dem Blasenkollektiv wirklich systematisch zu verstehen, ist außerordentlich anspruchsvoll.« Dabei spielen auch Turbulenzen und Mehrphasenströmungen eine Rolle, denen ein Gemisch aus mehreren Komponenten zugrunde liegt. »Die Einzelblasensonolumineszenz ist sozusagen das Wasserstoffatom der sogenannten Kavitationsphysik, der Physik von Dampfblasen in Flüssigkeiten«, erklärt Detlef Lohse. »So wie mit dem Verständnis des Wasserstoffatoms die Atomphysik nicht zu Ende gegangen ist, so gelangt auch mit dem Verständnis der Einzelblasensonolumineszenz die Blasenforschung nicht an ihr Ende. Überdies steckt laut Lohse die Übertragung des Phänomens der Sonolumineszenz auf Anwendungen in anderen Bereichen im Grunde noch in den Anfängen – wie beispielsweise die Sonochemie, die die Auswirkungen von Schallwellen auf chemische Systeme untersucht. Man versucht hierbei, chemische Reaktionen unter extremen Bedingungen (wie bei der Sonolumineszenz) zu beschleunigen. Die Dynamik auf dem Forschungsfeld ist jedoch rasant. Auch Dank aktueller Entwicklungen auf dem Gebiet der Hochgeschwindigkeitskameras und des Computings. »Die Grundgleichungen waren in der Regel schon lange bekannt, aber man konnte sie numerisch nicht berechnen, weil sie hochkomplex und nichtlinear sind. Das ist jetzt aber mit den High-Performance-Computern oft möglich.« Aus Sicht von Detlef Lohse ist damit ein »goldenes Zeitalter der Physik der Fluide« angebrochen, das noch viele Überraschungen erwarten lässt.

FRAGE 15: TÄGLICH GENUTZT UND DOCH UNVERSTANDEN: WAS SIND EIGENTLICH GLÄSER?

Von den Geheimnissen eines Materials, um das schon Kriege geführt wurden.

Für den Experimentalphysiker Bastian Rapp von der Universität Freiburg ist die Frage fachlich im Bereich zwischen Physik und Chemie sowie Material- und Ingenieurswissenschaften angesiedelt. »Tatsächlich ist die Antwort abhängig davon, welche Chemie vorliegt, wie also das Material verarbeitet ist«, erklärt Bastian Rapp, der in Freiburg die Professur für Prozesstechnologie am Institut für Mikrosystemtechnik innehat. »In Abhängigkeit von der Verarbeitung der Materialien entstehen dann Dinge, die wir gemeinhin als Gläser bezeichnen. Oder eben auch nicht. Und das ist das eigentlich Spannende an der Frage.« Rapp zufolge lassen sich Materialien normalerweise klar kategorisieren. Dabei wird nach Art und Natur der chemischen Bindung unterschieden. Zum Beispiel gibt es »kovalent« gebundene Materialien, in denen zwei benachbarte Atome sich Elektronenpaare teilen und auf diese Weise eine Bindung eingehen. Oder es gibt metallisch gebundene Materialien, die aus Atomen bestehen, die leicht Elektronen verlieren. Die positiv geladenen Atomrümpfe werden dann sozusagen mit einem »Elektronenkleber« zusammengehalten. Zudem gibt es die große Gruppe der ionisch gebundenen Materialien, wie zum Beispiel das Kochsalz (Natriumchlorid) – wobei das Natrium ein positiv geladenes Kation ist, das Chlorid hingegen ein negativ geladenes Anion. Durch die elektrostatische Wechselwirkung entsteht ein kristalliner Festkörper. »Alles das ist in den Materialwissenschaften relativ einfach zu kategorisieren«, erklärt Rapp. »Gläser sind dagegen Hybridmaterialien, die zwischen diesen Material- und Bindungskategorien stehen.«

Rapp zufolge gibt es eine Vielzahl von Glasmaterialien und Varianten, allen Gläsern aber ist gemein, dass sie in den Materialwissenschaften als sogenannte unterkühlte, feste Flüssigkeiten gelten. In einem Festkörper sind die Atome sehr eng angeordnet. Dabei entsteht eine Nahordnung, die häufig sogar gewisse Symmetrien aufweist. Kehrt diese Struktur regelmäßig wieder, spricht man von Kristallen. Bei einer Flüssigkeit ist diese Nahordnung viel schwächer ausgeprägt. Die Atome haben eine gewisse Interaktion, aber es ist verhältnismäßig viel Platz zwischen ihnen, regelmäßige Strukturen sind kaum mehr anzutreffen. Bei Gasen sind die Atome noch unregelmäßiger angeordnet, sie interagieren kaum mehr. »Nun stellen wir uns einmal vor, wir hätten die Möglichkeit, den Zustand einer Flüssigkeit ›einzufrieren‹ und in einen Feststoff zu übersetzen. Wir haben also etwas, das keine wirkliche Nahordnung hat, aber trotzdem fest wird. Das ist das, was wir gemeinhin Glas nennen.« Ein Glas ist demnach ein Feststoff, der in seiner Struktur einer Flüssigkeit ähnelt. In der Materialphysik wird dieser Zustand als amorph bezeichnet. Demgegenüber steht der Begriff kristallin. »Kristallin bedeutet, wir haben eine Nahordnung, also kristallähnliche Strukturen. Bei amorphen Materialien dagegen gibt es das in dieser Weise nicht mehr; die Materialien bestehen aus Atomen, die weit voneinander entfernt sind und von außen betrachtet kein wirklich regelmäßiges Muster mehr erkennen lassen.«

Die bekanntesten Gläser sind Silikatgläser, die wir typischerweise als Trinkgläser kennen. »In diesen normalen, hochreinen Silikatgläsern sind so gut wie keine kristallinen Phasen zu erkennen, deswegen handelt es sich um amorphe Festkörper, die deshalb auch transparent sind.« Das Licht kann hier nämlich die Hohlräume zwischen den relativ weit entfernten, ungeordneten Bausteinen ungehindert durchdringen. Solche Gläser bestehen aus Siliziumdioxid – sozusagen aus handelsüblichem Sand. »Wenn ich Gläser so aufbereite, dass der Sand keine Nahordnung bei der Erstarrung erfährt, dann erhalte ich tatsächlich transparentes Glas – eine amorph-unterkühlte Flüssigkeit«, erklärt Rapp. Siliziumdioxid ist normalerweise in Form eines Tetraeders gebunden, also eines Körpers mit vier dreieckigen Seitenflächen. »Wenn sich bei der Erstarrung allerdings eine Form von Ordnung einstellt, ist das Ergebnis ein Quarzkristall – eine kristalline Struktur, in der sich sehr regelmäßige, periodische Anordnungen der chemischen Struktureinheit von Gläsern wiederfinden. Das Material wird trübe.« Nach Bastian Rapp sind das die zwei Zustände, in denen die Silikate existieren.

Aber was ist in diesem Zusammenhang nicht verstanden? »Eine ganze Menge. Zum Beispiel die Frage, ob Gläser eigentlich fließen und damit zerfließen können – handelt es sich doch in unserer Vorstellung um so etwas wie eine erstarrte Flüssigkeit.« Und tatsächlich sollten Gläser grundsätzlich auch fließen können. »Man bezeichnet das als ›viskoses Fließen‹. Es ist der wichtigste Transportmechanismus beim Erwärmen von Gläsern. Das Ergebnis ist ein zähfließendes Fluid.« Wir kennen die Bilder von Glasbläsern und ihren gelb leuchtenden Materialien. »Es gibt hier enge Bezüge zur Thermodynamik«, sagt Rapp, »beispielsweise kann man sich anschauen, wie sich die Kräfte als Funktion der Temperatur ändern, um Materie zu bewegen.« Außerdem stellt sich die Frage, wann der Fließprozess eigentlich aufhört. »Wird ein Glas bei Raumtemperatur im Laufe der Zeit wegfließen können?« Das sind nichttriviale Fragestellungen, mit denen sich die Glasphysik beschäftigt. »Schließlich noch die lapidar erscheinende Frage, wie ein Glas eigentlich entsteht? Diese Frage ist hochgradig spannend. Um sie zu beantworten, muss man in die Geschichte der Glasherstellung zurückblicken.«

Neben Naturmaterialien gehören Gläser zu den ältesten Materialien, die von Menschen künstlich hergestellt werden. Artefakte von Gläsern, die sich zum Beispiel in Museen finden, sind viele tausend Jahre alt. »Jedes Metall wäre in diesem Zeitraum wegkorrodiert. Glas ist ein sehr alter Werkstoff des Menschen, der zudem auch sehr nachhaltig ist.« Wegen der Geheimnisse rund um die Herstellung von Gläsern sind Rapp zufolge schon Kriege geführt worden. »Weil Gläser von großem materiellem Wert waren. Dementsprechend wertvoll war das Wissen, wie sie sich herstellen lassen.« In den meisten Fällen besteht die Herstellung darin, Sand zu schmelzen und das Material anschließend richtig aufzubereiten und erstarren zu lassen. Das Problem dabei ist, das Siliziumdioxid erst bei rund 1.700 Grad Celsius schmilzt. »Das ist eine Temperatur, die man technisch nur sehr schwer in den Griff bekommt. Es gibt wenige Werkzeuge, die diese Temperaturen aushalten, geschweige denn geräumige Öfen, die sie zur Verfügung stellen. Das hatte zur Folge, dass man über Jahrhunderte und Jahrtausende nur sehr kleine Gläser herstellen konnte.« Irgendwann kam man daher auf die Idee, das Glasmaterial zu verunreinigen und dem Sand noch Kalk und Natron als Flussmittel beizumischen. »Damit erhält man Kalknatrongläser, die in Fachkreisen als ›Soda-Lime-Gläser‹ bezeichnet werden. Das erlaubt ein Schmelzen bei Temperaturen um die 1.000 Grad Celsius. Damit war dieses Glasmaterial schlagartig herstellbar und formbar.« Das Verwenden von Altglas recycelt übrigens nicht nur das Glas, sondern es spart auch Energie, da Altglas anders als Quarzsand bereits Flussmittel enthält und die Mischung leichter schmilzt. Die Formung dieser konventionellen Gläser bleibt aufgrund ihrer chemischen und mechanischen Resistenz aber schwierig.

Deshalb stellt Rapps Arbeitsgruppe inzwischen Gläser her, die auf Silikatbasis beruhen, zudem aber noch andere Komponenten enthalten, die zum Beispiel die Härte des Materials verändern oder die chemischen oder optischen Eigenschaften wie den Brechungsindex. Sie verunreinigen die Materialien gezielt mit flüssigem Kunststoff, fügen also den Ursprungsmaterialien Beimengungen von Polymeren hinzu. »Die Glasherstellung ist bis heute ein nahezu heuristischer

Prozess.« Ein Prozess also, der im Wesentlichen auf Erfahrungen basiert. Bastian Rapp und sein Postdoktorand Frederik Kotz verfolgen dabei nun einen ganz neuen Ansatz. »Wir verwenden als Ausgangsmaterial in diesem Kunststoffmischverfahren Glasnanopartikel, wir stellen also Gläser in Form von kleinen Nanopartikeln her. In einem Diffusionsprozess treten Atome ungeordnet von einer Oberfläche in die andere und stellen damit praktisch eine amorphe Mischphase an der Grenzfläche der Nanopartikel her.« Dieser partikelbasierte Prozess der Glasherstellung vermeidet eine ganze Reihe von Problemen, die normalerweise mit dem Aufschmelzen und Erstarren von Glasmaterial einhergehen. »Unser alternativer Herstellungsprozess eröffnet uns ganz neue Möglichkeiten der Formgebung – er bildet sozusagen die Verbindung von Glas- und Polymerprozesstechnik. Wir nennen unsere Mischung ›Glassomer‹. Sie ermöglicht eine Formung des Glasmaterials, als wäre es ein Kunststoff.« Die Entdeckung des »Kunststoffglases« – vielleicht ist das die kommende Revolution in der Glasherstellung?

TEIL 8

DIE MOLEKÜL- UND BIOPHYSIK

Wo Physik, Chemie und Biologie auf Tuchfühlung gehen

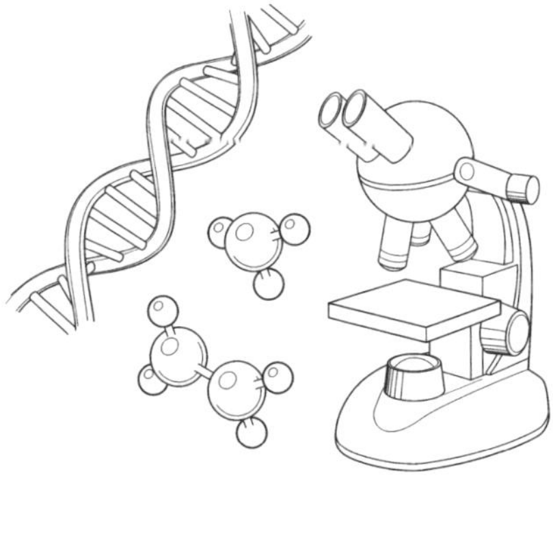

Die Molekülphysik liegt im Grenzgebiet zwischen Physik und Chemie und schließt direkt an die Physik der kondensierten Materie an. Ein Molekül besteht aus mindestens zwei Atomen, die durch eine chemische Bindung zusammengehalten werden. Die Struktur eines Moleküls – gegeben durch die Bindungslängen und -winkel der Atome – kann zum Beispiel durch spektroskopische Messungen bei elektromagnetischen Streuexperimenten ermittelt werden. Je nach Geometrie der Bindungen ergeben sich in der Natur unterschiedlichste Molekülformen, von kleinteiligen Strukturen bis hin zu Kugel- oder Fadenmolekülen. Ein Modell zur Berechnung der Moleküleigenschaften bietet die Born-Oppenheimer-Näherung, die die Bewegung von Atomkernen und Elektronen aufgrund ihrer unterschiedlichen Trägheit näherungsweise getrennt behandelt.

Die Biophysik ist die Wissenschaft, in der biologische Objekte und Vorgänge mit Begriffen und Methoden der Physik untersucht werden. Sie umfasst unter anderem die Erforschung der Struktur, Dynamik und Funktionalität von Makromolekülen sowie der Informationsübertragung zwischen Zellen und der Wirkung verschiedener Strahlungsarten auf Organismen. Ein Pionier der experimentellen Untersuchungsmethoden auf diesem Gebiet ist in den 1940er- und 1950er-Jahren der Chemiker und Physiker Gerhard Herzberg. Neben klassischen Methoden wie der Streuung von Neutronen oder der Röntgenkristallografie wird zur Bestimmung biomolekularer Strukturen zunehmend auch ein elektronenmikroskopisches Verfahren bei Tieftemperaturen eingesetzt, die sogenannte Kryoelektronenmikroskopie. Dabei werden die zu untersuchenden Proben schockgefroren und in einen amorphen, glasartigen Zustand versetzt, bevor ihre Struktur mit Hilfe von Elektronen abgebildet wird. Die Strukturbiologie ist ein wichtiges Teilgebiet der Biophysik, sie berührt ihrerseits Forschungsgebiete der Proteinbiochemie, der Molekularbiologie und der Kristallografie.

FRAGE 16: WIE LASSEN SICH QUANTENPHÄNOMENE IN VIELTEILCHENSYSTEMEN ERKLÄREN?

Wie man mit dem Mut zur Lücke das Verhalten komplexer Systeme erfassen kann.

Wir sind umgeben von Materie, die mikroskopisch betrachtet aus Atomkernen und Elektronen besteht. Für einen Forscher wie Robin Santra, theoretischer Physiker am Deutschen Elektronen-Synchrotron DESY und Professor an der Universität Hamburg, drängen sich damit grundlegende Fragen auf: Welche Eigenschaften hat Materie? Wie kommen diese Eigenschaften zustande und wie hängen sie ab von der Vielzahl der mikroskopischen Elektronen- und Atomkernbausteine? »Blickt man zum Beispiel auf ein kleines, biologisches Molekül, dann besteht es aus bis zu hunderttausend Atomen. Wenn jedes Atom etwa sechs bis zehn Elektronen um sich schart, dann haben wir es sehr schnell mit einer Million quantenmechanischen Teilchen zu tun«, erklärt Santra. Es stellt sich die Frage, wie sich ein solches System aus Quantenteilchen anordnet, wie sich das Verhalten durch die Bestandteile des Systems erklärt.

Wenn man sich die spezifische Anordnung von Atomen und ihren Elektronen in Materie etwas genauer anschaut, lässt sich feststellen, dass die Elektronen der verschiedenen Atome miteinander wechselwirken und gewisse Korrelationen zeigen. Das heißt, dass ein Elektron, das sich in dem Verbundsystem in einem bestimmten Zustand befindet, in einer besonderen Wechselbeziehung zu einem anderen Elektron steht, das in einem entsprechend anderen Zustand ist. »Es gibt hochkorrelierte Phänomene, die zu makroskopischen Eigenschaften führen, die äußerst interessant sind.« Dazu zählt Robin Santra etwa die Leitfähigkeit bis hin zur Supraleitung bestimmter Festkörper (siehe Frage 13). »Ausgangspunkt für die Physik der Vielteilchensysteme ist die Quantenmechanik, wie sie Werner Heisenberg und Erwin Schrödinger entwickelt haben.« Was man hinsichtlich der Atomkerne dabei wissen muss, ist überschaubar. »Welche Massen haben die jeweiligen Kerne? Welche Ladungen haben sie? Das sind auch schon fast alle relevanten Parameter in Bezug auf die Kerne.« Damit kommt Santra zu den Elektronen, die den Atomkern umgeben. »Von großer Bedeutung für die Elektronensysteme ist der Umstand, dass es sich bei den Elektronen um Fermionen handelt, also um Teilchen mit dem Eigendrehimpuls – oder Spin – ½.« Das spielt insofern eine Rolle, weil in einem quantenmechanischen System, das aus ununterscheidbaren Teilchen besteht, die beschreibende quantenmechanische Wellenfunktion je nach Spin bestimmte Symmetrieeigenschaften hat. »Hier ist insbesondere das Pauli-Prinzip zu nennen, wonach einzelne Atomschalen von Elektronenpaaren aufgefüllt werden, ohne dass sich dabei – salopp gesagt – mehr als zwei Elektronen pro Teilchenzustand unterbringen lassen«, erklärt Santra. Trotz dieser quantenmechanischen Regeln bleibt die Beschreibung des Verhaltens von zusammengesetzter Materie, also von Vielteilchensystemen, aber äußerst komplex.

»Lässt sich das Wasserstoffatom, bestehend aus einem Proton und einem Elektron, noch über die zeitunabhängige Schrödinger-Gleichung – als stationärer Zustand also – vollständig beschreiben, ist schon beim Heliumatom, dem nächstgrößeren Atom, bestehend aus einem zweifach geladenen Kern und zwei Elektronen, Schluss damit. Wenn aber bereits die Beschreibung von zwei Elektronen um einen Atomkern herum ein Problem darstellt«, sagt Santra, »darf man vermuten, dass komplexe Materie wie Moleküle oder Festkörper, die aus einer Vielzahl von Atomen und Elektronen bestehen, eine ungleich größere Herausforderung für eine theoretische Beschreibung darstellen.« Die einzige Chance besteht darin, Näherungsmethoden zu entwickeln, die es erlauben, die Eigenschaften der Materie quantitativ zu beschreiben. »Idealerweise sollten sie allerdings die qualitativen

Aspekte der Materie korrekt wiedergeben.« Doch Näherungsmethoden müssen handhabbar sein. »Handhabbarkeit und Praktikabilität bilden ein wichtiges Kriterium. Typischerweise ist man bei der Beschreibung von Vielteilchensystemen gezwungen, eine Rechnung mithilfe von Computern durchzuführen, bei der die grundlegenden physikalischen Gleichungen und die zugehörigen näherungsweisen Lösungsverfahren in Maschinensprache überführt werden. Die einzelnen numerischen Rechenschritte sind in entsprechende Algorithmen zu übersetzen. Die Herausforderung besteht nun darin, dass die Näherungsverfahren einerseits hinreichend genau sein müssen, andererseits darf die Ausführung der Rechnungen nicht zu lange dauern. Das ist in Anbetracht der Komplexität der numerischen Verfahren ein großes Problem, man ist schnell an der Grenze des Machbaren.« Es gibt nach Santra zwei Möglichkeiten, dem zu begegnen: »Effizientere Näherungsmethoden und schnellere Computersysteme. Als theoretischer Physiker sucht man aber zunächst nach akkuraten, approximativen Lösungsansätzen.« Der Bedarf für den Einsatz solcher Verfahren ist in den letzten Jahren dramatisch gestiegen. »Inzwischen haben sich nämlich die experimentellen Methoden bei der Untersuchung von Vielteilchensystemen rasant weiterentwickelt«, sagt Santra. »Sehr viele Experimente sind optischer Art und verzeichnen große Fortschritte ganz ähnlich wie in der Laserphysik.«

Der Röntgenlaser des European XFEL zum Beispiel produziert Laserlichtblitze mit einer Pulsdauer von einem Milliardstel einer Millionstel Sekunde, mit denen die Messproben untersucht werden. Die Laserblitze haben Lichtwellenlängen, die vergleichbar sind mit den Abständen der Atome in der untersuchten Materie. Dadurch entstehen bei der Bestrahlung Beugungsphänomene, die Rückschlüsse auf die Atomstruktur der untersuchten Materie zulassen. Durch das gepulste Licht können zudem chemische und molekulare Änderungen gemessen werden. Für den Experimentalphysiker Thomas Tschentscher vom European XFEL bieten deshalb Freie-Elektronen-Laser (FEL) ausgezeichnete experimentelle Möglichkeiten, um die Dynamik von quantenmechanischen Prozessen in Molekülen zu untersuchen. »Mit dem stroboskopartigen Licht eines FEL lassen sich die Zeitabhängigkeiten eines molekularen Systems und die Wechselwirkung seiner Atome und Elektronen sehr gut vermessen.« Tschentscher räumt allerdings ein, dass man mit Hilfe der Röntgenstreuung zunächst nur die Dichteverteilung der Elektronen bestimmt. Man kann mit dieser Messmethode nicht ohne Weiteres verschiedene Elektronenzustände im untersuchten Festkörper unterscheiden. Doch unter Zuhilfenahme von spektroskopischen Methoden – wie zum Beispiel dem sogenannten »Resonant inelastic X-ray scattering« (RIXS) – lassen sich Tschentscher zufolge unterschiedliche Zustände, beispielsweise beim Spin und Bahndrehimpuls der Elektronen, feststellen und damit die entsprechenden »Zustandsdichten« bestimmen. »Zugegeben«, sagt Tschentscher, »im Grunde genommen steckt schon eine höhere Experimentierkunst dahinter.« Wird von dieser aber erfolgreich Gebrauch gemacht, lassen sich ganze Ensembles von Elektronen im Rahmen von Röntgenstreuexperimenten untersuchen.

Das ultraintensive Licht einer beschleunigerbasierten Lichtquelle wie beim European XFEL stellt die Physiker bei der Analyse der Experimente allerdings vor enorme Herausforderungen. »Solche Lichtquellen erzeugen starke elektromagnetische Felder, die vergleichbar sind mit den elektrischen Kräften, die innerhalb der untersuchten Materie wirken«, erklärt Robin Santra. Zwar lässt sich die quantenmechanische Beschreibung eines Vielteilchensystems um die Physik der Wechselwirkung von Materie mit Licht erweitern, nämlich durch die Quantenelektrodynamik (QED). »Aber die typischen Näherungsverfahren zur Beschreibung dieser Wechselwirkung gehen davon aus, dass das Licht relativ schwach ist.« Der übergeordnete technische Begriff für diese theoretischen Verfahren heißt Störungstheorie. »Die

Standardmethoden der Störungstheorie funktionieren jedoch nicht, wenn man es mit sehr intensivem Licht zu tun hat«, erklärt Santra. »Das Licht konkurriert sozusagen mit den Kräften, die innerhalb der Materie vorliegen.« Mithilfe theoretischer Methoden möchte man nun diesen Störfaktor, der experimentell in das System hineingebracht wird, beschreiben und schlussendlich wieder herausrechnen. Trotz vieler ungelöster Fragen birgt für Santra die Wechselwirkung der Materie mit intensivem Licht ganz neue Chancen. »Man kann die Einwirkung des Lichts nämlich dazu verwenden, die Eigenschaften der untersuchten Materie experimentell zu beeinflussen.«

Vielen Forschern ist Santra zufolge gar nicht bewusst, wie stark quantenfeldtheoretische Methoden in die Beschreibung von Vielteilchensystemen eingegangen sind und wie sehr sich damit eine Verbindung zu anderen Teilgebieten der Physik ergibt. »Manche Lösungsverfahren, wie die der zeitabhängigen Schrödinger-Gleichung von Materie in starken Laserfeldern, haben sehr viel Ähnlichkeit mit Methoden aus der Teilchenphysik. Es gibt hier zahlreiche Möglichkeiten für diese beiden physikalischen Gebiete, sich gegenseitig zu befruchten.« Was einmal mehr die starke konzeptionelle Verbindung der Forschungsgebiete der Physik verdeutlicht, wie auch die nachfolgenden Kapitel zeigen.

FRAGE 17: LÄSST SICH DIE DYNAMIK VON MOLEKÜLEN PHYSIKALISCH ERFASSEN?

Worin von »Kinofilmen« im Mikrokosmos erzählt wird.

Für den Experimentalphysiker Thomas Tschentscher vom European XFEL ist die Relevanz der Frage offensichtlich. »Weil physikalisch-chemische Prozesse in der Natur nicht statisch, sondern dynamisch verlaufen.« Bewegung im Sinne eines chemischen Prozesses sehen wir vielerorts, in chemischen Reaktionen wie bei molekularen Vorgängen und schlussendlich auch in lebender Materie. »Die kleinsten Objekte, die wir in diesem Zusammenhang physikalisch betrachten, die Atome und Elektronen, bewegen sich – je nach Prozess beziehungsweise Reaktion – innerhalb von millionstel, milliardstel oder sogar nur trillionstel Sekunden. Tatsächlich ist es erst seit verhältnismäßig kurzer Zeit möglich, auf diesen Zeitskalen Physik zu betreiben. »Am Anfang stand die epochale Entdeckung der Röntgenstrahlung durch Wilhelm Conrad Röntgen im vorletzten Jahrhundert. Sie eröffnete der Forschung eine ganz neue Welt«, führt Tschentscher in das Thema ein. Über die Messung von Elektronen beziehungsweise von Elektronendichteverteilungen konnten erstmals die Positionen von Atomen bestimmt werden – auch bei komplexen Strukturen. Maßgebliche spektroskopische Erkenntnisse zu Molekülen und ihren Strukturen sowie methodische Grundlagen in diesem Forschungsfeld trug der Chemiker und Physiker Gerhard Herzberg Mitte des 20. Jahrhunderts bei. »Diese Untersuchungen haben sich aber im Wesentlichen auf statische Strukturen beschränkt.«

Daran hat sich bis zu den 1980er-Jahren nicht viel verändert. »Dann wurden neue, zumeist beschleunigerbasierte, stark gepulste Röntgenquellen wie zum Beispiel Synchrotronanlagen entwickelt, Hand in Hand mit den entsprechenden Messinstrumenten, und damit wurden auch Untersuchungen von zeitlich veränderlichen Prozessen zunehmend möglich«, erklärt Tschentscher. Aber für systematische Untersuchungen auf der Femtoskala, sprich im zeitlichen Bereich von billiardstel oder trillionstel Sekunden, sind auch diese Lichtquellen nur eingeschränkt geeignet. »Weitere Fortschritte kündigten sich im Laufe der 1990er-Jahre mit sichtbarem Licht an, als die ersten sogenannten Kurzpulslaser zum Einsatz kamen.« Dann wurden Freie-Elektronen-Laser (FEL) entwickelt – eine Technologie, die in Aussicht stellt, Molekülprozesse wirklich auf »chemischen Zeitskalen« beobachten zu können.

Bei einem FEL werden Elektronen in einem Linearbeschleuniger auf nahezu Lichtgeschwindigkeit beschleunigt und gelangen am Ende der Beschleunigerstrecke in einen sogenannten Undulator. Dabei handelt es sich um einen langen Abschnitt aus kompakten Permanentmagneten abwechselnder Polung, der die Elektronen auf einen Slalomkurs bringt. Durch das Hin und Her in den Magnetfeldern senden die Elektronen Licht aus – gemäß dem Gesetz, dass eine beschleunigte Ladung Energie in Form von elektromagnetischer Strahlung verliert. »Das geschieht hier alles bei nahezu Lichtgeschwindigkeit.« Die Elektronen wechselwirken im Undulator mit ihrem eigenen Licht und werden dadurch zusätzlich stimuliert, was schließlich zur Aussendung eines hochintensiven, ultrakurzen Röntgenlichtblitzes in Laufrichtung der Elektronen führt. »Mit dem FEL steht der Forschung ein äußerst schlagkräftiges Instrument für zeitaufgelöste Messungen auf der Femtoskala zur Verfügung«, sagt Thomas Tschentscher. »In Verbindung mit anderen Entwicklungen von Experimentier- und Messmethoden ist damit in den letzten Jahren regelrecht ein neues Forschungsgebiet entstanden – die sogenannte ›Ultrafast‹-Physik.«

Eine besondere Rolle kommt dabei den »Pump & Probe«-Experimenten zu. »Das untersuchte Molekül wird beispielsweise durch ultraviolettes Licht angeregt, woraufhin eine Dynamik ausgelöst wird. Das Ganze wird dann zeitabhängig mit dem Röntgenbeugungsexperiment belichtet«, erklärt der Experimentalphysiker Jochen Küpper vom Deutschen Elektronen-Synchrotron DESY und der Universität Hamburg diese wissenschaftliche Methode. »Wenn ich die chemische Reaktion eines Moleküls zu verschiedenen Zeiten beobachte, erhalte ich zeitabhängige Informationen, die ich im Anschluss dem Ablauf der Reaktion entsprechend sortieren kann.« Im Ergebnis lassen sich dann diese Einzelinformationen in der richtigen Reihenfolge zusammensetzen, gleich der Reihung von Einzelbildern in einem Film. Jochen Küpper spricht in diesem Zusammenhang von »Molecular Movies«, die sich auf diese Weise drehen lassen. »Bedingung ist allerdings, dass die Messdaten zu der Reaktion in die richtige Sortierung gebracht werden.« Das ist nicht ganz einfach. Es handelt sich nämlich aufgrund der hohen Intensitäten des Röntgenlichts des European XFEL um destruktive Messungen. »Jedes Mal, wenn ich mit meinem »Pump & Probe«-Experiment in meinem untersuchten Molekül eine Dynamik auslöse, zerstöre ich damit auch das Molekül. Ich muss also immer wieder mit einem neuen Molekül von vorne anfangen.« Das bedeutet aber, dass das Experiment sehr oft wiederholt werden muss, viele Millionen Mal und mehr, um eine ausreichende Statistik zu sammeln. Dabei muss sichergestellt sein, dass sich bei der Vielzahl der Proben stets das gleiche Experiment wiederholt, so dass sich die einzelnen Schnappschüsse physikalisch sinnvoll zu einem Film zusammensetzen lassen.

Lässt sich ein Resümee aus diesen zeitaufgelösten Messungen ziehen? »Wir müssen unser statisches Bild von Atomen aufgeben«, sagt Jochen Küpper. »Es gibt quantenmechanisch betrachtet ohnehin keine wohldefinierten Orte für Atome in einem Molekül. Man kann nur Wahrscheinlichkeitsverteilungen messen.« Die Verteilungen der Atompositionen innerhalb eines Moleküls weisen viele lokale Maxima auf, aber eben nicht ein einzelnes Maximum, dem eine eindeutige Position zuzuordnen wäre. »Unsere Vorstellung von festen Strukturen in Molekülen oder Festkörpern im Sinne eines klassischen Kugel-Stab-Modells, das wir aus dem Chemieunterricht kennen und das die Atome und ihre Bindungen als Kugeln und Stäbe darstellt, ist im Grunde falsch. Die chemischen Reaktionen finden nicht in diesen Grundzustandsstrukturen statt. Oder anders gesagt, die Atome sind nicht wirklich lokalisiert – anders, als es ein solches Modell andeutet.«

Für Jochen Küpper berührt die Untersuchung der Dynamik von Molekülreaktionen eine weitere fundamentale Frage. »Können wir ein konzeptionell einfaches Modell entwickeln, das die Änderungen der chemischen Molekül- oder Festkörperstrukturen beinhaltet?« Sind wir in der Lage zu begreifen, was tatsächlich im Moment eines Elektronenübergangs passiert – können wir den Moment aufzeichnen, in dem sich die Reaktion wirklich vollzieht? Das ist für Küpper eine völlig offene Fragestellung. Zwar gibt es quantenmechanische Modelle für chemische Reaktionen. »Das sind aber keine geschlossenen Lösungen, sondern Näherungsverfahren, um die Dynamik dieser Reaktionen zu beschreiben.« Erweiterte Modelle zeigen zudem, was mit den Elektronen passiert und wie das Reaktionsprodukt am Ende aussieht. Dazu ist in der Forschung bereits früh das Konzept des Übergangszustands eingeführt worden, das eine gewisse Beschreibungshilfe darstellt. Das ist der extrem kurze Zustand maximaler Energie, in dem die Bindungen des Moleküls verändert werden, bis es spontan weiter zum Endprodukt reagiert. Bei der Modellsuche hilft auch der Umstand, dass sich eine chemische Reaktion in der Regel auf wenige Molekülparameter oder Orte eingrenzen lässt. »Entsprechend bedeutsam ist die Identifikation der elementaren Reaktionskoordinaten, der sogenannten Moden am Übergangszustand, die man letztlich bestimmen kann.« Denn dort findet der relevante Prozess statt, damit eine Reaktion von A nach B auch im Modell so abläuft wie in der Realität beobachtet. Für Jochen Küpper reicht das aber alles nicht aus, um die Dynamik von chemischen Prozessen in Molekülen und Festkörpern wirklich zu erfassen. »Wir benötigen einen fundamental neuen Ansatz, der unser bisheriges Verständnis dazu auf eine ganz neue Ebene hebt.« Küpper verbindet damit auch die Hoffnung, chemische Prozessabläufe künftig entsprechend effizienter und besser gestalten zu können. »Denn unsere Welt ist Chemie. Und diese Chemie wollen wir optimieren in allen Forschungsbereichen –

wie der Gesundheit, der Energie bis hin zu einem innovativen Transportwesen, dessen Mobilitätskonzepte auf nachhaltigen chemischen Prozessen basieren.« Ein genaues Verständnis von der komplexen Dynamik der physikalisch-chemischen Prozesse wird dafür die Grundlage bilden.

FRAGE 18: WAS IST LEBEN?

Wie sich biologische Systeme gegen die Gesetze der klassischen Physik durchsetzen.

Für die Biophysikerin Ana-Suncana Smith von der Universität Erlangen kann diese Frage in naturwissenschaftlicher Hinsicht nur im Rahmen eines engen Zusammenspiels von Physik, Chemie und Biologie beantwortet werden. »Die Konzepte und Methoden der Physik sind sehr nützlich, um Mechanismen in biologischen Systemen zu erklären«, sagt Smith. Gegenstand ihrer Forschung ist die Zelle, die von einer Membran umschlossen ist und viele Biomoleküle wie Proteine und Nukleinsäuren enthält – Smith untersucht also die Materie oder das Gewebe auf molekularer Ebene. Die darin gebundenen Energien sind vergleichbar mit denen von physikalischen Systemen bei Raumtemperatur. Die Gruppe von Smith versucht nun herauszufinden, wann die sogenannte »weiche Materie« – also kondensierte Phasen von Materie, die sich nur bedingt einem der Aggregatzustände »fest« oder »flüssig« zuordnen lassen – als »Leben« gelten kann. »Dafür entwickeln wir Konzepte und Ansätze aus der theoretischen Physik und kombinieren sie mit einer Vielzahl von Simulationstechniken und Experimenten. Auf diese Weise gehen wir auf Fragestellungen ein, die bei der weichen Materie sowie in der statistischen Physik und der Biophysik gleichermaßen auftreten und auf dieselbe Weise behandelt werden können. Wir wollen dabei alle Ebenen systematisch angehen, von chemischen Reaktionen bis zum makroskopischen Verhalten von Zellen und Geweben.« Ana-Suncana Smith und ihre Gruppe versuchen, die wichtigsten Wechselwirkungen in lebender Materie zu identifizieren und sie zur Grundlage für vereinfachte Modelle und Simulationstechniken zu machen.

Aber was ist Leben genau? Für die Biophysikerin Petra Schwille vom Max-Planck-Institut für Biochemie (MPIB) bei München ist das eine uralte Frage der Menschheit, die sich bis zum heutigen Tag nicht beantworten lässt. »Eine verbindliche Definition dessen, was wir gemeinhin als Leben bezeichnen, gibt es nicht. Das finde ich eigentlich ganz erstaunlich. Es gibt zwar mittlerweile einen ganzen Katalog von Kriterien, die man mit ›Leben‹ in Verbindung bringt.« Dazu gehört die Fähigkeit zum Metabolismus (Stoffwechsel) oder auch diejenige zur Replikation (Nachwuchserzeugung), ebenfalls die Informationsverarbeitung oder die Bewegung. Schließlich gilt auch die Evolution, also die Entwicklung einer Spezies oder Gattung als ein Kriterium für Leben. »Aber einen festen Satz an Kriterien, um Leben zu kategorisieren, haben wir nicht.« Zudem halten Schwille zufolge nicht wenige Wissenschaftler den Übergang zwischen Leben und Nichtleben für fließend. Beispiele für Organismen am Rande des Lebens sind Viren, von denen nicht zuletzt das neuartige Corona-Virus seinen Einfluss auf das menschliche Leben leider eindrucksvoll unter Beweis gestellt hat. Obwohl den Viren Schlüsselmerkmale des Lebens wie eine Zellstruktur fehlen und sie nicht über einen eigenen Metabolismus verfügen, tragen sie genetisches Material; sie pflanzen sich über den Befall von Wirtszellen – zum Preis der Selbstauflösung – fort und entwickeln ihre Spezies auf diese Weise durch natürliche Selektion weiter. »Das Bemerkenswerteste an all diesen Systemen ist ihre enorme Komplexität, die im Zuge der Evolution vermutlich auch immer größer wird.« Petra Schwille ist der Ansicht, dass es einen fundamentalen Unterschied zwischen belebten und nicht belebten Systemen geben muss, dass es tatsächlich bestimmte Phänomene des Lebens gibt, die sich auch qualitativ von anderen unterscheiden, für die also eine eigene, grundlegende Gesetzmäßigkeit gilt. »Und diesen Eindruck versuche ich, auf wissenschaftliche Beine zu stellen.«

Gemeinsam mit ihrer Arbeitsgruppe untersucht sie Makromoleküle, die Eigenschaften haben, wie sie lebende Systeme kennzeichnen. »Wir haben uns auf das Kriterium der Replikation fokussiert. Wir versuchen ein System zu bauen, das es tatsächlich schafft, sich zu vervielfältigen.« Für Schwille ist das im Grunde ein klar definierter Prozess, der sich im Labor nachstellen lassen müsste. »Bisher hat das allerdings noch keiner geschafft.« Die moderne Biologie wurde nach Ansicht von Petra Schwille durch die nüchterne Erkenntnis eingeläutet, dass Zellen nur aus Zellen hervorgehen können. »Diese Einsicht wird mit Louis Pasteur und seinen Arbeiten Ende des 19. Jahrhunderts in Verbindung gebracht.« Sie räumt laut Schwille auf mit dem Glauben, dass einem Lehmklumpen bloß ein göttlicher Geist eingehaucht werden muss. »Einerseits ein großartiges wissenschaftliches Fazit, das der Biologie half, sich von einem spekulativen Ballast zu befreien«, sagt Schwille. »Andererseits lässt es uns aber mit der Schwierigkeit zurück, dass es doch irgendwann einmal zu einer allerersten Zelle gekommen sein muss. Und die kann nicht ihrerseits aus einer Zelle entstanden sein. Wie also ist das erste Leben entstanden?« Schwilles These ist, dass dieser Prozess der Lebensentstehung nachvollziehbar und damit reproduzierbar sein muss. »Es müsste doch irgendwie auch im Labor möglich sein, eine Zelle herzustellen, die nicht einer anderen Zelle entstammt.« Aufgrund der Vielschichtigkeit des Problems versucht Schwille, die Komponenten in dem untersuchten System stark zu begrenzen. »Wir reduzieren die Anzahl und die Komplexität der verschiedenartigen Moleküle, die in Zellen vorliegen, um den Untersuchungsgegenstand zu vereinfachen.« Daran knüpft sich aber die Frage: Wann ist ein solches System nicht mehr biologisch? Oder andersherum: Ab wann kann es biologisch sein? »Eine ganz triviale Frage eigentlich, die aber sehr schwer zu beantworten ist und der ich mich meines Erachtens nur nähern kann, indem ich experimentell Molekül für Molekül, quasi von unten her zusammenbringe. Das nennen wir dann ›bottom-up synthetic biology‹.«

Für Petra Schwille ist das Buch »Was ist Leben?« des Physikers und Wissenschaftstheoretikers Erwin Schrödinger aus den 1940er-Jahren für das Forschungsgebiet nach wie vor wegweisend – trotz vieler Aussagen, die inzwischen als überholt gelten. »Schrödinger bringt nämlich das physikalische Grundphänomen, das uns bis zum heutigen Tag beschäftigt, sehr schön auf den Punkt: Lebende Systeme schaffen es unter Energieaufnahme, der Entropie entgegenzuwirken und Strukturen aufzubauen und zu erhalten.« Für Schrödinger wie auch für Schwille ein Wunder. »Materie kann sich entmischen und langfristige Ordnung aufbauen, obwohl doch eigentlich die Thermodynamik insgesamt auf Durchmischung aus ist.« Das »Anstrampeln« gegen die spontan stets zunehmende Entropie gelingt nur, indem das Leben auf Musterbildung setzt und den Aufbau von Strukturen an die Aufnahme von Energie aus der Umwelt koppelt. Leben verwandelt Energie in negative Entropie, also in Ordnung, Struktur und Komplexität. »Es werden beim Leben permanent Stoffe auf- und abgebaut, doch die grundlegenden Strukturen bleiben erhalten, ebenso ihre Funktion. Das ist das Spannende. Der Metabolismus treibt das Ganze nur an.« Metabolismus ist chemisch im Grunde leicht zu verstehen. Er besteht aus Reaktionen, zumeist basierend auf Energieeintrag durch Sonnenlicht – zum Beispiel beim Stoffwechsel von Pflanzen. Bei dieser Fotosynthese werden durch Photonenübertrag unter anderem Kohlendioxid und Wasser in körpereigenes Material umgewandelt. Bei einem anderen Mechanismus wird eine chemische Verbindung aufgebrochen, so dass eine gegenüber der thermischen Energie der

Umgebung höhere Energie umgesetzt werden kann. Das passiert zum Beispiel beim Stoffwechsel von Tieren während des Nahrungsverzehrs. »Aber es muss immer etwas da sein, was diese Strukturbildung antreibt. Die Frage nach der Ursache der Strukturbildung ist das eigentlich Spannende.« Ein lebendes System ist also nichts anderes als ein energieverbrauchendes, selbsterhaltendes und sich dabei in seiner Komplexität zunehmend steigerndes System. »Die Strukturbildung lässt sich zwar auf molekularer Ebene gut nachvollziehen. Doch wie es zu den zunehmend komplexer werdenden, evolvierenden – also sich weiter entwickelnden – Strukturen in lebenden Systemen kommt, ist noch völlig unverstanden.« Wir wissen aus der Thermodynamik, dass die Entropie in geschlossenen Systemen niemals abnimmt. Deshalb müssen lebende Systeme offen sein.

Auch für den Biophysiker Stephan Grill vom Max-Planck-Institut für molekulare Zellbiologie und Genetik (MPI-CBG) in Dresden ist das Rätselhafte am Leben der Mechanismus der Selbstorganisation, der den Grundregeln der Thermodynamik zu widersprechen scheint. »Wir verstehen sehr gut, was die einzelnen Moleküle machen. Doch was das für den Selbstorganisationsprozess bedeutet, ist noch unklar.« Für Grill könnte die »Physik der aktiven Materie« – eine moderne Variante der Biophysik – Licht ins Dunkel bringen. Sie beschäftigt sich mit Systemen, die sich selbstständig zu großen Strukturen zusammenfinden. Als sinnbildliches Beispiel für die Selbstorganisation eines komplexen Systems nennt Grill einen Vogelschwarm. »Stellen wir uns einen Schwarm vor, der aus Hunderten von Vögeln besteht. Sein kollektives Verhalten ist auf nichttriviale Weise mit den Gesetzmäßigkeiten verbunden, nach denen sich die einzelnen Vögel des Schwarms bewegen.« In Grills Forschung stehen aktive, komplexe Fluide im Vordergrund, die intern zusätzlich strukturiert sind und beispielsweise Drehmomente erzeugen oder sich spontan in Rotation versetzen können. »Wir untersuchen Gesetzmäßigkeiten, die in diesen aktiven Fluiden über chemische Kontroll- und Selbstorganisationsmechanismen wirken.« Eine zentrale Frage ist dabei für Grill und sein Team das Rätsel der Musterentwicklung aus der Strukturbildung und damit das Zusammenspiel von aktiven mechanischen Prozessen und biologischer Regulation. »Hier gibt es sehr viele neue physikalische Gesetzmäßigkeiten, deren Aufklärung auch der Biologie helfen wird, die großen biologischen Fragen – beispielsweise in Bezug auf die Oogenese, also die Entwicklung aus einer Zelle hin zu mehrzelligen Strukturen – aufzulösen und zu beantworten.« Die Physik der aktiven Materie greift zurück auf physikalische Gesetzmäßigkeiten und Theorien anderer Bereiche. »Den Bausteinen, aus denen ein solches System besteht, steht chemische Energie zur Verfügung, um aktive Prozesse anzutreiben. Doch wie kommt das kollektive Verhalten solcher Ensembles zustande?« Das sind konkrete physikalische Fragestellungen auf diesem Gebiet.

Grill und seine Kollegen knüpfen damit an Themen an, die bereits Hermann von Helmholtz im 19. Jahrhundert bei seinen Untersuchungen zur »Lebenskraft« beschäftigt haben. Helmholtz erkannte bereits, dass eine solche Kraft nicht einfach dauerhaft gegeben ist, sondern dass ein Zusammenhang zwischen der Verbrennungswärme bei der Verdauung und der Arbeitsleistung bestehen muss. Neben Helmholtz' Überlegungen ist für Stephan Grill – wie schon für Petra Schwille – Schrödingers Buch »Was ist Leben?« wegweisend. »Darin postuliert Erwin Schrödinger zur Beschreibung des Lebens physikalische Gesetzmäßigkeiten, die vergleichbar sind mit den Gesetzen der Quantenmechanik oder der Festkörperphysik.« Nämlich diejenigen der von Ludwig Boltzmann Ende des 19. Jahrhunderts entwickelten Thermodynamik und statistischen Physik. Heute, 80 Jahre nach dem Erscheinen von Schrödingers Buch, sind wir Grill zufolge in der Biologie und in der Biochemie viele Schritte weitergekommen. »Interessanterweise aber noch nicht in der Biophysik. Doch mit dem

Ansatz der Physik der aktiven Materie passiert etwas. Wir stehen zwar noch am Anfang, und der Ansatz ist noch nicht systematisch auf morphogenetische (sprich formgebende) Prozesse übertragen, aber der erste Schritt ist getan.« Fazit: Das Leben ist immer noch ein Rätsel. Am Ende dieses Buches, bei Frage 41, werden wir darauf zurückkommen, wenn wir danach fragen, welches Ziel es verfolgt.

FRAGE 19: WIE FUNKTIONIERT BEWUSSTSEIN?

Und weshalb der »Turing-Test« dazu versagt.

Diese Frage zählte bereits für den Physiologen und Mediziner Emil du Bois-Reymond in der zweiten Hälfte des 19. Jahrhunderts zu den sieben Welträtseln. »Welche denkbare Verbindung besteht zwischen bestimmten Bewegungen bestimmter Atome in meinem Gehirn einerseits, andererseits den für mich ursprünglichen, nicht weiter definierbaren, nicht zu verleugnenden Tatsachen: Ich fühle Schmerz, fühle Lust, ich schmecke Süßes, rieche Rosenduft, höre Orgelton, sehe Rot.« Emil du Bois-Reymond spricht damit das sogenannte Qualia-Problem an, wonach der Übergang von neuronalen Zuständen unseres Gehirns zu Erlebniszuständen keineswegs offensichtlich ist. Für die Neurowissenschaftlerin Katrin Amunts vom Forschungszentrum Jülich (FZJ) ist das eine der faszinierendsten Fragestellungen in der Hirnforschung überhaupt. »Jeder, der auf diesem Forschungsgebiet tätig ist, möchte gerne Bewusstsein verstehen.« Und selbstverständlich ist das auch eines der Fernziele der Forschung an künstlicher Intelligenz (KI) – nämlich, eine Maschine mit Bewusstsein zu erschaffen.

Nach Amunts gibt es mindestens zwei verschiedene Lesarten von Bewusstsein. »Die eine ist, Bewusstsein im Sinne vom Wachsein zu deuten – im Gegensatz zum Schlaf oder einem komatösen Zustand.«

Demnach ist der Hirntod eines Menschen ein Zustand, der im Gegensatz zum Bewusstsein steht. »Die andere Deutung bezieht sich auf die Fähigkeit, eigene Befindlichkeiten ›bewusst‹ einzuschätzen, den eigenen Zustand kritisch reflektieren zu können – und eben auch zu beeinflussen.« Diese zweite Lesart ist laut Amunts für die KI-Forschung besonders interessant. »Aber es ist gleichzeitig auch ein sehr schwieriger und anspruchsvoller Forschungsgegenstand, weil sich letztendlich dieses ›Bewusstsein‹ den wissenschaftlichen Ansätzen und den Messmöglichkeiten in hohem Maße entzieht.« Es stehen demnach nur sehr eingeschränkte experimentelle Möglichkeiten zur Verfügung, um Bewusstsein zu untersuchen. So schwer sich zurzeit sagen lässt, welche Lebewesen über »Selbstbewusstheit« verfügen, so schwierig ist es festzustellen, ob eine Maschine mit künstlicher Intelligenz über Bewusstsein verfügt. »Dafür fehlen uns im Prinzip die griffigen Konzepte.« Schon in den 1950er-Jahren entwickelte der britische Mathematiker Alan Turing den nach ihm benannten Turing-Test, um Bewusstsein zu überprüfen. Demnach gilt eine Maschine als intelligent, wenn ihre Antworten in einem Gespräch nicht von denen eines Menschen zu unterscheiden sind. Doch die meisten Kognitionswissenschaftler akzeptieren diesen Test nicht, weil er im Grunde nur die Funktionalität einer Maschine, nicht aber ihr Bewusstsein teste. Bewusstsein ist vielmehr die Fähigkeit eines intelligenten Systems zur Selbstanalyse.

»Immerhin können sich viele Forscher darauf verständigen, dass Bewusstsein etwas mit Komplexität und einem gewissen Grad an Funktionalität zu tun hat«, sagt Amunts. »Aber Bewusstsein entzieht sich doch weitgehend einer genauen und guten Definition.« Doch die ist für Amunts unerlässlich, damit es sich in einem künstlichen Netzwerk reproduzieren lässt. »Es fehlt also noch ein dezidierter Kriterienkatalog.« Gehört aber zum Bewusstsein nicht auch Humor? Oder andersherum: Kann eine Maschine, die über kein Bewusstsein verfügt, Humor haben? Katrin Amunts hält diese Überlegung für einen durchaus interessanten Ansatz. »Wenngleich mir ein anderes Kriterium vorschwebt, das ein bisschen das Gegenteil von Humor ist: Nämlich das Wissen darüber, dass wir sterblich sind.« Die Erkenntnis der eigenen Sterblichkeit formt Amunts zufolge unser Leben extrem stark und in vielerlei Beziehung. »Ganz im Gegensatz zu künstlichen Netzwerken, obwohl sie doch ebenfalls von einer Endlichkeit bedroht sind. Dass man eine Maschine abstellen kann, indem man den Stecker herauszieht, sie also vom Stromnetz trennt, ist aber ein völlig anderer Prozess der Beendigung einer Funktion als das Sterben eines Organismus.« Doch wie sich eine solche fundamentale Erkenntnis wie die der eigenen Sterblichkeit in einer Maschine reproduzieren lässt, ist unklar.

Für Amunts gibt es neben dem Bewusstsein noch eine andere bedeutsame Fähigkeit des Gehirns, die in ganz besonderer Weise fasziniert. »Das Gedächtnis.« Das Gedächtnis bietet die Möglichkeit, Daten oder Informationen zu kodieren, zu speichern und bei Bedarf abzurufen mit dem Ziel, zukünftige Handlungen zu beeinflussen. »Diese Eigenschaft können wir ganz bestimmten Hirnregionen und Netzwerken zuordnen, die offenbar besonders prädestiniert sind, Gedächtnisinhalte zu verarbeiten. Der Hippocampus, eine zentrale Schaltstelle des Gehirns, ist in diesem Zusammenhang die vielleicht bekannteste Hirnregion.« Auffallend ist, dass diese Region bei Menschen, die an Alzheimer erkranken, sehr früh geschädigt ist. »Man kann gerade aus solchen Fehlfunktionen lernen, dass das Gedächtnis verschiedene Facetten hat und offensichtlich unterschiedliche Netzwerkregionen gebraucht«, erklärt Amunts. In der KI-Forschung versucht man unter anderem zu verstehen, wie sich Gedächtnisprozesse auf künstliche neuronale Netze übertragen lassen. »Man kann dies beispielsweise dadurch bewirken, dass man ganz bestimmte Hardware herstellt – sogenannte neuromorphe Computer, die Schaltkreise abbilden, welche neurobiologischen Strukturen des Nervensystems ähneln.« Das Interessante dabei ist aus Sicht von Katrin Amunts, dass sich inzwischen Eigenschaften und Wechselwirkungen verschiedener Hirnzustände simulieren lassen – beispielsweise, dass ausreichend viel Schlaf unsere Gedächtnisleistung verbessert. »So etwas lässt sich vereinfacht bereits auf simulierte neuronale Netzwerke übertragen, mit dem Ergebnis, dass sie leistungsfähiger in Bezug auf ihre Lernrate werden.« Das bedeutet: Lernen und Erinnern sind menschliche Fähigkeiten, die sich auf künstliche Systeme übertragen lassen.

Für den Informatiker und Humanwissenschaftler Karsten Wendland vom Karlsruher Institut für Technologie (KIT) ist die Frage nach dem Bewusstsein hochbrisant. »Weil immer mehr KI-Systeme beginnen, selbstständig mit uns zu interagieren. Überdies gibt es immer mehr Akteure auf dem Feld, die sehr viel Energie und Ressourcen aufwenden, um so etwas wie echtes Bewusstsein zu erzeugen.« Karsten Wendland und seine Arbeitsgruppe arbeiten an einem Projekt im Bereich der Technikfolgenabschätzung, das nach dem Phänomen Bewusstsein in KI-Systemen sucht. »Das führt unweigerlich zu der Frage: Was ist Bewusstsein eigentlich?« Wendland greift die Definitionen von Katrin Amunts auf und nennt insgesamt fünf Bewusstseinskategorien. Neben der Kategorie »Wachsein versus Schlafzustand« und dem kognitiven Bewusstsein, das erlaubt, die Aufmerksamkeit auf etwas zu richten, gibt es nach Wendland ein phänomenales Bewusstsein, das bewirkt, dass man sich spürt und als lebend empfindet. Dann gibt es noch das Handlungsbewusstsein, dass etwas aus einer Absicht heraus erfolgt, und schließlich noch das Selbstbewusstsein, sozusagen die Königsdisziplin, dass man sich seiner Gedanken und Empfindungen »bewusst« ist. »Über diese fünf Bewusstseinskategorien sind sich eigentlich alle einig. Nur, wo die herkommen, wie das Bewusstsein zustande kommt, ist noch unverstanden.«

Wendland interessiert im Rahmen seines Projekts insbesondere, »wohin die Reise geht«. Es lässt sich beobachten, dass etliche Gruppen aktiv auf die Erschaffung von künstlichem Bewusstsein in der Maschine hinarbeiten. »Es gibt bereits ganz konkrete Projekte in Deutschland, auch schon Patente zur Erzeugung von so etwas wie dem ›Geist in der Maschine‹. Das ist längst nicht mehr nur Science-Fiction, sondern wird zunehmend handfester.« Aus der Perspektive der Technikfolgenabschätzung stellt sich die Frage, an welcher Stelle bei der Entwicklung eines Systems mit künstlicher Intelligenz Bewusstsein entsteht. »Kommt das als Beiwerk? Als Zugabe bei hinreichend großer Komplexität? Benötigt es einen fundamentalen Algorithmus oder eine physikalische Gesetzmäßigkeit als Grundlage? Gibt es einen göttlichen Zündfunken, der Bewusstsein schafft?« Wie kommt es zur Selbstreferenz, zur Selbstanalyse eines endlich komplexen Systems, zum Wechsel von der profanen Funktionalität zum Konzept der Transzendenz – der Erfahrung? »Wir wüssten schon gerne, ob und wie man das messen kann«, gibt Wendland zu. Seiner Analyse zufolge werden zur technischen Entwicklung von Bewusstsein mindestens fünf verschiedene Ansätze verfolgt, die sich teilweise konzeptionell überlappen.

Eine Gruppe arbeitet an neuromorphen Computern, um auch mittels Analogtechniken die neuronalen Strukturen des Gehirns nachzubilden. Eine andere Gruppe verfolgt den Ansatz, nach dem Bewusstsein bereits dann entsteht, wenn ausreichend viel Information vorliegt, die integriert und damit eingeordnet ist. Diese Herangehensweise nennt sich »Integrated Information Theory«. Andere wiederum behaupten, Bewusstsein entstehe auf der Quantenebene innerhalb der Neuronen – also der Nervenzellen, die Signale verarbeiten und weiterleiten –, was unter »Orchestrated Reduction Theory« firmiert. Darüber hinaus gibt es die Theorie der »Embodied Cognition«, die behauptet, Körper und Kognition gehörten immer zusammen – das eine gehe nicht ohne das andere. Übersetzt auf selbstanalysierende Software zielt das Geist-Materie-Problem auf das Spannungsfeld von Information und Realität ab. Schließlich gibt es noch die Anhänger der »Global Workspace Theory«. »Sie besagt, dass Menschen durch ihre Augen auf eine Art Bühne blicken. Alles, was ins Zentrum dieser Bühne rückt, nehmen sie bewusst und dank ihrer Kognition auf. Alles, was sie nicht sehen oder wahrnehmen, ist außerhalb ihres Bewusstseins.« Karsten Wendland untersucht die theoretischen Aussagen dieser verschiedenen Strömungen der Bewusstseinsforschung sowie die Ansätze zu ihrer Implementierung und praktischen Umsetzung. Eines steht für ihn dabei fest: »Die Entwicklung ist rasant. Wir müssen die künstliche Intelligenz zähmen, um uns zu erhalten.« Das setzt jedoch voraus, dass wir entschlossen auch die natürliche Intelligenz und unser Verantwortungsbewusstsein fördern – wozu dieses Buch einen kleinen Beitrag liefern soll.

TEIL 9

DIE HADRON- UND KERNPHYSIK

Wo nur kleinste Abstände zur Freiheit führen

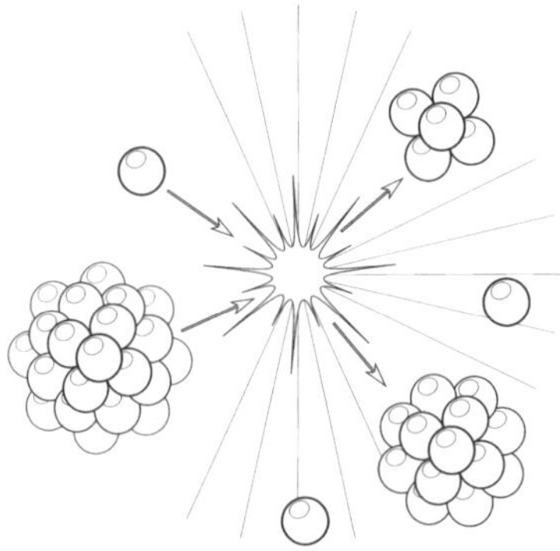

Ein Atomkern besteht aus positiv geladenen Protonen und neutralen Neutronen, die durch Kernkräfte zusammengehalten werden. Beide Teilchenarten bezeichnet man auch als Nukleonen. Sie sind ihrerseits zusammengesetzt und bestehen aus jeweils drei Quarks. Die Quarks werden durch die starke Wechselwirkung in einem Nukleon gebunden. Diese fundamentale Kraft ist sehr kurzreichweitig, ihre Wirkung geht kaum über das Nukleon hinaus. Die Theorie der starken (oder auch hadronischen) Wechselwirkung heißt Quantenchromodynamik (QCD), zwischen den 1950er- und 1970er-Jahren wird sie maßgeblich von dem amerikanischen Physiker Murray Gell-Mann entwickelt. Darin wird die starke Wechselwirkung durch den Austausch masseloser Teilchen mit ganzzahligem Spin (oder Eigendrehimpuls) vermittelt, den sogenannten Gluonen – ähnlich den Photonen, den Austauschteilchen der elektromagnetischen Wechselwirkung. Die Photonen übertragen die Ladung, bei den Gluonen ist es die sogenannte Farbladung, mit der die Quarks einen weiteren quantenmechanischen Zustand einnehmen. Er wird durch die »Farben« rot, grün oder blau gekennzeichnet (obwohl er mit realen Farben nichts zu tun hat). Quarks lassen sich allerdings nicht isolieren. Das Gluon wird erstmals Ende der 1970er Jahre am Teilchenbeschleuniger PETRA des Deutschen Elektronen-Synchrotrons DESY nachgewiesen.

Die Kernkräfte zwischen den Nukleonen gelten als indirekte Auswirkung der starken Wechselwirkung der Quarks. Sie sind Gegenstand der Kernphysik und durch Streuexperimente mit hochenergetischen Teilchen an Atomkernen näherungsweise bekannt. Als Pioniere der Kernphysik gelten unter anderem Lise Meitner, Otto Hahn und Enrico Fermi, die in der ersten Hälfte des 20. Jahrhunderts bedeutende experimentelle und theoretische Beiträge dazu liefern. Im Atomkern tritt zudem eine weitere fundamentale Kraft auf, die man als schwache Wechselwirkung bezeichnet. Auch Elektronen sind schwach wechselwirkende Teilchen, obwohl sie keine Kernteilchen sind und nicht der starken Wechselwirkung unterliegen. Die schwache Wechselwirkung ist wie die starke sehr kurzreichweitig und zeigt sich vor allem bei radioaktiven Zerfällen oder Umwandlungen von Atomkernen. Sie ist eng verwandt mit der elektromagnetischen Kraft.

FRAGE 20: WIE ERKLÄREN SICH DIE GEHEIMNISSE DER NUKLEONEN?

Weshalb an der Stabilität des Protons die Gestalt unseres Universums hängt.

Hinter dieser Frage verbergen sich einige interessante Teilfragen. Der Experimentalphysiker Wolfgang Scobel von der Universität Hamburg nähert sich dem Thema über die Kernphysik und die Wechselwirkungen zwischen den Nukleonen. »Die Dichte in einem Atomkern ist unabhängig von der Anzahl seiner Nukleonen. Ein Kohlenstoffatom zum Beispiel hat etwa die gleiche Dichte wie ein Uranatom. Die Nukleonen haben also einen konstanten Abstand zueinander.« Dieser liegt in der Größenordnung von 1,6 Femtometern (1 fm = 10^{-15} m). »Die Bindungsenergie, die einen Kern zusammenhält, ist proportional zur Nukleonenzahl. Das war seinerzeit ein überraschendes Ergebnis, weil das bedeutet, dass die Kernkraft sehr kurzreichweitig sein muss, sich also nur zwei bis drei Femtometer weit erstrecken kann und daher im Wesentlichen nur das benachbarte Nukleon erreicht.« Bei diesem Abstand ist die anziehende Kernkraft vergleichbar mit der elektrischen Abstoßung durch die Coulomb-Kraft zwischen den Protonen. Bei kürzeren Abständen ist sie stärker als die Coulomb-Kraft. Über diese Abstände hinaus fällt die Kernkraft gegenüber der Coulomb-Kraft sehr schnell ab. Die Überlagerung dieser beiden Kräfte erklärt den Zusammenhalt und die Größen der Atomkerne sowie die Spaltung schwerer Kerne. »Das Verständnis der Kernkraft reduziert sich damit auf das Zusammenspiel zwischen zwei Nukleonen«, erklärt Scobel.

Diese Kernkraft kann aber nicht identisch sein mit der fundamentalen starken Wechselwirkung. Dafür sind die Abstände der Nukleonen im Atomkern viel zu groß. »Es handelt sich bei den Kernkräften also nur um Restkräfte zwischen den Farbladungen der Quarks. Sie lassen sich gewissermaßen mit Van-der-Waals-Kräften vergleichen, die zwischen neutralen Atomen oder Molekülen wirken.« Diese kommen dadurch zustande, dass die neutralen Teilchen eine räumliche Ladungsverteilung haben und sich durch kleine Ladungspolarisationen anziehen können. »Der japanische Physiker Yukawa Hideki schlug zur Beschreibung der Kernkraft bereits in den 1930er-Jahren vor, dass zwischen den Nukleonen ein Austausch von virtuellen (also kurzlebigen) Teilchen erfolgt.« Er begründete seine Überlegungen mit Einsteins Energie-Masse-Äquivalenz und der Energieunschärfe von Heisenbergs Unschärferelation. »Yukawa kam zu dem Ergebnis, dass dies gut verträglich sein müsste mit einem Austauschteilchen einer Masse von ungefähr 150 Megaelektronenvolt.« Das Teilchen wäre damit im Vergleich deutlich leichter als die Nukleonen. Etwa 20 Jahre später wurde tatsächlich ein Teilchen entdeckt, das wie vorhergesagt wechselwirkt, nämlich das sogenannte Pi-Meson (oder Pion), und dessen Masse im entsprechenden Energiebereich bei 135 MeV liegt. Es wurden im Laufe der Jahre sogar noch eine ganze Reihe weiterer, schwererer Mesonen gefunden, die sich jeweils aus einem Quark-Antiquark-Paar zusammensetzen und die Kernkräfte vermitteln. Das Modell, das den Austausch der Kernkräfte beschreibt, wird auch als Ein-Boson-Austauschmodell bezeichnet. Denn Mesonen sind Bosonen, also Teilchen mit ganzzahligem Spin, die andere Eigenschaften haben als Fermionen mit halbzahligem Spin. Beispielsweise können mehrere Bosonen gemäß der »Bose-Einstein-Statistik« in einem System den gleichen Zustand einnehmen. An Beschleunigern wie COSY am Forschungszentrum Jülich wurden die Kernkräfte experimentell sehr gut untersucht. »Die Kritik an diesem Modell ist jedoch, dass es auf keiner fundamentalen Theorie fußt«, erklärt Wolfgang Scobel.

Aus heutiger Kenntnis kann diese fundamentale Theorie nur die relativistische Quantenfeldtheorie der starken Wechselwirkung sein, also die Quantenchromodynamik (QCD). Aber die QCD der Hadronphysik, der Physik der aus Quarks bestehenden Teilchen, ist nicht anwendbar bei größeren Abständen und entsprechend kleineren Energien der Nukleonen, wie sie in der Kernphysik und für die Nukleon-Nukleon-Streuung typisch sind. Störungsrechnungen der QCD funktionieren nur bei extrem kleinen Abständen und entsprechend hohen Teilchenenergien von mindestens 20 oder 30 Gigaelektronenvolt (1 GeV= 10^9 eV). »Mit dem Austauschmodell der Kernphysik wiederum ist schon bei 1 GeV Schluss. Es gibt offensichtlich eine energetische Lücke, für die wir keine Modellvorstellung haben. Wie kann man diese Lücke überbrücken?« Über die kernphysikalischen Modellansätze funktioniert es nicht – ganz abgesehen davon, dass sie nicht auf fundamentalen Theorien basieren. Die Austauschmodelle und ihre Erweiterungen besitzen außerhalb ihres Anpassungsbereichs keine Vorhersagekraft und versagen zunehmend, wenn man die Spinabhängigkeit der Kernkraft mit polarisierten Protonen untersucht. Dabei zeigt sich, dass die Kernkräfte für zwei Protonen deutlich von der relativen Orientierung ihrer Spins abhängen. »Auf Seiten der QCD gibt es immerhin einen Lösungsansatz, der jedoch nicht auf einem vollständigen Formalismus beruht, sondern auf numerischen und statistischen Verfahren.« Dabei wird der Bereich der Wechselwirkung auf einen endlich kleinen Raumzeitbereich eingeschränkt, der aber hinreichend groß ist, um die Reichweite der Wechselwirkungen zwischen den Nukleonen zu erfassen. »Es gibt zwar keine kontinuierliche

Rechnung, sondern man muss sich Stützpunkte in dem entsprechenden Raumzeitbereich suchen, deren Abstände mit etwa 0,1 Femtometern klein gegenüber der Reichweite der Kernkräfte sind.« Diese Punkte nennt man Gitterpunkte, die entsprechende Beschreibung wird als Gitter-QCD oder englisch »Lattice QCD« (LQCD) bezeichnet. »Damit lässt sich die Physik im Nukleon zumindest numerisch beschreiben, aber die Rechnungen der LQCD erfordern riesige Rechenkapazitäten«, erklärt Scobel. »Wünschenswert wäre zudem eine geschlossene Lösung.« Aber die gibt es offenbar noch nicht.

Ein anderer Aspekt rund um die Geheimnisse eines Nukleons betrifft die Wechselwirkung in seinem Inneren. »Betrachten wir zum Beispiel die Masse eines Protons«, sagt Katerina Lipka, Teilchenphysikerin am Deutschen Elektronen-Synchrotron DESY. »In kernphysikalischen Experimenten wurde eine Protonenmasse von etwa 1 GeV vermessen.« Ein Proton besteht aus drei Quarks – zwei sogenannten Up Quarks und einem Down Quark , die in Summe jedoch viel leichter sind als das Proton. »Wenn man die Massen der drei genannten Quarks zusammenzählt, beträgt das insgesamt nur etwa ein Prozent der Protonenmasse«, erklärt Katerina Lipka. Wo kommt aber dann die Protonenmasse her? »Das hängt mit der Struktur des Protons zusammen, und die ist komplizierter, als das einfache Drei-Quark-Modell vermuten lässt.« Lipka zufolge ist der Großteil der Protonenmasse verknüpft mit »Austauschenergien« im Inneren des Protons. »Bei grober Auflösung besteht das Proton (oder auch das Neutron) aus den genannten drei Quarks. Doch bei höherer Auflösung zeigt sich eine feinere Struktur des Nukleons, dann kommen zu den drei Quarks noch Gluonen und sogenannte ›Seequarks‹ hinzu.« Das sind virtuelle Quark-Antiquark-Paare, die sich durch die Übermittler der starken Kraft – die Gluonen – bilden und wieder verschwinden. »Heute wissen wir dank der Erkenntnisse aus sehr vielen Streuexperimenten der Hochenergiephysik, wie zum Beispiel am HERA-

Beschleuniger am DESY, dass die Masse des Protons (und auch des Neutrons) durch die Energien der Gluonen und der Seequarks definiert wird.«

Robert Klanner von der Universität Hamburg, der die Forschung am HERA-Beschleuniger eng begleitet hat, hält diesen Aspekt deshalb im Prinzip für geklärt. »Die Masse des Protons ist experimentell verstanden, man hat die Massen seiner Bestandteile gemessen, und theoretisch wurde sie qualitativ auf Grundlage der Gittereichtheorie, der LQCD, vorhergesagt.« Trotzdem gibt es für Klanner nach wie vor interessante Experimente in diesem Zusammenhang, beispielsweise das COMPASS-Experiment der Europäischen Organisation für Kernforschung am CERN. Es untersucht die Spinstruktur des Protons durch sogenannte tiefinelastische Myon-Proton-Streuung. Dabei werden die Protonen mit hochenergetischen Myonen beschossen, die sehr schweren negativ geladenen Elektronen ähneln. Die Spins der Myonen und Protonen werden zuvor entweder parallel oder antiparallel ausgerichtet. Dahinter steht die Frage, wie der Spin des Nukleons zustande kommt, der exakt ½ ist. Denn auch er setzt sich nicht einfach aus der Summe der Spins seiner Quarks zusammen. »Ferner gibt es Experimente, die für neue Beschleuniger geplant sind. Einer davon firmiert unter dem Namen »Electron Ion Collider«. Er wird eine geringere Teilchenenergie haben als seinerzeit HERA, dafür aber höhere Strahlintensitäten, mit dem Ziel, ein dreidimensionales Bild der Struktur eines Protons zu ermitteln – quasi die Tomografie des Protons«, sagt Robert Klanner. Daneben hält Klanner die aktuelle Forschung zum Quark-Gluon-Plasma (siehe Frage 21) für sehr interessant sowie die Überlegungen zu dessen Einfluss auf die Entwicklung des Universums unmittelbar nach dem Urknall.

Auch der Kernphysiker Hans Ströher vom Forschungszentrum Jülich (FZJ) betrachtet die Geheimnisse der Nukleonen im Hinblick auf ihre fundamentale Bedeutung für den Kosmos. »Das ultimative

Schicksal unseres Universums hängt schließlich an der Frage nach der Stabilität des Protons.« Das Proton ist das leichteste der schweren, aus drei Quarks bestehenden Teilchen – den sogenannten Baryonen. Die Baryonenzahl ist möglicherweise eine absolute Erhaltungsgröße, sie bestimmt die Stabilität der Materie. Ein spontaner Zerfall eines Baryons in leichtere Teilchen ist möglich, nicht aber in schwerere. Da das Proton bereits das leichteste Baryon ist, müsste es dieser Regel zufolge stabil sein. Und tatsächlich ist der Zerfall eines Protons noch niemals beobachtet worden. Ein freies Neutron dagegen – etwas schwerer als das Proton – wandelt sich bereits nach etwa einer Viertelstunde vermittels der schwachen Wechselwirkung in ein Proton, ein Elektron und ein sogenanntes Antineutrino um. Dieser Prozess wird Betazerfall genannt und wurde bereits in den 1930er-Jahren korrekt beschrieben. Trotzdem birgt auch er noch Rätselhaftes. »Es gibt aktuell unterschiedliche Beobachtungsergebnisse hinsichtlich des Neutrons und seiner drei Zerfallsprodukte«, erklärt Hans Ströher. »Je nachdem, ob man nach dem Verschwinden des Neutrons oder dem Auftauchen seiner Zerfallsprodukte schaut, unterscheiden sich die Messungen um gut acht Sekunden, in teilchenphysikalischer Hinsicht eine halbe Ewigkeit.« Die Gründe dafür sind noch nicht ganz klar.

Es gibt weitere Eigenschaften der Nukleonen, die man besser verstehen möchte, weil sie grundlegender Natur sind. Dazu gehören neben dem Protonenradius (siehe auch Frage 10) zum Beispiel die magnetischen und elektrischen Dipolmomente (siehe Fragen 22 und 23). Gespannt schaut Ströher insbesondere auf experimentelle Ergebnisse, wie sie am Detektor Super-Kamiokande in Japan erwartet werden. »Die Forscher untersuchen dort unter anderem die Lebensdauer des Protons. Wie stabil ist das Proton wirklich?« Ein Proton kann nicht in ein Neutron zerfallen, weil Letzteres um etwas mehr als 1 MeV schwerer ist. Wenn das Proton stattdessen aber beispielsweise in ein Elektron, ein Photon und zwei Positronen zerfallen könnte (den Antiteilchen der Elektronen), womit die Ladung erhalten bliebe – dann wäre die Baryonenzahl nicht erhalten. »Damit wäre eine Symmetrie gebrochen, womit sich erklären ließe, weshalb im Universum mehr Materie als Antimaterie existiert«, erklärt Ströher. Denn das Überwiegen von Materie gegenüber der Antimaterie, auf das wir im Folgenden immer wieder zu sprechen kommen, setzt eine Nichterhaltung der Baryonenzahl voraus. So oder so: Fest steht jedenfalls, dass wir dem Proton unser Leben verdanken, weil es – wenn auch bloß einen Hauch – leichter ist als das Neutron.

FRAGE 21: WAS PASSIERT ZWISCHEN QUARKS UND GLUONEN?

Ein Blick ins Innerste der Kernteilchen und in die Ursuppe unseres Kosmos.

Für Johanna Stachel von der Universität Heidelberg verbirgt sich dahinter die Frage, »wie die uns umgebende Materie aus den elementaren Bausteinen entstanden ist, wie die Protonen, die Neutronen und die ursprünglichen Elemente im frühen Universum in den ersten Sekunden nach dem Urknall gebildet wurden.« Die fundamentalen Bausteine der Materie sind Stachel zufolge aus Experimenten inzwischen gut bekannt. »Die Quarks und die Austauschbosonen, die die starke Wechselwirkung zwischen den Quarks vermitteln, die sogenannten Gluonen.« Aber im Gegensatz zur elektromagnetischen Kraft, die mit größerem Abstand zwischen geladenen Teilchen kleiner wird, bleibt die Anziehungskraft zwischen Quarks mit zunehmendem Abstand konstant, vergleichbar mit einem Gummiseil, das sich spannt. Wird der Abstand zu groß, »reißt« das Seil und die beiden getrennten Quarks bilden aus dem Vakuum neue Quark-Antiquark-Paare,

Mesonen also. Diese verbinden sich wieder mit den vorherigen Quarks. Der Umstand, dass Quarks nicht isoliert werden können, wird in der Hadronphysik als »Confinement« bezeichnet. Bei kleinen Abständen (beispielsweise innerhalb eines Nukleons) können die Quarks dagegen als quasi-freie Teilchen betrachtet werden. Man bezeichnet dies als »asymptotische Freiheit«. Die Theorie der starken Wechselwirkung zwischen Quarks und Gluonen ist die schon erwähnte Quantenchromodynamik (QCD). Sie basiert wie alle Quantenfeldtheorien auf einer Symmetrie, daher verändern sich ihre Eigenschaften bei bestimmten Transformationen wie der Orts- oder Ladungsspiegelung nicht.

»Nun wissen wir theoretisch aus der QCD, dass bei sehr hohen Temperaturen oder sehr hohen Dichten von Materie keine farblosen gebundenen Zustände aus Quarks, wie wir sie in den Nukleonen vorfinden, mehr existieren«, erklärt Johanna Stachel. Als »farblose« Zustände bezeichnet man Hadronen, die entweder aus einem Quark-Antiquark-Paar (Mesonen) oder aus drei Quarks (Baryonen) bestehen. Die Farbladung der Quarks löschen sich in diesen Teilchen aus. »Unter extremen Bedingungen schmilzt diese Materie quasi, und es bildet sich aus den fundamentalen Bestandteilen, den Quarks und den Gluonen, ein heißes Plasma.« Die QCD erlaubt dazu präzise Berechnungen. Unter Zuhilfenahme der Gitter-QCD (siehe Frage 20) kann die zugehörige Physik in vierdimensionalen Raumzeitgittern simuliert werden. »Daraus lässt sich ableiten, dass die Übergangstemperatur zwischen normaler Materie und dem Quark-Gluon-Plasma – ausgedrückt in der Energieeinheit der Kern- und Teilchenphysik – ziemlich genau 156,5 MeV beträgt.« Das entspricht etwa dem 200.000-fachen der Temperatur im Inneren unserer Sonne oder anders gesagt 10^{12} Grad. Solche Temperaturen herrschten Johanna Stachel zufolge im frühen Universum während der ersten Millionstel Sekunden nach dem Urknall. »Die Materie hat sich danach sozusagen auskristallisiert, und es haben sich die Protonen und Neutronen gebildet.« In den darauffolgenden Jahrmilliarden kühlte sich das Universum weiter ab, die kosmische Mikrowellenhintergrundstrahlung als Relikt des Urknalls entspricht heute einer Temperatur von 2,7 Kelvin (= –270,45 Grad Celsius). Die Temperaturen aus der Frühzeit des Universums lassen sich aber immerhin noch punktuell im Labor erzeugen.

Dazu werden am Teilchenbeschleuniger »Large Hadron Collider« (LHC) der Europäischen Organisation für Kernforschung CERN möglichst schwere Atomkerne bei hohen Energien zur Kollision gebracht. Johanna Stachel und ihre Gruppe untersuchen dabei insbesondere die Eigenschaften des bei der Kollision entstehenden Quark-Gluon-Plasmas. »Das ist ein völlig neuer Materiezustand. Eine sehr überraschende Erkenntnis in diesem Zusammenhang ist, dass sich dieses Quark-Gluon-Plasma wie eine nahezu ideale Flüssigkeit verhält.« Ein weiterer interessanter Aspekt ist für Stachel die Natur und die Art des Phasenübergangs. In normaler Materie sind die Quarks und Gluonen durch das Confinement eingesperrt und bilden zusammengesetzte Teilchen wie das Proton oder das Neutron. »Eine interessante Frage ist: Wie findet der Übergang vom Confinement zum Deconfinement statt?« Und es gibt noch etwas, das Johanna Stachel verstehen will. »In normaler Materie ist eine fundamentale Symmetrie gebrochen: die sogenannte chirale Symmetrie, die rechts-/linkshändige Symmetrie.« Chirale Symmetrie läge vor, wenn »rechtshändige« und »linkshändige« Quarks ohne Weiteres austauschbar wären. Bei gleicher Flugrichtung unterscheiden sich die Teilchen durch eine entgegengesetzte Ausrichtung ihres Spins. Diese Austauschbarkeit ist allerdings nur gegeben, solange die Quarks masselos sind. Dann aber hätte die Materie keine Masse. Erst durch die Brechung der chiralen Symmetrie entsteht Stachel zufolge der überwiegende Teil der Materiemasse im Universum. »Im Quark-Gluon-Plasma ist diese Symmetrie aber ungebrochen, dort sind die Teilchen extrem leicht. Wir würden nur zu gerne verstehen, wie dieser Prozess zustande kommt. Auf welche Weise wird Materie erzeugt?«

Dazu messen Johanna Stachel und ihre Kollegen zum Beispiel die Häufigkeit der Produktion von Hadronen, das heißt von gebundenen Zuständen aus Quark-Antiquark-Paaren oder aus jeweils drei Quarks, wie im Fall von Protonen und Neutronen. »Am ALICE-Experiment am LHC haben wir verschiedene dieser Teilchen vermessen.« Dabei haben die Forscher eine völlig verblüffende, ganz einfache Gesetzmäßigkeit gefunden. »Die Häufigkeit der Hadronenproduktion kann durch eine einzige Größe beschrieben werden, nämlich durch die Temperatur.« Bei der Kollision von zwei Atomkernen entsteht etwas extrem Heißes, das dann abkühlt und schließlich auskristallisiert. »Dieses System verhält sich am Ende wie ein extrem einfaches statistisches Ensemble, das ausschließlich durch die Temperatur charakterisiert ist.« Das Interessante für Stachel ist, dass die gemessene Temperatur statistisch auf die besagten 156,5 MeV zuläuft – exakt die kritische Temperatur beim chiralen Phasenübergang, die die QCD vorhersagt. Johanna Stachel macht hier zwei bemerkenswerte Effekte aus: »Offensichtlich frieren die Häufigkeiten der bei der Phasenumwandlung gebildeten Hadronen bei dieser Temperatur aus, die sich danach nicht mehr ändern. Was aber noch verblüffender ist, dass dabei auch sehr große und fragile Objekte entstehen.« Zum Beispiel Deuteriumkerne, bestehend aus einem Proton und einem Neutron, deren Bindungsenergie nur 2 MeV beträgt. »Dass solche Kerne bei einer Temperatur von 156,5 MeV existieren können, ist erstaunlich. Wie ein Schneeball in der Hölle, der irgendwie erhalten bleibt.« Johanna Stachel vermutet, dass derart große Objekte als »kompakte Multiquarkzustände« gebildet werden, die sich dann erst allmählich in den Atomkern, so wie wir ihn kennen, verwandeln. »Wenn wir die Natur dieses Phasenübergangs verstehen würden, könnten wir womöglich auch begreifen, wie das Confinement aus dem Deconfinement zustande kommt«, sagt Stachel, »wir könnten also klären, wie der Prozess der Hadronisierung funktioniert.«

Auch die Experimentalphysikerin Katerina Lipka vom Deutschen Elektronen-Synchrotron DESY interessiert sich bei ihrer Forschung für die Mechanismen des Confinement. »Das Problem besteht in seiner mathematischen Beschreibung. Bei Proton-Proton-Kollisionen am LHC beispielsweise lässt sich das Confinement nur mittels Faktorisierungstheorien darstellen, also über die Zerlegung des physikalischen Problems in Teilaspekte. Der Bereich der asymptotischen Freiheit wird dagegen mittels Störungstheorie der QCD berechnet.« Je nach Energien der Quarks werden die entsprechenden Bereiche im Kollisionsprozess als Confinement oder als asymptotische Freiheit interpretiert, insgesamt also als Kombination der beiden Phänomene.

Katerina Lipka hat bereits am HERA-Beschleuniger am DESY geforscht. Bei HERA wurden von 1992 bis zum Jahr 2007 Elektronen und Protonen aufeinander geschossen. Die Elektronen dienten als Sondenteilchen. Da sie strukturlos und punktförmig sind, waren die Untersuchungen des Protons entsprechend genau. »Die Elektronen streuten am HERA-Beschleuniger quasi nur an den Quarks. Dabei entstanden tiefinelastische Streuungen, aus denen man sehr viel über die Verteilung der Quarks im Proton lernen konnte.« Darüber hinaus ließen sich auch die Wechselwirkungsteilchen zwischen den Quarks, die Gluonen studieren. Bei den Proton-Proton-Kollisionen am LHC untersucht Lipka inzwischen die Produktion des Top-Quarks, des schwersten der bekannten Quarks. »Das Top-Quark entstammt am LHC wiederum einer Gluon-Gluon-Wechselwirkung, weshalb sich das Gluon am LHC besser untersuchen lässt als seinerzeit am HERA-Beschleuniger.« Für Katerina Lipka ergänzen sich die Forschungsarbeiten an den beiden Beschleunigeranlagen damit ideal. Die Experimentalphysikerin interessiert sich insbesondere für die Massen der Quarks. Das Quark mit der größten Masse, das Top-Quark, ist rund 170-mal schwerer als das Proton – es ist etwa so schwer wie ein Goldatom. »Doch wie kommt diese Masse zustande? Im Standardmodell der Teilchenphysik und bei der Beschreibung der starken Kopplungskonstanten, die die Stärke der Wechselwirkung zwischen den Quarks festlegt, spielt die Masse des Top-Quarks eine entscheidende Rolle, auch mit Blick auf die Stabilität unseres Universums.« Doch was genau ist der Mechanismus dahinter? Eine Frage, die wir später erneut aufgreifen, wenn wir uns beispielsweise mit den Teilchengenerationen beschäftigen, siehe Frage 27.

FRAGE 22: WESHALB SIND DIE MAGNETISCHEN DIPOLMOMENTE VON TEILCHEN ANOMAL?

Und warum wir hoffen, dass die Anomalien anomaler sind als erlaubt.

Das magnetische Dipolmoment ist ein Maß für die Stärke und Ausrichtung eines Magneten. Nach der Dirac-Theorie, der relativistischen Quantentheorie, verfügen auch quantenmechanische Teilchen mit Spin ½ über ein magnetisches Dipolmoment. Das sind die sogenannten Fermionen wie das Proton, Neutron oder das Elektron und dessen Geschwisterteilchen, das Myon. »In die Beziehung zwischen magnetischem Moment und Spin des Teilchens geht die Stärke der Kopplung ein«, erklärt Hans Ströher vom Forschungszentrum Jülich (FZJ). Diese Kopplungskonstante wird hier im Folgenden g genannt. »Die Dirac-Theorie, die von dem namensgebenden Physiker Paul Dirac vor etwas weniger als hundert Jahren entwickelt wurde, liefert für ein Spin-½-Teilchen für g exakt den Wert 2. Als sich der Physiker Otto Stern in den 1930er-Jahren anschickte, diesen g-Faktor für das Proton zu vermessen, haben ihn die Fachkollegen ausgelacht.« Das Ergebnis sei doch längst bekannt, nämlich g = 2. »Nun«, sagt Ströher und muss jetzt ebenfalls lachen, »für das Proton kam dann etwas wie g = 5,59 heraus.« Der g-Faktor war fast dreimal größer als erwartet. Das war laut Hans Ströher der erste Hinweis darauf, dass mit dem Proton irgendetwas völlig anders sein muss, als man gedacht hatte. »Sie müssen bedenken, dass in den 1930er-Jahren nichts über die innere Struktur des Protons bekannt war. Der Nachweis, dass der g-Faktor aus der Dirac-Theorie um einen Faktor drei verschieden ist vom Messwert, war der erste Hinweis darauf, dass das Proton ein Teilchen mit einer Unterstruktur ist. Heute wissen wir, dass es aus Quarks besteht.«

Dass auch der g-Faktor des punktförmigen Elektrons von der Diracschen Vorhersage von 2 etwas abweicht, wurde erst nach dem Zweiten Weltkrieg entdeckt. »Und ebenso weicht der des Myons, dem schwereren Schwesterteilchen des Elektrons, um etwas weniger als ein Prozent von der Zahl 2 ab. Aber woher kommt das?« Der Grund dafür ist, dass die Vakuumstruktur, in der sich Elektron und Myon bewegen, offenbar nicht leer ist. »Das Vakuum ist ausgefüllt mit virtuellen Teilchen« – siehe auch Frage 10. Durch Vakuumpolarisation kommt es Ströher zufolge zu einer Art Rückkopplung mit der Ladung der Teilchen, die zu einem anomalen magnetischen Moment führt. »Wir kennen heute das magnetische Moment des Elektrons wie das des Myons aus experimentellen Vermessungen sehr genau. Die dahinterliegende Theorie gilt ebenfalls als sehr gut entwickelt und verstanden, es ist die Quantenelektrodynamik (QED) sowie ihre Korrekturen aufgrund der starken Wechselwirkung.« Doch vor einigen Jahren ist eine weitere Diskrepanz zwischen experimenteller Messung und theoretischer Vorhersage vermeldet worden. »Am »Muon g-2«-Experiment am »Brookhaven National Laboratory« unweit von New York wurde im Jahr 2001 der g-Faktor des Myons neu vermessen«, berichtet Ströher. »Das Ergebnis weicht um etwas mehr als drei Standardabweichungen von der Vorhersage ab, was einer Wahrscheinlichkeit von über 99 Prozent entspricht, dass die Diskrepanz keine statistische Ursache hat.« Das ist für Hans Ströher eines der großen Rätsel in diesem Forschungsgebiet. »Es gibt natürlich verschiedene Überlegungen, woran das liegen könnte. Als eine mögliche Ursache werden auch Effekte angeführt, die durch die dunkle Materie hervorgerufen werden könnten.« Die Anomalie des magnetischen Dipolmoments ist möglicherweise ein Hinweis auf eine Physik jenseits des Standardmodells der Teilchenphysik. In einem Folgeexperiment am Fermilab bei Chicago soll der g-Faktor des Myons deshalb mit noch größerer Genauigkeit vermessen werden.

Auch der Experimentalphysiker Klaus Blaum vom Max-Planck-Institut für Kernphysik (MPIK) in Heidelberg misst magnetische Dipolmomente. Aber nicht nur dasjenige des Elektrons (im gebundenen Zustand), sondern auch das des freien Protons sowie seines Antiteilchens, des Antiprotons. »Dazu verwenden wir sogenannte ›Penning-Fallen‹, das sind experimentelle Apparaturen, in denen die geladenen Teilchen und Antiteilchen durch elektromagnetische Felder für bestimmte Zeit eingefangen werden«, erklärt Blaum. »Wir versuchen dabei, die grundlegenden Eigenschaften von Materie und Antimaterie möglichst präzise zu vermessen. Wie schwer ist ein Teilchen, wie schwer sein Antiteilchen?« Zu jedem Elementarteilchen existiert ein entsprechendes Antiteilchen, dessen Masse, Lebensdauer und Spin gleich groß sind wie beim Teilchen, dessen elektrische Ladung, magnetisches Moment und alle anderen ladungsartigen (additiven) Quantenzahlen aber entgegengesetzt sind zu denen des Teilchens – so die Vorstellung. »Das untersuchen wir für Protonen und Antiprotonen. Aber auch der g-Faktor des Elektrons und des Positrons interessiert uns. Wir messen das alles bei niedrigsten kinetischen Energien von Teilchen, die wir in teilchenphysikalischer Hinsicht eine halbe Ewigkeit speichern können.« Die Motivation hinter den Messungen ist unter anderem die Frage, weshalb es eine Asymmetrie von Materie und Antimaterie im Universum gibt (siehe Frage 28). Auch über die Vermessung des magnetischen Moments von Teilchen und Antiteilchen erhofft man sich, mehr über diese Asymmetrie zu erfahren. »Doch bisher gelten die Eigenschaften von Teilchen und Antiteilchen im Grundzustand als identisch«, muss Blaum zugeben. Auch die magnetischen Dipolmomente unterscheiden sich offenbar nicht. Welche Möglichkeiten bleiben uns dann, das Rätsel zu lösen? Betrachten wir dazu in der folgenden Frage die starke Kraft und das *elektrische* Dipolmoment der Elementarteilchen. Wie wir sehen werden, liegt vielleicht dort der Schlüssel zum Verständnis der Materie-Antimaterie-Asymmetrie verborgen.

FRAGE 23: WESHALB VERLETZT DIE KERNKRAFT KEINE SYMMETRIEN?

Und warum wir erwarten, dass sie es doch irgendwie tut.

Obwohl die Quantenchromodynamik (QCD) formal nicht ausschließt, dass Prozesse der starken Wechselwirkung asymmetrisch erfolgen, also bei räumlicher Spiegelung P (für »Parity«) und Ladungsaustausch C (für »Charge«) der Teilchen unterschiedlich ablaufen, ist eine CP-Asymmetrie bei der starken Wechselwirkung noch niemals beobachtet worden. Das ist aber angesichts des offensichtlichen Ungleichgewichts von Materie und Antimaterie im Universum nicht nachvollziehbar, weil beides miteinander zusammenhängen sollte. »Wir wissen, dass es diese Materie-Antimaterie-Asymmetrie im Universum gibt«, erklärt Hans Ströher vom Forschungszentrum Jülich (FZJ). »Doch wo kommt sie her, wenn die starke Wechselwirkung nichts dazu beiträgt?« Antimaterie ist im Grunde nichts Ungewöhnliches, wir kennen kosmische Produktionsquellen im Universum, in denen zu gleichen Teilen Materie wie Antimaterie entstehen, beispielsweise in der Höhenstrahlung in den oberen Schichten der Erdatmosphäre oder am Rande von schwarzen Löchern. »Doch im Großen und Ganzen scheint unser Universum zum überwiegenden Teil aus Materie zu bestehen«, sagt Ströher. »Das ist eines der ganz großen Rätsel in der Wissenschaft. Wenn man die Entwicklung des Universums vom Urknall bis zur Gegenwart begreifen will, muss man verstehen, wann und weshalb die Asymmetrie zwischen Materie und Antimaterie aufgetreten ist. Was führte dazu, dass wir heute praktisch nur von Materie umgeben sind?«

Tatsächlich gibt es Symmetriebrüche bei der *schwachen* Wechselwirkung – beispielsweise die P-Verletzung beim Betazerfall, die bei der Umwandlung eines Kobaltisotops in Nickel nachgewiesen wurde. Darin hat die Winkelverteilung der ausgesendeten Elektronen in einer spiegelbildlich aufgebauten Apparatur nicht dieselbe Form wie im originalen Aufbau. Ein anderes Beispiel ist die CP-Verletzung beim Zerfall des Kaons, eines neutralen Mesons. Auch hier konnte eine (winzige) Unregelmäßigkeit in der Symmetrie der Teilchenreaktionen nachgewiesen werden. Die schwache CP-Verletzung trägt im geringen Maße auch zur Materie-Antimaterie-Asymmetrie bei. Diese Asymmetrie wird in der sogenannten Cabibbo-Kobayashi-Maskawa-Matrix (CKM-Matrix) mathematisch beschrieben und verknüpft die CP-Verletzung mit der statistischen Mischung der verschiedenen Quarks. »Aber die CP-Verletzung der schwachen Wechselwirkung alleine kann nicht erklären, weshalb unser Universum überwiegend aus Materie besteht«, sagt Ströher. »Wäre sie die einzige Ursache für die Materie-Antimaterie-Asymmetrie im Universum, dann dürfte statt der geschätzten Billionen Galaxien bloß eine einzige im Universum vorzufinden sein.« Oder gibt es doch mehr Antimaterie im Universum als bisher beobachtet? »Es gibt Untersuchungen und Experimente, die dieser Frage nachgehen, wie zum Beispiel das Alpha-Magnetspektrometer (AMS) auf der Internationalen Raumstation ISS, das unter anderem auch nach Antimaterie sucht«, erklärt Ströher. Doch bisher hat man noch nichts Auffälliges gefunden. »Die Lehrmeinung ist, dass es eine intrinsische Asymmetrie – also aus sich heraus – in unserem Universum geben muss, die dazu führt, dass die Welt nur aus Materie besteht und eben nicht aus Antimaterie.« Aber woran liegt das? Und wieso treten bei der starken Wechselwirkung (im Gegensatz zur schwachen) keine Symmetrieverletzungen auf? Oder weshalb ist eine solche Verletzung noch nicht gemessen worden?

Physiker wie Hans Ströher erwarten eine Lösung dieses Rätsels in der Verletzung der Zeitumkehrinvarianz jenseits der schwachen Wechselwirkung. »Wenn das sogenannte CPT-Theorem zur Anwendung kommt, nach dem sowohl die Ladungskonjugation als auch die Paritätsspiegelung und die Zeitumkehr bei einem Vorgang ebenfalls mit den physikalischen Gesetzen in Einklang stehen muss, dann ist das CP-Verletzende identisch mit einer Zeitumkehrverletzung«, erklärt Hans Ströher (siehe auch Frage 4). Hans Ströher und seine Arbeitsgruppe greifen nun diese Idee auf, indem sie untersuchen, ob Protonen über ein elektrisches Dipolmoment verfügen. »Ein solcher Nachweis würde nämlich eine Verletzung der Symmetrie der Zeitumkehr bedeuten, was nachfolgend auch die Materie-Antimaterie-Asymmetrie in der Welt erklären könnte.«

Um das genauer zu verstehen, muss man erstens wissen, was ein elektrisches Dipolmoment ist. Zweitens, weshalb Elementarteilchen im bisherigen Teilchenbild nicht über ein solches verfügen. Und drittens, weshalb die Entdeckung eines elektrischen Dipolmoments bei einem Elementarteilchen die Materie-Antimaterie-Asymmetrie erklärt. »Nun, das elektrische Dipolmoment ist zunächst einmal nichts anderes als eine räumliche Trennung von positiver und negativer Ladung«, erklärt Ströher. »Die kann man als Vektor beschreiben.« Das ist eine physikalische Größe mit einer Richtung, wobei laut Konvention der Vektorpfeil von plus nach minus weist. Doch weshalb gibt es das nicht bei einem fundamentalen Teilchen? »Es scheint verboten, weil sich in einem Teilchen wie einem Neutron oder Proton kein zweiter Zustand mit umgekehrter Parität finden lässt.« Ein Neutron besteht aus drei Quarks, einem Up-Quark und zwei Down-Quarks (u-d-d). Das u-Quark trägt +⅔, die d-Quarks jeweils -⅓ der Ladung. Das Neutron ist nach außen neutral. »Die Ladungsschwerpunkte könnten etwas verschoben sein, was ein elektrisches Dipolmoment erzeugen würde. Dabei nimmt man an, dass der entsprechende elektrische Dipolvektor in eine ausgezeichnete Richtung zeigt – entweder parallel oder antiparallel zum Spin des Neutrons, also kombiniert mit dem magnetischen Moment.« Dreht sich ein Neutron links- oder rechtsherum, bezeichnet man das als Spin »up« oder »down«. »Damit kann man relativ einfach verstehen, weshalb ein elektrisches Dipolmoment die Zeitumkehrinvarianz verletzen muss.« Dazu führt Hans Ströher die Rechte-Hand-Regel an. »Der Daumen zeigt nach oben, die Finger zeigen in Rotationsrichtung, wenn der Spin klassisch dargestellt wird als ein sich drehender Kreisel, und entsprechend zeigt das elektrische Dipolmoment in die gleiche Richtung.« Bei Anwendung der Zeitumkehroperation dreht sich der Kreisel aber nicht mehr in Richtung der Finger der Hand, sondern in umgekehrter Richtung. »Aber die Zeitumkehr ändert nichts an dem elektrischen Dipolmoment. *Vor* der Operation der Zeitumkehr T (für »Time«) und *nach* der Operation der Zeitumkehr hat man also zwei Zustände, die nicht identisch sind. Damit ist aber die Zeitumkehrinvarianz verletzt und ebenso die Kombination aus Ladungskonjugations- und Paritätsinvarianz (CP).« Die CPT-Symmetrie, also die Kombination von C-, P- und T-Invarianz wäre wiederum erhalten.

Der Nachweis eines elektrischen Dipolmoments in den fundamentalen Teilchen wäre somit gleichbedeutend mit der Entdeckung einer weiteren Spielart der CP-Verletzung und könnte erklären, weshalb die Balance zwischen Materie und Antimaterie (denn dafür steht die CP-Symmetrie) in unserem Universum so gravierend gestört ist. »Deshalb sucht man elektrische Dipolmomente in vielen elementaren Systemen«, erklärt Ströher. »Auch beim Elektron.« Nun gilt ein Elektron als punktförmig. Eine Trennung von möglichen negativen und positiven Ladungsschwerpunkten scheint darin schwerlich möglich. »Hier kommt wieder das Vakuum ins Spiel«, sagt Ströher. »Es gibt die reine Ladung des Elektrons, die, wenn man sie ins Vakuum setzt, selbiges wiederum polarisiert.« Es entstehen virtuelle Teilchen, die sich so um das Elektron herum anordnen, dass es die effektive Elektronenladung erhält, die wir messen. »Theoretisch ist aber vorstellbar, dass auch das Elektron nicht ganz rund ist, sondern ein bisschen deformiert. Damit könnte es auch ein elektrisches Dipolmoment besitzen.« Bisher wurden allerdings keine elektrischen Dipolmomente an irgendwelchen fundamentalen Teilchen gefunden. »Es gibt nur fantastische Obergrenzen.« Die Einheit des elektrischen Dipolmoments ergibt sich aus der elektrischen Ladung multipliziert mit dem Abstand, also Elementarladung mal Zentimeter. »Beim Neutron hat man zum Beispiel eine Obergrenze von 10^{-26} der Elementarladung mal Zentimeter gemessen. Das ist fast nichts.« Angestrebt sind Experimente mit einer Genauigkeit von 10^{-29}. Was das bedeutet, entzieht sich der Anschauung. »Nur ein Vergleich: Wenn ich ein Proton auf die Größe der Sonne aufblasen würde, dann würde besagte Obergrenze für das elektrische Dipolmoment einem Abstand zwischen positiver und negativer Ladung von einem Mikrometer entsprechen.« Als so unwahrscheinlich klein wird Ströher zufolge die Schwerpunktverschiebung der Ladung beim Proton angenommen. »Das veranschaulicht, wie präzise man messen muss, will man das elektrische Dipolmoment des Protons wirklich zu fassen bekommen.« Mit polarisierten Protonen, deren Spin also in die gleiche Richtung ausgerichtet ist, wollen Hans Ströher und seine Kollegen am Teilchenbeschleuniger COSY des Forschungszentrums Jülich nun zeigen, dass Messungen dieser Art prinzipiell funktionieren könnten. Die Suche nach dem elektrischen Dipolmoment ist aber nur *ein* Ansatz, um der Frage nach der starken CP-Verletzung im Universum auf die Spur zu kommen. Wir kommen bei der Frage 28 darauf zurück.

FRAGE 24: GIBT ES DIE INSEL DER STABILEN KERNE UND WO LIEGT SIE?

Von Halbwertszeiten, superschweren Elementen und magischen Zahlen.

Materie besteht aus Atomen, die sich wiederum aus Kernen und den zugehörigen Hüllen zusammensetzen. Der Atomkern enthält positiv geladene Protonen und neutrale Neutronen. Diese Bestandteile machen fast die gesamte Masse des Atoms aus. In der Hülle befinden sich die leichteren Elektronen. »Die Atome werden in der Wissenschaft nach ihrer Zusammensetzung sortiert«, erklärt der Chemiker Christoph Düllmann von der Universität Mainz. »Die chemischen Elemente sind im Periodensystem gemäß der Anzahl der Protonen im Atomkern geordnet.« Demnach hat zum Beispiel das Sauerstoffatom mit acht Protonen die Ordnungszahl acht. Wegbereiter der Atomtheorie war der englische Naturforscher John Dalton, der Anfang des 19. Jahrhunderts mit seinen Arbeiten zu den Atomgewichten eine Vorlage für die spätere Aufstellung des Periodensystems der chemischen Elemente lieferte. »Da Atome elektrisch neutral sind, gibt es genauso viele Protonen im Kern wie Elektronen in der Hülle«, erklärt Düllmann. »Die Protonen stoßen sich gegenseitig ab, was bei den ganz schweren Elementen, die sehr viele Protonen enthalten, dazu führt, dass der Kern nicht mehr stabil ist.« Tatsächlich stoßen sich die Protonen so stark ab, dass der Kern radioaktiv zerfällt – je schwerer die Kerne werden, desto schneller. »In Prinzip ist daher zu erwarten, dass Atomkerne ab einer bestimmten Größe nicht mehr existieren können, weil die abnehmende Stabilität sich in immer kürzer werdenden Halbwertszeiten äußert.« Dies würde auch die maximal mögliche Anzahl an chemischen Elementen im Periodensystem begrenzen. Doch ist das wirklich so? Oder existieren vielleicht doch superschwere Atomkerne, die wieder stabil sind?

»Der Atomkern wird in erster Näherung mit dem sogenannten Tröpfchenmodell beschrieben. Das Modell wurde ursprünglich von dem russischen Physiker George Gamow in den 1930er-Jahren entwickelt, es beschreibt den Kern wie einen relativ strukturlosen Flüssigkeitstropfen.« Das Modell folgt der Annahme, dass die Stabilität eines Atomkerns mit seiner Größe stetig abnimmt. Demnach wäre das Periodensystem ab Element 104 zu Ende. »Nun ist das Tröpfchenmodell nicht der Weisheit letzter Schluss«, sagt Düllmann. »Es gibt noch verfeinernd das Schalenmodell, das um die Mitte des 20. Jahrhunderts ausgearbeitet wurde und erklären kann, weshalb sogenannte magische Zahlen zustande kommen.« Der Atomkern besteht in diesem Modell aus Schalen (ähnlich wie die Elektronenhülle), die eine gewisse Zahl an Protonen und Neutronen aufnehmen können. Wenn Schalen vollständig gefüllt sind, führt dies zur Bildung eines besonders stabilen, »magisch« genannten Kerns. »In der Nuklidkarte – einem Diagramm, das auf der einen Achse die Anzahl der Neutronen und auf der anderen die Anzahl der Protonen in einem Atomkern darstellt – ragen diese Atomkerne in der dritten Dimension als Berge der Stabilität auf.« Diese magischen Kerne haben laut Düllmann weitere besondere Eigenschaften. »Beispielsweise sind sie sphärisch, also kugelförmig, im Unterschied zu den meisten anderen Atomkernen.« Das Schalenmodell sagt voraus, dass Atomkerne weitab der damals bekannten schwersten Kerne um Thorium oder Uran mit 90 beziehungsweise 92

Protonen wieder stabil sein sollten. »Auf der Nuklidkarte bilden sie eine fernab gelegene ›Insel der Stabilität‹ im Meer der Instabilität.« Der Begriff der Insel der superschweren Elemente war geboren.

»Daraufhin begannen die Forscher mit der gezielten Herstellung solcher Elemente, beispielsweise mit Neutroneneinfangreaktionen in Kernreaktoren oder in Teilchenbeschleunigern wie dem UNILAC (»Universal Linear Accelerator«) am GSI Helmholtzzentrum für Schwerionenforschung in Darmstadt, in denen es durch die Verschmelzung ganzer Atomkerne zur Herstellung schwererer Elemente kommt.« Inzwischen gilt das Konzept der Insel als bestätigt. »Im Bereich der bekannten schwersten Elemente um die Ordnungszahl 114 wurden ansteigende Halbwertszeiten gemessen, insbesondere bei zunehmender Neutronenzahl, weil man sich hier dem Abschluss der nächsten Neutronenschale nähert.« Interessanterweise wurden diese allerschwersten Elemente in der Natur bisher nicht gefunden. »Beispielsweise gibt es in der Natur keine Transactiniden (also Elemente 104 und schwerer), die wir in unseren kernphysikalischen Anlagen durch Verschmelzung von Calciumkernen mit Actiniden herstellen können – was den Vorstoß bis zum Element 118 erlaubte.«

Für Christoph Düllmann bleiben diese superschweren Elemente und ihre besonderen Eigenschaften rätselhaft. Das Element 112 wurde im Jahr 1996 bei der GSI in Darmstadt als Isotop – sprich als Atomart, je nach Anzahl der Neutronen im Kern – mit einer Halbwertszeit unter einer Millisekunde entdeckt. Heute machen Düllmann und seine Kollegen Experimente mit superschweren Isotopen der Ordnungszahlen 112 und 114 mit Halbwertszeiten von bis zu ein paar Sekunden. »Das sind zwar noch keine Ewigkeiten, aber es sind viele Größenordnungen erhöhter Stabilität. Das ist nach wie vor erstaunlich.« Überdies ist rätselhaft, ob mit der Herstellung des Elements 114 (wie vermutet) wirklich die nächste magische Zahl erreicht wurde. »Wir sehen Anzeichen der Insel der Stabilität, wir wissen aber nicht, wie ausgedehnt sie ist, wo ihr Zentrum liegt, und wie hoch der Berg der Insel auf der Nuklidkarte ist. Es stellt sich also nach wie vor die Frage, wie stabil die stabilsten Kerne auf der Insel der Stabilität sind.«

Mittlerweile gibt es verschiedene Theorien zur Beschreibung von Atomkernen, die auch Aussagen über die Insel der Stabilität treffen. Dabei unterscheiden sich die vorhergesagten maximalen Halbwertszeiten zum Teil deutlich. »Als Experimentator liegt mir der Ansatz am nächsten, zu messen und zu schauen, wie sich die Natur verhält.« Christoph Düllmann setzt seine Hoffnungen dabei auch in nachfolgende Untersuchungen der Elementsynthese über neutronenreiche Kerne, was eine der Kernaufgaben der zukünftigen FAIR-Beschleunigeranlage sein wird. Die bei der GSI in Bau befindliche »Facility for Antiproton and Ion Research« wird neben dem European XFEL und der Synchrotronstrahlungsanlage PETRA III am DESY eine der größten Beschleunigeranlagen in Deutschland und in der Welt sein. »Bei FAIR sollen Halbwertszeiten, Zerfallsprodukte und Kernreaktionswahrscheinlichkeiten von schweren Ionen vermessen werden, um unter anderem folgende Fragen aufzugreifen: Wie und wo verläuft die Elementsynthese? Gibt es ein bisher unbekanntes schwerstes Element oder endet der Prozess tatsächlich schon viel früher, weil die Kerne zerfallen?« (Siehe auch Frage 34.) Superschwere Elemente – ein Stoff, der noch so manche Überraschung bereithält.

TEIL 10

DIE TEILCHEN-PHYSIK

Wo die Welt der kleinsten Bausteine wie ein bizarrer Zoo erscheint

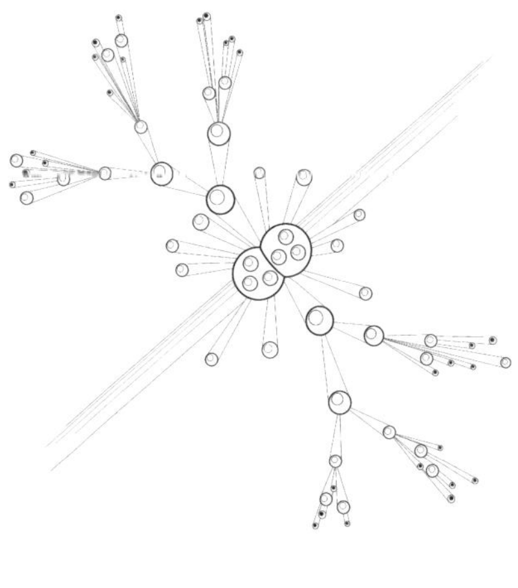

Die Teilchenphysik untersucht die fundamentalen Wechselwirkungen und die elementaren Bausteine des Universums. Die bekannten Teilchen werden in Fermionen (mit Spin ½) und Bosonen (mit Spin 1) unterteilt. Die Fermionen sind die Bausteine der Materie, sie zählen entweder zu den sogenannten Leptonen oder sie bestehen aus Quarks. Als Leptonen bezeichnet man das Elektron und seine zwei schwereren Geschwisterteilchen, das Myon und das Tauon, sowie drei zugehörige Neutrinoarten, die mit diesen Teilchen gemeinsam auftreten. Neben diesen sechs Leptonen gibt es sechs Quarksorten, die sich jeweils zu dritt zu den Baryonen zusammenfinden. Die bekanntesten darunter sind die Nukleonen, also das Proton und das Neutron. Mesonen bestehen dagegen aus einem Quark-Antiquark-Paar, sie zählen zu den Bosonen mit ganzzahligem Spin und sind instabil. Zu allen diesen Teilchen gibt es auch die entsprechenden Antiteilchen.

Zu den Bosonen gehören auch die Austauschteilchen der vier fundamentalen Wechselwirkungen: das Photon für die elektromagnetische, die sogenannten W- und Z-Bosonen für die schwache Kraft und das Gluon für die starke oder auch Kernkraft. Die beiden letztgenannten Kräfte sind sehr kurzreichweitig. Zudem vermutet man die Existenz des Gravitons, das die langreichweitige, aber gegenüber den anderen Kräften extrem schwache Gravitation vermittelt. Zu guter Letzt gibt es noch das Higgs-Boson, das den Spin 0 hat und Teil des »Higgs-Mechanismus« ist, der die Massen der Elementarteilchen erklären soll. Die elektromagnetische und die schwache Kraft (beschrieben durch die Quantenelektrodynamik und die Fermi-Wechselwirkung) werden ab den 1960er-Jahren durch Sheldon Glashow, Abdus Salam, Steven Weinberg, Carlo Rubbia und andere zur elektroschwachen Kraft zusammengeführt, die gemeinsam mit der starken Wechselwirkung (beschrieben durch die Quantenchromodynamik) das Standardmodell der Teilchenphysik begründen. Die Gravitation ist in dieses Modell nicht integriert.

FRAGE 25: WELCHE ROLLE SPIELT DAS HIGGS-FELD FÜR DIE TEILCHENMASSEN?

Von einem omnipräsenten Feld, das an die »Quintessenz« der alten Griechen und den »Äther« der klassischen Physiker erinnert.

Um diese Frage zu verstehen, muss man sich das Standardmodell der Teilchenphysik etwas näher anschauen. »Es beschreibt die uns bekannten grundlegenden Bausteine der Materie sowie die Wechselwirkungen, also die Kräfte, die zwischen diesen Bausteinen wirken«, erklärt die theoretische Physikerin Margarete Mühlleitner von der Universität Karlsruhe und dem Karlsruher Institut für Technologie (KIT). »Das Modell ist im Grunde genommen relativ einfach. Neben besagten Grundbausteinen und den grundlegenden Kräften zwischen ihnen basiert das Standardmodell auf Symmetrien, die eng mit dem sogenannten Higgs-Mechanismus verzahnt sind.« Diese Symmetrien bilden Mühlleitner zufolge das Leitprinzip – eine Zugangsweise also, um den Mikrokosmos zu beschreiben. »Wir kennen Symmetrien auch aus unser makroskopischen Natur«, sagt Mühlleitner. »Wenn man sich zum Beispiel einen Schmetterling anschaut, dann sieht dessen linke Flügelhälfte aus wie die rechte. Symmetrien gibt es aber auch im Mikrokosmos.« In der Physik gehen sie mit Erhaltungssätzen einher, wie bereits die Mathematikerin Emmy Noether 1918 zeigen konnte. »Wenn wir Teilchenprozesse vermessen und dabei Erhaltungsgrößen wie die Energie bestimmen, können wir diese Größen in entsprechende mathematische Symmetrien übersetzen«, erklärt Mühlleitner. »Aus dem Wechselspiel zwischen empirischer Messung und Beobachtung sowie mathematischer Symmetrie bauen wir unser Modell auf. Die grundlegenden Wechselwirkungen zwischen Teilchen beruhen auf diesen Symmetrien. Nur Prozesse, die den Symmetrien gehorchen, finden tatsächlich auch statt.« Ausnahmen bilden die sogenannten spontanen Symmetriebrechungen, wenn durch besondere Bedingungen in einem System die darin herrschenden Gesetze nicht mehr unmittelbar in Erscheinung treten. Viele der Elementarteilchen verfügen nun über eine Masse. »Und damit entsteht ein Problem in unserer theoretischen Beschreibung. Denn wenn ich jetzt versuche, diese Tatsache in das Standardmodell einzubauen, werden mathematische Symmetrien verletzt«, sagt Mühlleitner. »Damit stehen wir vor einem Dilemma.«

Um die Existenz der Massen zu begründen, haben der theoretische Physiker Peter Higgs und seine Kollegen 1964 den »Higgs-Mechanismus« formuliert, der einen Ausweg aus diesem Dilemma schafft und erklärt, wie die Elementarteilchen zu ihrer Masse kommen. Der Preis ist die Einführung eines Hintergrundfelds, des sogenannten Higgs-Felds, das den gesamten Raum erfüllt. »Mathematisch betrachtet ist es relativ offensichtlich, wie der Mechanismus funktioniert«, sagt Mühlleitner. »Um es anschaulich zu beschreiben und mit dem Hinweis, dass eine solche Veranschaulichung selbstverständlich unzureichend ist, stelle ich mir das Higgs-Feld als flüssigen Honig vor.« Die Teilchen bewegen sich durch diesen Honig hindurch – je massereicher sie sind, desto stärker werden sie vom Honig gebremst. »So in etwa funktioniert der Higgs-Mechanismus. Das Higgs-Feld ist im Universum völlig gleichverteilt. Es herrscht völlige Symmetrie. Und die Teilchen wechselwirken mit diesem Hintergrundfeld und bekommen dadurch ihre Masse.« Regt man das Higgs-Hintergrundfeld an, wird das Higgs-Teilchen erzeugt. »Um im Honigbild zu bleiben: Das Higgs-Teilchen ist die Körnung in diesem Honig.« Und diese Körnung ließ sich tatsächlich 2012 am »Large Hadron Collider« (LHC), dem großen Teilchenbeschleuniger am CERN nachweisen. »Eine Sensation. 48 Jahre, nachdem es vorhergesagt wurde! Das war ein riesiger Triumph für die Teilchenphysik und für mich wie Weihnachten und Ostern zusammen«, sagt Margarete Mühlleitner.

Am LHC werden Protonen gegenläufig auf nahezu Lichtgeschwindigkeit beschleunigt und bei Energien von etwa 13 Teraelektronenvolt (1 TeV = 10^{12} eV), was ungefähr dem 13.000-fachen der Protonenmasse entspricht, zur Kollision gebracht. »Dabei entsteht gemäß Einsteins Formel $E = mc^2$ aus der Energie, die bei diesem Zusammenprall der Protonenbausteine frei wird, neue Materie«, erklärt Kerstin Tackmann vom Deutschen Elektronen-Synchrotron DESY, die am ATLAS-Experiment am LHC beteiligt ist und auch an der Universität Hamburg arbeitet. »Unter anderem das Higgs-Teilchen, das – kaum erzeugt – prompt wieder zerfällt. Aufgrund der sehr kurzen Lebensdauer von 10^{-22} Sekunden ist das Teilchen im Detektor nicht direkt zu sehen, sondern nur seine Zerfallsprodukte«, berichtet Tackmann. »Wir können uns aber anschauen, wie das Higgs-Teilchen produziert wird.« Dies geschieht in unterschiedlichen Prozessen, die verschiedene Signaturen im Detektor hinterlassen. »Wir untersuchen, welche Teilchen zusammen mit dem Higgs erzeugt werden. Außerdem studieren wir die Häufigkeit der Zerfälle des Higgs in andere Elementarteilchen. Über diese Analysen können wir lernen, wie stark das Higgs-Teilchen mit den jeweiligen Elementarteilchen wechselwirkt und inwiefern dies mit den theoretischen Vorhersagen im Standardmodell übereinstimmt.« Momentan sehen Tackmann und ihre Kollegen an den beiden großen LHC-Experimenten CMS und ATLAS nur einen Teil der möglichen Zerfallsprozesse. Durch Umbaumaßnahmen am Beschleuniger soll bald schon die Luminosität gesteigert werden, also gewissermaßen die Strahlenrate der Protonen, die in den Experimenten zur Kollision gebracht werden. »Das liefert uns eine größere Datenmenge und ermöglicht es, die Eigenschaften dieses rätselhaften Teilchens viel besser im Detail zu verstehen.« Das Higgs-Teilchen ist das erste Boson mit Spin 0, das jemals gemessen wurde. »Insofern ist das Higgs wirklich etwas ganz fundamental Neues«, sagt Kerstin Tackmann. »Aber wir stehen erst am Anfang seiner präzisen Vermessung.«

Wie für Mühlleitner und Tackmann ist auch für Thomas Naumann vom DESY mit der Entdeckung des Higgs-Teilchens das Rätsel um sein Feld noch lange nicht entschlüsselt. »Kraftfelder wie die der Elektrodynamik oder der Gravitation sind Vektorfelder. Sie zeigen von A nach B. Beim Higgs-Feld handelt es sich dagegen um ein skalares Feld.« Skalare Felder haben im Gegensatz zu Vektorfeldern keine Richtung, sondern nur eine Stärke, die durch eine Zahl ausgedrückt werden kann – so wie Druck, Temperatur oder Luftfeuchtigkeit beim Wetter, die anders als der Wind in keine Richtung weisen. »Das Higgs-Feld – ein mystischer Background, allgegenwärtig, alles durchdringend.« Ursprünglich als Hilfsfeld ersonnen, um die Massen der »Eichbosonen« W und Z der elektroschwachen Wechselwirkung zu erklären, wurde es von Steven Weinberg erst im Nachhinein in die Theorie des Standardmodells integriert. »Weinbergs Papier aus dem Jahr 1967 trägt den vorsichtigen Titel ›A Model of Leptons‹ und umfasst kaum mehr als zwei Seiten. Den Formalismus, in dem er den Higgs-Mechanismus auf die Bausteine der Welt – die Materieteilchen – erweitert, würden Theologen zu den Apokryphen des Standardmodells rechnen«, erklärt Naumann und lacht, »also im Grunde genommen zum Anhang.« Aber das Higgs-Feld selbst erklärt Naumann zufolge wenig. »Das Problem der Teilchenmassen wird lediglich in das der Stärke ihrer Wechselwirkungen mit dem Higgs-Feld übersetzt. Die Anzahl der unerklärten Naturkonstanten bleibt dagegen gleich.« Die Massen entstehen durch Kopplungen des Higgs-Felds an die Elementarteilchen. »Aber die riesige Variationsbreite im Massenspektrum der Elementarteilchen verstehen wir nach wie vor nicht.« Dieses Spektrum erstreckt sich von der Masse des Elektrons von einem halben Megaelektronenvolt bis hin zu der des schwersten Quarks, des Top-Quarks, von 173 Gigaelektronenvolt, also über einen Faktor von 350.000 hinweg. Die winzig kleinen Massen der leichtesten Elementarteilchen, der Neutrinos, sind dabei nicht einmal mit einbezogen.

Naumann sieht in diesem Massenspektrum eine Analogie zu den elektromagnetischen Spektren, die man im 19. Jahrhundert erstmals beobachtet hat. Die Regelmäßigkeiten, die Wissenschaftler wie Robert Wilhelm Bunsen oder Joseph von Fraunhofer in den Lichtspektren seinerzeit vermessen haben, führten letztlich zur Formulierung der Atomtheorie und der Quantentheorie. »Das heißt aber, dass sich auch hinter dem Massenspektrum der Elementarteilchen etwas verbergen sollte.« Bisher haben die LHC-Experimente nur die Kopplungen des Higgs-Felds mit Elementarteilchen höherer Massen vermessen. Die Vermessung der Kopplung an das Elektron wird bereits sehr schwierig, die an die ultraleichten Neutrinos praktisch unmöglich. »Das würde ich allerdings nicht dem Higgs-Teilchen anlasten«, sagt Naumann, »sondern das weist vielmehr darauf hin, dass der Higgs-Mechanismus nicht allumfassend sein kann und die Neutrinos eine Sonderrolle in der Physik spielen dürften.« Dazu kommt noch der Umstand, dass die Kopplung an das 173 GeV schwere Top-Quark fast genau 1 ist. Eine solche Kopplungsgröße erschwert jedoch die mathematische Beschreibung für die Theoretiker. »Da ist insgesamt etwas faul, das müssen wir besser verstehen«, findet Naumann und zieht wieder Parallelen zur Situation bei der Formulierung des Elektromagnetismus im 19. Jahrhundert – wer oder was trägt die elektromagnetischen Wellen, was schwingt da eigentlich, was ist das Vakuum?

Es blieb den Wissenschaftlern damals fast nichts anderes übrig, als das Konzept eines Äthers einzuführen: eines unendlich elastischen Mediums als Träger der elektromagnetischen Wellen. Was das genauer zu bedeuten hatte, war den Forschern nicht klar. Es gab unterschiedliche Interpretationen. Zu erwarten war jedoch, dass die Lichtgeschwindigkeit aufgrund der Bewegung der Erde durch den Äther in verschiedenen Raumrichtungen unterschiedlich ausfallen sollte. Verstörend war daher, dass sich in Experimenten wie dem des Physikers Albert A. Michelson und des Chemikers Edward W. Morley in den 1880er-Jahren eine maximal erreichbare Geschwindigkeit für elektromagnetische Wellen zeigt – unabhängig von der Bewegungsrichtung der Erde. Schlussendlich hat Albert Einstein das Problem mit seiner speziellen Relativitätstheorie gelöst, die die Lichtgeschwindigkeit als höchste Geschwindigkeit im Universum akzeptiert und folglich ein Konzept des Äthers nicht benötigt. »Bis dahin hatte sich die Wissenschaftsgemeinde aber rund 30 Jahre lang mit dem Äther und dessen Bezug zu den elektromagnetischen Wellen herumgeschlagen. Das Higgs-Feld ist ein ähnlich schwieriges Konstrukt, wie mir scheint.« Ist das Higgs-Feld also nur ein phänomenologisches Monster, eine Hilfskonstruktion der Theorie – so wie damals der Äther? Als Thomas Naumann vor einigen Jahren den theoretischen Physiker und Nobelpreisträger Martinus Veltman traf, fragte er ihn, ob es sich beim Higgs-Mechanismus nicht um die Wiedereinführung des Äthers handele. Veltmann habe sich am Kopf gekratzt und nachdenklich gesagt: »In gewisser Hinsicht ja.« Es ist zu vermuten, dass ein Wissenschaftler wie Veltman, der für seine Beiträge zur Theorie der elektroschwachen Wechselwirkung die höchste physikalische Auszeichnung erhalten hat, sehr genau um die losen Enden der Theorie weiß. Für Naumann steht fest: »Wir haben das Higgs-Feld und seine Mechanismen noch lange nicht verstanden.«

FRAGE 26: WELCHE ROLLE SPIELT DAS NEUTRINO IM UNIVERSUM?

Von einem Botenteilchen, das vielleicht selbst die Botschaft ist.

Das Neutrino ist das leichteste Fermion. Es ist elektrisch neutral und wechselwirkt mit anderen Materieteilchen nur über die schwache Kraft und die noch viel schwächere Gravitation. Neutrinos können normale Materie deshalb nahezu ungehindert durchqueren. »Was mich am Neutrino am meisten fasziniert ist, dass das Universum voll davon ist«, sagt die Experimentalphysikerin Livia Ludhova vom Forschungszentrum Jülich (FZJ). »Allein unsere Sonne produziert mehr als 10^{39} Neutrinos pro Sekunde. Hundertmilliarden davon durchqueren hier auf der Erde sekündlich die Fläche eines Fingernagels.« Livia Ludhova ist Mitglied der Borexino-Kollaboration. Das gleichnamige Experiment steht in einem Untergrundlabor, 1.400 Meter tief unter dem italienischen Gran-Sasso-Gebirge. Es soll den Neutrinofluss der Sonne vermessen. »Neutrinos wurden bereits in der ersten Hälfte des letzten Jahrhunderts vorhergesagt, doch erst Jahrzehnte später beobachtet.« Der Physiker Wolfgang Pauli hatte schon 1930 vermutet, dass beim radioaktiven Betazerfall eines Neutrons im Atomkern als Zerfallsprodukt neben einem Proton und einem Elektron ein neutrales Teilchen entsteht. Jedoch konnte es erst in den 1950er-Jahren an einem der ersten Kernreaktoren nachgewiesen werden. »Inzwischen ermöglichen uns Neutrinos faszinierende wissenschaftliche Entdeckungen auf ganz verschiedenen Gebieten.« Die Elementarteilchen werden mit vielen offenen und grundlegenden Fragen der Physik verknüpft wie etwa der Asymmetrie von Materie und Antimaterie und der schwachen CP-Verletzung (siehe auch Fragen 22 und 23). Da ihre Wechselwirkung mit Materie so unglaublich gering ist, erreichen sie die Erde aus den entlegensten Regionen des Universums und liefern damit Informationen über entsprechend weit entfernte astrophysikalische Objekte. »Neutrinos erzählen uns gleichermaßen vom Geschehen in der subatomaren, mikroskopischen Welt sowie vom Makrokosmos.«

Auch die Experimentalphysikerin Kathrin Valerius vom Karlsruher Institut für Technologie (KIT) misst dem Neutrino eine ganz besondere Bedeutung bei. »Es ist das zweithäufigste Teilchen im Universum gleich nach dem Photon, das ja das Licht trägt«, erklärt

Valerius. »Obwohl Neutrinos nur eine winzig kleine Masse haben, spielen sie in ihrer Gesamtheit eine tragende Rolle im Universum – seit den Zeiten des Urknalls, bei dem sie entstanden sind.« Dabei ist erst seit verhältnismäßig kurzer Zeit bekannt, dass Neutrinos überhaupt über eine Masse verfügen. »Die Wissenschaft stand seit den 1960er-Jahren vor einem Rätsel: dem sogenannten solaren Neutrinoproblem.« Ähnlich wie beim Borexino-Experiment wurden schon damals Neutrinos vermessen, die in den Kernfusionsprozessen der Sonne produziert werden, das Vakuum des Weltalls durchqueren und schließlich die Erde und den Detektor des Experiments erreichen. »Man war stets zu dem Ergebnis gekommen, dass die gemessenen Flusswerte zu klein waren im Vergleich zu den Erwartungswerten aus der Theorie.« Stand die Sonne etwa kurz vor dem Erlöschen? Oder funktionierte sie völlig anders als gedacht?

Es entwickelte sich damals ein intensiver wissenschaftlicher Disput zwischen Experimentatoren und Theoretikern. Jede der beiden Gruppen unterstellte der jeweils anderen Seite, einen Fehler gemacht zu haben. »Tatsächlich verbirgt sich hinter der gemessenen Diskrepanz das Phänomen der sogenannten Neutrinooszillation.« Es zeigte sich nämlich, dass sich Neutrinos auf ihrem Weg von der Sonne zur Erde in andere Neutrinoarten umwandeln können – sie oszillieren. »Wenn sämtliche Neutrinosorten mit einem Detektorsystem vermessen werden, findet man tatsächlich eine sehr gute Übereinstimmung zwischen erwartetem und gemessenem Fluss«, erklärt Kathrin Valerius. Es gehen also auf dem Weg von der Sonne zur Erde keine Neutrinos verloren. »Aber sie ändern ihren ›Geschmack‹ – man bezeichnet das mit dem englischen Wort ›Flavour‹.« Diese Umwandlung funktioniert aber nur für massebehaftete Teilchen. Die Aufklärung des solaren Neutrinorätsels brachte also die Erkenntnis, dass auch Neutrinos über eine Masse verfügen müssen. 2015 wurde in diesem Zusammenhang der Nobelpreis für Physik an den Japaner Takaaki

Kajita und den Kanadier Arthur McDonald vergeben. »Die Neutrinooszillationen liefern uns Informationen darüber, wie die Abstände auf der Massenskala zwischen den einzelnen Neutrinoarten aussehen.« Es wird vermutet, dass es – entsprechend den Teilchengenerationen, die auch bei den anderen Elementarteilchen beobachtet werden – genau drei Sorten von ihnen gibt (siehe auch Frage 27). »Die Neutrinooszillationen sagen uns allerdings nichts über den absoluten Nullpunkt dieser Massenskala.« Man weiß also nicht, welche Masse ein Neutrino mindestens haben muss, man kennt nur die Massendifferenzen.

Mit dem »Karlsruhe Tritium Neutrino Experiment« (KATRIN) wollen Valerius und ihre Kollegen nun diese absolute Massenskala bestimmen. Es handelt sich um eine »kinematische« Messung, die an den Betazerfall anschließt, bei dem seinerzeit das Neutrino entdeckt wurde. »Beim radioaktiven Zerfall von Kernen werden Neutrinos zusammen mit Elektronen produziert und stets dieselbe Gesamtenergie auf die Tochterteilchen übertragen. Wenn wir durch unsere Messung feststellen, dass dem Elektron ein gewisser Energiebetrag fehlt, muss dieser beim Neutrino gelandet sein. Aus der Vermessung der energiereichsten Elektronen des Spektrums und mit Hilfe der Energieerhaltung lässt sich dann auf die Masse des Neutrinos rückschließen.« Schon in den 1940er-Jahren wurde dieses einfache kinematische Prinzip zur Massenbestimmung von Elementarteilchen verfolgt. »Doch musste man seinerzeit sehr schnell einsehen, dass für Messungen der Neutrinomasse sehr viel größere, komplexere Apparaturen benötigt werden.« Bereits bei den ersten Versuchen wurde damals klar: Neutrinos sind extreme Leichtgewichte, deren Vermessung die größtmögliche Messgenauigkeit erfordert. »Mit KATRIN ist es gelungen, die Experimentiertechnik so weit zu verfeinern, dass wir die Neutrinomassen immerhin auf höchstens ein Elektronenvolt eingrenzen können.« Zum Vergleich: Das nächstschwerere Lepton, das Elektron, unter den Elementarteilchen selbst ein Leichtgewicht, wiegt schon 0,5 MeV, also mindestens 500.000-mal mehr als das Neutrino.

Der Aufwand zur Realisierung des KATRIN-Experiments, dem eine Planungs- und Bauzeit von etwa 20 Jahren vorausging, war riesig. »Allein der Vakuumtank hat eine Länge von 24 Metern bei einem Durchmesser von zehn Metern.« Der in einem Stück hergestellte Spezialtank konnte aufgrund seiner Ausmaße nicht direkt von seinem Produktionsort in Bayern nach Karlsruhe transportiert werden, sondern musste umständlich verschifft werden – die Donau hinunter bis zum Schwarzen Meer, dann durchs Mittelmeer und in den Atlantik bis zur Nordsee, schließlich den Rhein wieder hinauf bis nach Leopoldshafen bei Karlsruhe. Inzwischen ist KATRIN in Betrieb und misst das Spektrum der Energieverteilung der Elektronen aus dem Betazerfall von Tritium, dem schwersten Wasserstoffisotop. »Uns interessiert insbesondere die Form des aufgenommenen Spektrums.« Dort, wo die Elektronen die höchste Energie aus der Kernumwandlung davontragen, hat die Neutrinomasse den stärksten Einfluss auf die gemessene Kurve.

Kathrin Valerius ist optimistisch, dass die statistischen Analysen in den nächsten Jahren erlauben, die Genauigkeit der Massenbestimmung auf rund 0,2 eV zu erhöhen. »Die Kollegen aus der Kosmologie haben das aktuelle Ergebnis mit großem Interesse aufgenommen, denn die Neutrinomassen spielen auch in den kosmologischen Modellen eine wichtige Rolle. Tatsächlich erlaubt die Präzision kosmologischer Beobachtungen heute einen komplementären, ergänzenden Blick auf die Neutrinomassen.« Das Neutrino birgt einen Schlüssel zur neuen Physik jenseits des Standardmodells der Elementarteilchen, davon ist Valerius fest überzeugt. »Neutrinos werden häufig als ›Misfit of the Standard Model‹ bezeichnet. Sie sind die Außenseiter im Standardmodell.« In das Massenspektrum der Quarks und

Leptonen passen Neutrinos nur bedingt hinein. »Der gewaltige Massenunterschied zu den anderen Elementarteilchen ist im Standardmodell nicht gut zu verstehen. Dass die Neutrinos überhaupt eine – wenngleich verschwindend kleine – Masse haben, sagt uns schon, dass das Standardmodell, so wie es jetzt auf dem Papier steht, erweitert werden muss.« Zwar sind Neutrinomassen im Standardmodell nicht ausgeschlossen. »Aber man musste dazu Erweiterungen hinzufügen, die sich nur teilweise mit den Eigenschaften der Neutrinos in Übereinstimmung bringen lassen.« Deshalb hält es Kathrin Valerius für durchaus möglich, dass die Neutrinos mit einem weiteren Rätsel in enger Verbindung stehen – der dunklen Materie. Aber dazu an anderer Stelle mehr.

FRAGE 27: WIESO GIBT ES DREI TEILCHEN-GENERATIONEN?

Weshalb nicht vier, fünf oder sechs? Welcher Mechanismus verbirgt sich hinter dieser Trinität?

Der Experimentalphysiker Thomas Lohse von der Humboldt-Universität zu Berlin unterteilt die Frage nach den drei »Teilchengenerationen« in zwei Teilfragen: Erstens, woher wissen wir das? Zweitens, wieso ist das so? Dazu muss man wissen, dass die bekannten kleinsten Materiebausteine, die Leptonen und Quarks, in der Elementarteilchenphysik in verschiedene Gruppen eingeteilt werden: zwölf Teilchen, von denen jeweils vier einer sogenannten Generation zugeordnet sind. »Zunächst ist festzustellen, dass die Messungen in der Teilchenphysik auf die Existenz von genau drei Teilchengenerationen hinweisen.« Lohse denkt hier zum Beispiel an Experimente der 1980er- und 1990er-Jahre, bei denen die Zerfälle des Z-Bosons vermessen wurden, eines der Austauschteilchen der schwachen Wechselwirkung. »Hierbei konnten Art und Dauer des Zerfalls des Z-Bosons bestimmt werden. Es kam heraus, dass es drei verschiedene Neutrinosorten gibt, die – wie wir inzwischen wissen – nicht masselos, aber extrem leicht sind.« Schon bei den Quarks wurde die Existenz von drei Generationen beobachtet. Das Up- und das Down-Quark sind die beiden leichtesten, sie werden der ersten Generation zugeordnet. Aus ihnen setzen sich Protonen und Neutronen zusammen. Zur nächstschwereren Generation zählen das Strange- und das Charm-Quark. Schließlich existieren noch die Quarks der schwersten Generation, das Bottom- und das Top-Quark, wobei Letzteres ebenfalls in den 1990ern nachgewiesen werden konnte.

Aus diesen Beobachtungen heraus entstand im Laufe der Jahrzehnte der theoretische Rahmen des Standardmodells der Teilchenphysik. »Grundsätzlich ist es natürlich vorstellbar, dass von diesen Elementarteilchen mehr als drei Generationen existieren, falls es schwere Neutrinos gibt, die beim Z-Zerfall nicht entstehen können.« Und entsprechend wurde nach Teilchen einer hypothetischen vierten Generation gesucht. »Doch mit der Entdeckung des Higgs-Teilchens 2012 am Teilchenbeschleuniger LHC am CERN und dem Muster seiner Produktion sowie seines Zerfalls war erkennbar, dass es auch hier genau auf drei Teilchengenerationen hinausläuft«, erklärt Thomas Lohse. »Was aber nicht bedeutet, dass man aufgehört hat, nach weiteren Materieteilchen zu suchen. Diese hypothetischen Teilchen müssten außerhalb des Drei-Teilchengenerationen-Schemas verortet sein, so die gängige Annahme.« Doch weshalb gibt es diese drei Teilchengenerationen, was steckt dahinter?

»Da kann ich nur die ganz ehrliche Antwort geben«, sagt Thomas Lohse, »ich weiß es nicht.« Die Teilchen, die im Rahmen des Standardmodells in die drei verschiedenen Generationen einsortiert werden, weisen teilweise gleiche Eigenschaften auf wie Ladung oder

Spin. »Aber das Besondere dabei ist, dass die Teilchen von Generation zu Generation immer schwerer werden.« Die Neutrinos wiegen fast nichts. Zwar sind ihre Massen nicht bekannt, doch es steht fest, dass sie von Null verschieden sind und dass das leichteste Neutrino leichter als ein Elektronenvolt ist. »Damit ist die Neutrinomasse um viele Größenordnungen kleiner als die der anderen Teilchen.« Das schwerste Teilchen in dem Schema, das Top-Quark, ist viele zehntausendmal schwerer als die Quarks der ersten Generation und 350.000-mal so schwer wie das Elektron, das leichteste Lepton. »Die Massenunterschiede sind völlig abstrus, wenn man die drei Teilchengenerationen miteinander vergleicht. Insbesondere das Top-Quark ist um einen Riesenfaktor schwerer als das zweitschwerste Quark, das Bottom-Quark.« Für Lohse sieht es so aus, als würden die Massen ab der dritten Generation plötzlich so groß werden, dass einfach kein weiteres Teilchen einer vierten Generation mehr auftauchen kann. »Aber was genau dahintersteckt, wissen wir nicht. Es sieht bloß so aus, als würde tatsächlich etwas dahinterstecken.«

Auch aus Sicht des Experimentalphysikers Ties Behnke vom Deutschen Elektronen-Synchrotron DESY steht die Existenz der drei Teilchengenerationen im Rahmen des Standardmodells außer Frage. »Das Modell wurde insbesondere in den 1960er- und 1970er-Jahren entwickelt. Dabei war es notwendig, verschiedene Teilchengenerationen einzuführen, um unterschiedliche Effekte, die in der Zwischenzeit beobachtet worden waren, zu erklären.« Inzwischen ist das Standardmodell experimentell mehrfach bestätigt worden. Auch für Behnke ist der angesprochene Zerfall des Z-Bosons in drei Generationen von Neutrinos der schlagkräftigste Beweis für das Drei-Teilchengenerationen-Schema. »Doch stimmt dieser Nachweis nur im Rahmen einer bestimmten Genauigkeit, und es gibt nach wie vor Möglichkeiten, die drei Teilchengenerationen konzeptionell zu umschiffen.« So ist es laut Ties Behnke möglich, mehr als drei Generationen in die Theorie zu integrieren. »Indem man neue Wechselwirkungen und neue Teilchen einführt.« Diese neuen Teilchen müssen allerdings schwer sein. »So schwer, dass sie in unseren bisherigen Speicherringen offenbar noch nicht erzeugt werden konnten.« Theoretisch ist also eine größere Teilchenfamilie vorstellbar, und entsprechend bunt ist der Strauß an unorthodoxen Theorien, die sich die Wissenschaftler dazu ausdenken. »Schlagworte sind hier Supersymmetrie, ›Hypergravity‹, Extradimensionen, was auch immer – neue Physik, in deren Rahmen neue Konzepte und Modelle sowie entsprechende Voraussagen gemacht werden, die selbstverständlich auch weitere Teilchengenerationen einbeziehen.« Doch muss auch Ties Behnke zugeben, dass es bisher keine experimentelle Evidenz dafür gibt, dass eines dieser theoretischen Konzepte physikalisch begründet ist.

Unter den diskutierten Theorien ist für Ties Behnke die Supersymmetrie ein Favorit. »Supersymmetrie bedeutet, dass es eine Art Schattenwelt gibt, die den uns bekannten Teilchen neue Teilchen zur Seite stellt, wodurch die Teilchennatur insgesamt symmetrisch wird. Die Theorie ist auch deshalb sehr attraktiv, weil sie verschiedene Effekte, die wir beobachten, sehr schön erklären kann.« Zum Beispiel den großen Unterschied zwischen der Stärke der elektroschwachen Kraft und derjenigen der Gravitation. »Mit den Experimenten am LHC wollen wir Prozesse beobachten, die sich nur mit einer Physik jenseits des Standardmodells beschreiben lassen.« Auch wenn es bisher keine experimentellen Hinweise gibt, die konkret auf eine Supersymmetrie hindeuten, heißt das für Behnke nicht, dass sie nicht existiert – bloß eben nicht sichtbar bei den zurzeit erreichbaren Teilchenenergien. »Das Problem in der Teilchenphysik ist momentan, dass wir viele Ideen haben, aber wenige experimentelle Hinweise, ob die Ideen sinnvoll sind oder nicht.« Es zeichnet sich demnach kein klarer Weg ab, keine verheißungsvolle Voraussage, die der Forschung die Richtung weist. »Stattdessen gibt es ein ganzes Potpourri an theoretischen Möglichkeiten, die sich experimentell aber nicht überprüfen lassen, weil das nur mit zunehmend komplexer werdenden Experimenten und Beschleunigeranlagen unter sehr hohem Aufwand möglich ist.« Ohne die Garantie, wirklich etwas Neues zu finden. »Deshalb sollten wir unbedingt unterschiedliche Richtungen und Methoden ausprobieren, um endlich den richtigen Hinweis zu erhalten.« Das wollen wir bei der folgenden Frage tun.

FRAGE 28: WESHALB GIBT ES MEHR MATERIE ALS ANTIMATERIE?

Vom kleinen Unterschied, dem wir unsere Existenz verdanken.

Für die meisten Wissenschaftler ist dies eines der größten Rätsel der Physik. Die Forschung geht davon aus, dass beim Urknall Materie und Antimaterie in gleichen Mengen produziert wurden, doch aus noch ungeklärten Gründen ist nach deren gegenseitiger Vernichtung kurz darauf nur Materie übriggeblieben. »Diese Materie stellt bloß einen Bruchteil der ursprünglich beim Urknall erzeugten Materie dar«, erklärt der Experimentalphysiker Konrad Kleinknecht, der sich lange mit dieser Fragestellung auseinandergesetzt hat und aktuell der Heisenberg-Gesellschaft vorsteht. »Der Rest wurde gemeinsam mit der Antimaterie in einem Annihilationsprozess vernichtet. Eine Symmetrieverletzung zwischen Materie und Antimaterie muss dafür verantwortlich sein, dass es im Universum einen Materieüberschuss gibt, dem wir letztlich verdanken, dass wir überhaupt existieren.« Wie schon bei der Frage 23 angesprochen, gibt es bei der schwachen Wechselwirkung eine Symmetriebrechung, die mit dem Ungleichgewicht zwischen Materie und Antimaterie in Verbindung gebracht wird. »Das ist die sogenannte CP-Verletzung der schwachen Wechselwirkung. Sie wird theoretisch durch die Cabibbo-Kobayashi-Maskawa-Matrix beschrieben, auch Quark-Mischungsmatrix oder CKM-Matrix genannt. Wir haben in den 1980er- und 1990er-Jahren am CERN das Experiment dazu gemacht und die CP-Verletzung direkt vermessen.«

In diesem Experiment wurde ein sehr intensiver Strahl von sogenannten Kaonen im »Super Proton Synchrotron-Beschleuniger« (SPS) des CERN erzeugt. Das neutrale Kaon ist ein Meson bestehend aus einem Down-Quark und einem Strange-Antiquark; sein neutrales Antiteilchen kann sich mit dem neutralen Kaon quantenmechanisch mischen. Die verschiedenen Zerfälle der neutralen Kaonen wurden in einem großen, sehr empfindlichen Detektor im Rahmen eines Experiments nachgewiesen, das über einen Zeitraum von 20 Jahren immer weiter verfeinert wurde. »Die CP-Verletzung entsteht beim Zerfall des neutralen Kaons dadurch, dass sich die Quarks in andere Quarks umwandeln können und bei dieser Mischung besagte Asymmetrie in den Prozess hineinkommt.« Doch lediglich ein ganz kleiner Bruchteil der schwachen Wechselwirkung verletzt die Symmetrie. »Die Theorie von Kobayashi und Maskawa, die diesen Symmetriebruch erklärt, ist bekannt und etabliert, aber«, fährt Kleinknecht fort, »der Effekt, den wir experimentell gesehen haben, ist nicht groß genug, um die gewaltige Asymmetrie im Universum zu erklären.«

Auch für den Experimentalphysiker Michael Doser ist das ein echtes Welträtsel. »Die Frage ist, welche versteckte Asymmetrie es noch geben kann, die erklärt, dass wir das halbe Universum nach dem Urknall verloren haben.« Doser arbeitet mit seiner Gruppe am CERN und untersucht mit Blick auf diese Fragestellung atomare Materie-Antimaterie-Systeme wie zum Beispiel das Anti-Wasserstoffatom oder Elektron-Positron-Atome. Im Gegensatz zu Hochenergiephysikexperimenten, wie dem von Konrad Kleinknecht seinerzeit am SPS-Beschleuniger oder dem Experiment zur Messung des elektrischen Dipolmoments des Protons von Hans Ströher am COSY-Speicherring des Forschungszentrums Jülich (siehe Frage 23), haben die von Doser untersuchten Systeme idealerweise keine Bewegungsenergien. »Wir untersuchen kalte Systeme bei Temperaturen im Bereich von einem Millionstel Grad über dem absoluten Nullpunkt.« Herstellung, Kühlung und Vermessung eines solchen Systems in der kurzen Zeit seiner Existenz stellen eine enorme experimentelle Herausforderung dar. Dosers Arbeitsgruppe untersucht, ob es Effekte in den Systemen gibt, die auf eine CP- oder CPT-Verletzung hindeuten. »Der eigentliche Mechanismus, der zur Materie-Antimaterie-Asymmetrie geführt hat, verletzt die Erhaltung der Baryonenzahl.« Sie beschreibt die Anzahl der Quarks und Antiquarks und bleibt bei allen Teilchenprozessen erfahrungsgemäß gleich. »Der sowjetische Physiker Andrei Sacharow hatte in den 1960er-Jahren die Bedingungen zur Erzeugung der Materie-Antimaterie-Asymmetrie im Weltall geliefert.« Demnach darf das Weltall zu diesem Zeitpunkt erstens nicht im thermodynamischen Gleichgewicht sein, zweitens gibt es eine Symmetriebrechung bei der Kombination von Ladungs- und Raumspiegelung (CP) und zu guter Letzt darf die Baryonenzahl nicht erhalten bleiben – also auch das Proton muss zerfallen können (siehe Frage 20). »Es gibt zudem die These, es seien gar nicht die Wechselwirkungen des Standardmodells, die eine Asymmetrie aufweisen, sondern die Gravitation, die wir daraufhin noch gar nicht untersucht haben.« Doch wie man von einer asymmetrischen Wirkung der Gravitation auf Materie und Antimaterie zu der Welt kommt, wie sie sich uns darstellt, ist für Michael Doser noch einmal ein ganz anderer Punkt.

Ebenso treibt den Experimentalphysiker Klaus Blaum vom Max-Planck-Institut für Kernphysik (MPIK) die Frage um, weshalb unser Universum aus Materie besteht und wie es zu diesem Ungleichgewicht zwischen Materie und Antimaterie gekommen ist. Ähnlich wie Michael Doser untersuchen auch Klaus Blaum und seine Arbeitsgruppe, ob die Eigenschaften von Materie und Antimaterie vielleicht doch nicht exakt gleich sind. »Denn das wäre ein Hinweis zur Erklärung der Materie-Antimaterie-Asymmetrie, was allerdings unserem bisherigen Verständnis des Standardmodells widersprechen würde.« Die experimentellen Methoden, die der Wissenschaft für die Untersuchung dieser Frage zur Verfügung stehen, sind sehr vielfältig. »Das können Experimente sein, die aus der Hochenergiephysik kommen, wie zum Beispiel am LHC.« Hier werden mit großen Detektoren bei hohen Energien die Kollisionen der Teilchen und ihre Erzeugungs- und Zerfallsprozesse auf Teilchen-Antiteilchen-Asymmetrien untersucht. »Das können aber auch Experimente mit Teilchen-Antiteilchen-Systemen bei niedrigsten Energien unter höchster Präzision sein«, erklärt Klaus Blaum. »Das sind zwei sich ergänzende Ansätze: hohe Energien bei geringerer Genauigkeit oder niedrigste Energien mit höchster Präzision.« Klaus Blaum und sein Team speichern die geladenen Teilchen mittels Magnetfeldern in sogenannten »Penning-Fallen«, siehe auch Frage 22. »Diese Experimente sind allerdings unglaublich schwierig zu realisieren.« Zum einen, weil die Antimaterie nicht ohne Weiteres zur Verfügung steht, sondern nur mit großem Aufwand erzeugt werden kann. Zum anderen, weil die künstlich erzeugte Antimaterie gespeichert werden muss, wobei jeglicher Kontakt mit Materie zu vermeiden ist, da sie sich sonst gegenseitig auslöschen würden.

Es gibt noch eine weitere Herausforderung technischer Art bei den Niederenergieexperimenten. »Wir dürfen nicht vergessen, dass uns die Erzeugung der Antimaterie nur bei allerhöchsten Energien gelingt«, erklärt Blaum. »Die späteren Tests sollen dann aber bei niedrigsten Energien stattfinden. Wir müssen die Antiteilchen also stark abbremsen und verlangsamen.« Klaus Blaum spricht hier über eine Energiereduktion um bis zu 15 Größenordnungen. Die Teilchen werden bei Energien von 25 GeV erzeugt, die Experimente aber im Sub-Millielektronenvolt-Bereich durchgeführt. »Bildlich gesprochen steht uns ein Rennwagen bei einer Geschwindigkeit von 300 Stundenkilometern zur Verfügung, den wir gerne in der Garage geparkt in Ruhe betrachten möchten. Wir müssen ihn in kürzester Zeit auf geringster Strecke abbremsen, dürfen ihn aber nicht einfach an die Wand fahren.« Ob es das grundlegende CPT-Theorem selbst ist (siehe Frage 23), das durch die Natur verletzt wird? Klaus Blaum ist nicht der Ansicht. »Wie auch immer, ich glaube, um diese Frage wirklich beantworten zu können, sind weitere technische Revolutionen notwendig, die es uns ermöglichen, Messmethoden mit einer Präzision zu realisieren, an die wir heute noch nicht zu denken wagen.«

FRAGE 29: WIESO SIND DIE FUNDAMENTALEN WECHSELWIRKUNGEN SO UNTERSCHIEDLICH STARK?

Und warum es sein könnte, dass die Gravitation mit uns nur Verstecken spielt.

Soweit die Physiker wissen, gibt es vier fundamentale Kräfte oder – genauer –Wechselwirkungen, die allen Prozessen im Universum zugrunde liegen. Mit diesen Wechselwirkungen lassen sich mikroskopisch Abstrahlung, Aufnahme, Erzeugung und Vernichtung von Teilchen beschreiben. Makroskopisch sind sie für beobachtbare Kräfte verantwortlich. »Es gibt die Gravitationskraft, die das Geschehen im ganz Großen bestimmt, die Galaxien zusammenhält, Planeten an Sonnen bindet und so weiter«, erklärt der Experimentalphysiker Thomas Lohse von der Humboldt-Universität zu Berlin.

»Dann gibt es die elektromagnetische Kraft, die unser tägliches Leben prägt.« Sie bindet die Elektronen an die Atomkerne, sorgt dafür, dass Materialien zusammenhalten und über eine Härte und Kompaktheit verfügen. »All das, was wir tagtäglich mit Materialien machen, basiert auf elektromagnetischen Kräften«, sagt Lohse. Die elektromagnetische Kraft ist wie die Gravitation eine langreichweitige Kraft, die im Bereich der Elementarteilchen typischerweise um einen Faktor 10^{40} stärker wirkt als die Gravitation – was einer 1 mit 40 Nullen entspricht.

»Wenn man tiefer in die Materie hineinschaut, stößt man auf die Atomkerne. Dort kommt die starke Wechselwirkung zum Vorschein, die einen Kern zusammenhält und die Quarks zu Protonen und Neutronen bindet.« Die Bindung durch die starke Wechselwirkung (auch starke Kraft genannt) ist bei den kleinen Abständen innerhalb des Atomkerns stärker als die elektromagnetische Abstoßung zwischen den Protonen. »Zusätzlich gibt es eine weitere fundamentale Wechselwirkung, aus historischen Gründen ›schwache Kraft‹ genannt, deren Schwäche aber eher in ihrer extrem kurzen Reichweite von weniger als einem Tausendstel des Protonenradius liegt. Die schwache Wechselwirkung ist eigentlich stärker als die elektromagnetische, jedoch kommen sich Teilchen extrem selten nahe genug, um sie zu spüren«, erklärt Thomas Lohse. Sie tritt zum Beispiel bei Fusionsprozessen im Inneren der Sonne auf und spielt die entscheidende Rolle bei bestimmten radioaktiven Zerfällen. »Aufgrund der geringen Wahrscheinlichkeit dieser Wechselwirkung brennt unsere Sonne übrigens verhältnismäßig langsam ab.«

Der Experimentalphysiker Michael Kobel von der TU Dresden weist an dieser Stelle auf die Bedeutung des »Ladungskonzepts« der Teilchenphysik hin. »Zu jeder Wechselwirkung gehört eine Ladungsart. Nur Teilchen, die eine bestimmte Ladung besitzen, unterliegen der jeweiligen Wechselwirkung.« Die Wechselwirkungen lassen sich durch Emission und Absorption von Austauschteilchen beschreiben, die an diese Ladungen ankoppeln. »Beim Elektromagnetismus sind es die masselosen Lichtteilchen, die Photonen, die als Vermittler der Wechselwirkung an die elektrische Ladung koppeln. Bei der starken Wechselwirkung spüren die Gluonen die starke Farbladung, die Z- und W-Bosonen vermitteln die schwache Wechselwirkung zwischen Teilchen, die schwache Ladung besitzen.« Bei der Gravitation werden schließlich Gravitonen als Austauschteilchen vermutet. Für ihre Existenz hält die Theorie ein tieferliegendes Konzept bereit.

»Das Standardmodell der Teilchenphysik beschreibt jede Wechselwirkung über eine eigene Symmetrie, nämlich eine Art Drehsymmetrie der zugehörigen Ladung. Diese Symmetrien kann man nur mit Hilfe der Austauschteilchen realisieren, die an die Ladungen koppeln«, erklärt Kobel. Die Stärke der Wechselwirkungen wird durch sogenannte Kopplungskonstanten beschrieben. »Wobei wir besser von Kopplungsparametern sprechen sollten«, sagt Kobel, »denn so konstant sind diese Kopplungen nicht, wie wir noch sehen werden.« Drei der vier Wechselwirkungen haben ähnliche Kopplungsparameter, nämlich der Elektromagnetismus, die starke und die schwache Wechselwirkung. Die Parameter unterscheiden sich nur um den Faktor 2 bis 4. Die Gravitation hingegen ist um etwa 40 Größenordnungen schwächer als die anderen drei Wechselwirkungen. »Es besteht damit eine riesige Lücke in der Stärke der vier Wechselwirkungen, die wir nicht verstehen«, hält Michael Kobel fest. »Experimentell lässt sich zeigen, je kleiner die Abstände zwischen den wechselwirkenden Elementarteilchen, desto näher liegen die verschiedenen Wechselwirkungen und ihre Kopplungsparameter beieinander.« Unter bestimmten theoretischen Annahmen, wie sie beispielsweise die Supersymmetrie (siehe Frage 27) postuliert, würden sie sich tatsächlich genau in einem Punkt auf der Energieskala treffen.

Thomas Lohse hält das für sehr plausibel. »Es gibt Theoretiker, die überlegen, ob sich die Symmetrien der elektromagnetischen, der schwachen und der starken Wechselwirkung in einer Symmetrie vereinigen lassen. Man würde sie so als Formen ein und derselben Wechselwirkung interpretieren.« Thomas Lohse räumt allerdings ein, dass eine solche Vereinigung der Kräfte aus heutiger Sicht labortechnisch nicht zu erreichen ist. »Sie würde erst bei sehr großen Energien oder bei entsprechend sehr kleinen Abständen stattfinden«, sagt Lohse. »Das ist die sogenannte ›große Vereinheitlichung‹.«

Michael Kobel bemerkt: »Ganz anders ist es allerdings bei der Gravitation. Da gibt es unter anderem die interessante Vermutung, dass sie ihre Stärke eventuell bloß versteckt, dass noch andere Dimensionen existieren, in die nur die Gravitation eindringen kann, während die anderen drei Wechselwirkungen das nicht vermögen.« Sehen wir also nur einen Bruchteil der Gravitationswechselwirkung in unseren drei Dimensionen, während der Rest in Extradimensionen verschwindet? Michael Kobel hält das für eine faszinierende Idee (siehe auch Frage 5).

Doch wo findet diese mystische Vereinigung aller Wechselwirkungen statt? »Im Energiebereich der sogenannten Planck-Skala. Allerdings wissen wir, dass uns dieser Bereich experimentell nicht zugänglich ist. Wir sprechen von 15 Größenordnungen, also von einer Billiarden Mal höheren Teilchenenergie, die wir mit unseren Beschleunigern herstellen müssten.« Also ist da nichts zu machen? »Wir müssen nach indirekten Hinweisen suchen.« Kobel zufolge könnten solche Anzeichen zum Beispiel von den Neutrinos kommen (siehe auch Frage 26). »Vielleicht finden wir auch Hinweise auf bisher unentdeckte Symmetrieverletzungen, die auf eine neue Physik jenseits der uns experimentell zugänglichen Energieskala deuten«, siehe auch die nächste Frage 30. »Hier ist vieles vorstellbar.« Für Michael Kobel sind jedoch die Überlegungen zur Gravitation fast die spannendsten. »Wenn es wirklich diese zusätzlichen Dimensionen gäbe, dann könnte es sogar sein, dass uns die Natur nur vorspielt, dass die Vereinigung mit der Gravitation bei allerhöchsten Energien erfolgt.« Tatsächlich würde sie dann schon bei deutlich kleineren Energien stattfinden und die Planck-Skala könnte bei wenigen Teraelektronenvolt (10^{12} eV) liegen. »Dann wäre die Quantengravitation quasi um die Ecke, und man könnte auch experimentell in Teilchenbeschleunigern wie dem LHC am CERN kleine schwarze Löcher herstellen und experimentell untersuchen, wie sich die Gravitation auf Quantenniveau vollzieht.«

Das sieht Thomas Lohse ganz ähnlich. »Tatsächlich suchen wir nach solchen experimentellen Hinweisen.« Die Theorien sagen Effekte voraus, die sich indirekt messen lassen müssten. »Es gibt Phänomene, die wir zwar nicht direkt testen können, weil sie sich einfach in Energiebereichen abspielen, die für uns unerreichbar sind. Aber sie hinterlassen – so unsere Hoffnung – Spuren in niedrigeren Energiebereichen, so dass es nicht sinnlos ist, danach zu suchen.« Was der Grund dafür ist, dass Teilchenphysiker wie Thomas Lohse oder Michael Kobel die Suche danach unermüdlich fortsetzen.

FRAGE 30: GIBT ES EINE PHYSIK JENSEITS DES STANDARDMODELLS?

Wie wir versuchen, die losen Enden der Theorie einzufangen.

Das Standardmodell der Teilchenphysik beschreibt die Elementarteilchen und – mit Ausnahme der Gravitation – die zwischen ihnen wirkenden fundamentalen Wechselwirkungen. Das Modell basiert auf den Quantenfeldtheorien der Quantenchromodynamik und der um die Theorie der schwachen Kraft erweiterten Quantenelektrodynamik unter Einbeziehung der speziellen Relativitätstheorie. Es funktioniert im Rahmen seiner Gültigkeitsgrenzen extrem genau und konnte überdies eine Vielzahl von Elementarteilchen vorhersagen, noch ehe diese experimentell entdeckt wurden. Trotzdem ist das Standardmodell keine vollständige Theorie. Es enthält nicht die Einsteinsche Gravitationstheorie (die allgemeine Relativitätstheorie also) und kann bisher weder die Materie-Antimaterie-Asymmetrie im Universum noch die Neutrinooszillationen oder kosmologische Effekte wie die dunkle Materie oder die dunkle Energie erklären.

Für Eckhard Elsen, Forschungsdirektor am CERN in Genf, besteht das Erfolgsrezept für die Teilchenphysik und ihr Standardmodell in der Weiterentwicklung der Teilchenbeschleuniger. »Um die kleinsten Strukturen des Mikrokosmos zu untersuchen, müssen wir die Teilchen auf größtmögliche kinetische Energien beschleunigen. Das resultiert aus dem Heisenbergschen Unschärfeprinzip, das wir seit knapp hundert Jahren verstehen.« Mit größeren Teilchenenergien lässt sich also ein besserer Zugang zur Physik jenseits des Standardmodells erhalten. Deshalb unterstützt ein Großteil der Teilchenphysiker den Bau immer größerer Beschleuniger. »Wichtig ist zu erkennen, mit welchem Instrumentarium wir mit hoher Wahrscheinlichkeit einen physikalischen Paradigmenwechsel erwarten dürfen. In den letzten 50 Jahren hatten wir extrem viel Glück dabei.« Mit jeder neuen Beschleunigeranlage wurden auch neue Teilchen entdeckt. Der LHC am CERN bildet mit der Entdeckung des Higgs-Bosons den krönenden Abschluss dieser Entwicklung – zumindest vorläufig. Hinweise darauf, dass das Standardmodell beispielsweise zum sogenannten minimalen supersymmetrischen Standardmodell (MSSM, siehe auch Frage 27) erweitert werden muss, haben sich am LHC allerdings nicht eingestellt. Eckhard Elsen sieht dennoch viel Raum für Entdeckungen. »Die Rolle des Higgs-Teilchens im Standardmodell ist ganz speziell«, erklärt Elsen. »Es unterscheidet sich von allen anderen Elementarteilchen, weil es nicht an die Ladungen der Elementarteilchen koppelt, sondern ausschließlich an deren Massen. Damit sehe ich aber eine große Chance, ein Fenster zu neuer Physik zu öffnen.« Das Higgs ist also nicht das Quant eines vektoriellen Kraftfeldes, sondern etwas gänzlich Neues.

Der Fokus muss nun darauf liegen, die Eigenschaften des Higgs am LHC mit höchster Präzision zu vermessen. Das war laut Elsen auch eines der Themen beim aktuellen »Towns-Meeting«, bei dem sich Teilchenphysiker aus aller Welt – diesmal in Granada – zusammenfanden, um über die experimentellen Weichenstellungen für die Zukunft zu diskutieren. »Selbstverständlich schauen wir dabei in alle Richtungen. Es ist zum Beispiel offensichtlich, dass wir die Gravitation besser verstehen müssen«, räumt Elsen ein. »Wir müssen diese Kraft endlich zu fassen bekommen. Doch ist es bisher schwierig, das Graviton in unserem Theoriegebäude unterzubringen.« Die aktuellen Experimente zu Gravitationswellen weisen für Eckhard Elsen den richtigen Weg, der weiter beschritten werden muss, siehe Frage 33. »Ich hoffe sehr, dass wir ein ganz neues, komplementäres Zusammenspiel der verschiedenen experimentellen Zugänge zur Physik erleben.«

Doch was passiert, wenn die Physik des Standardmodells bis an die Grenze der Planck-Skala gültig ist? Wenn sich eine Physik jenseits des Standardmodells erst bei extrem hohen Energien zeigt, die sich mit unseren Teilchenbeschleunigern niemals erreichen lassen? Der theoretische Physiker Andreas Ringwald vom Deutschen Elektronen-Synchrotron DESY bleibt optimistisch. »Es gibt theoretisch sehr viele Möglichkeiten, wie sich die bisher ungeklärten Phänomene erklären könnten.« Laut Ringwald stehen zurzeit viele hypothetische Teilchen zur Diskussion, welche für die Effekte der ominösen dunklen Materie verantwortlich sein könnten, die den Großteil im Universum auszumachen scheint und die sich bisher nur über ihre

Gravitation bemerkbar macht. »Theoretisch vorstellbar sind zum Beispiel dunkle Materieteilchen, die superschwach wechselwirken, aber recht schwer sind – die sogenannten WIMPs (›Weakly Interacting Massive Particles‹).« Experimentell sollten sich die WIMPs, so es sie denn gibt, beispielsweise am LHC erzeugen und nachweisen lassen.

Ringwald sieht noch einen anderen interessanten Anknüpfungspunkt. »Das Standardmodell hat, wie gesagt, keine Erklärung dafür, dass Neutrinos Masse besitzen. Durch eine Erweiterung des Standardmodells um nur wenige weitere Freiheitsgrade wäre ihre Masse erklärbar. Ob sich damit sämtliche Widersprüche kosmologischer Art auflösen, ist zu diskutieren, jedenfalls halte ich es für lohnenswert, in diese Richtung zu forschen.« Bei der Erweiterung des Standardmodells zu diesem »Neutrino-Minimum-Standardmodell« fällt automatisch ein Teilchen an, das sogenannte Axion. »Das Axion sollte sich der theoretischen Vorhersage nach experimentell testen lassen. Gleichzeitig ist es ebenfalls ein heißer Kandidat für die dunkle Materie.« Das Teilchen gehört zu den hypothetischen, superleichten und superschwach wechselwirkenden dunklen Materieteilchen – zu den sogenannten WISPs (»Weakly Interacting Slim Particles«). Es stehen demnach ganz verschiedene Klassen von Teilchen zur Diskussion, die entweder leichter als ein Millielektronenvolt (1 meV = 10^{-3} eV) oder schwerer als ein Megaelektronenvolt (1 MeV = 10^{6} eV) sind. Die Existenz beider Kandidatengruppen ist nach Meinung von Andreas Ringwald theoretisch sehr gut begründbar und nach beiden Teilchensorten wird experimentell auch gefahndet.

Der Experimentalphysiker Axel Lindner vom DESY sucht mit seinen Kollegen nach den superleichten Kandidaten, den Axionen und anderen WISPs. »Solchen Teilchen kann man aber nicht in Experimenten an Teilchenbeschleunigern nachgehen, weil sie einfach viel zu schwach mit der Materie reagieren und in den Hochenergieexperimenten von anderen Phänomenen überstrahlt werden.« Wahrscheinlich reagieren die Axionen mit Materie um viele Größenordnungen schwächer als Neutrinos, die selbst schon als sehr schwach wechselwirkende Teilchen gelten. »Daher muss man sich völlig neue Ansätze überlegen, wie man den Axionen, die uns als dunkle Materie umgeben, beikommen kann«, erklärt Lindner und nennt die Experimente ALPS (»Any Light Particle Search«) sowie das in Planungsdiskussion befindliche IAXO (»International Axion Observatory«) am DESY als Beispiele. »Schlussendlich ist das Konzept für *unser* Experiment aber erstaunlich einfach. Wir verwenden eine dunkle Kammer, die gegen jede Form von äußerer Strahlung bestmöglich abgeschirmt ist. An diese legen wir ein starkes Magnetfeld an. Unsere Erwartung ist, dass ein Axion aus dem Universum, das diese Kammer durchquert, in Wechselwirkung mit dem Magnetfeld ein Lichtsignal erzeugt.« Denn theoretisch sollte sich ein Axion den Regeln der Quantenfeldtheorie gehorchend in dem Magnetfeld zunächst in ein Pion umwandeln können. Das gut bekannte Pion kann sich erwiesenermaßen in Licht umwandeln – das ist der vielmals beobachtete Primakoff-Effekt, der zeitumgekehrte Zerfallsprozess eines Mesons in zwei Photonen. Doch angesichts der geringen Wahrscheinlichkeit einer Umwandlung der Axionen liegt die zu erwartende Leistung eines solchen Lichtsignals – sofern denn der dahinterliegende Prozess überhaupt stattfindet – bei knapp 10^{-27} Watt. »Das ist ein extrem schwaches Mikrowellensignal, so dass auf den ersten Blick nicht klar ist, wie sich so etwas überhaupt messen lässt«, gibt Axel Lindner zu. »Doch ist es technisch betrachtet nicht ausgeschlossen. Dazu arbeiten wir in einer fachübergreifenden Kollaboration mit Experten aus der Teilchenphysik, der Radioastronomie sowie der Quantenoptik zusammen.« Mit einem »Signalverstärker« aus großen nichtleitenden (»dielektrischen«) Scheiben, die viele Axion-Umwandlungen erzeugen, und empfindlichsten Detektoren wollen sie das Signal messbar machen. »Das entsprechende Experiment nennt sich MADMAX (›Magnetized Disc and Mirror Axion Experiment‹) und wird vom Max-Planck-Institut für Physik (MPP) in München geleitet.«

Sollte sich ein Axion nachweisen lassen, würde das nach Ansicht von Andreas Ringwald eine Theorie namens SMASH unterstützen (»Standard Model Axion Seesaw Higgs portal inflation«). »Eine minimale Erweiterung des Standardmodells durch das Hinzufügen ganz weniger Felder«, erklärt Ringwald. »Sie beschreibt, wie die Baryonenasymmetrie im Universum entsteht, sie beschreibt die Fluktuationen, die wir in der kosmischen Mikrowellenhintergrundstrahlung sehen und die in der Phase der Inflation, einer extrem raschen Expansion des Universums kurz nach dem Urknall, entstanden sind, und woraus die dunkle Materie besteht – nämlich aus Axionen.« Das wäre wirklich fantastisch – ein echter Befreiungsschlag. Fehlt nur noch der Nachweis, dass es die Axionen wirklich gibt.

TEIL 11

DIE ASTROPHYSIK

Wo Boten aus dem All von extremen Ereignissen zeugen

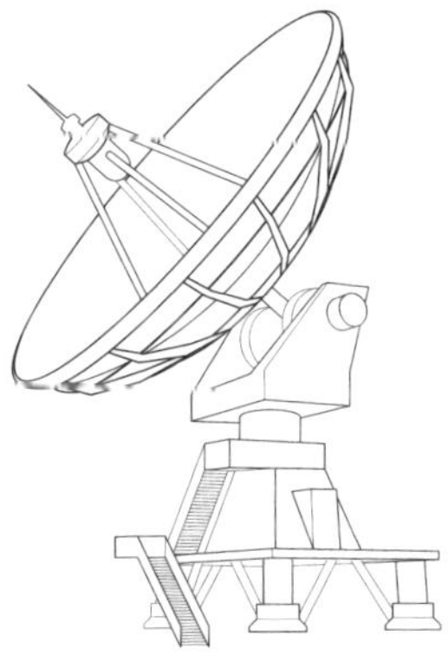

Die Astronomie ist die Stern- und Himmelskunde, die sich mit der Erforschung des Weltalls befasst – mit Objekten wie Sonnen, Planeten, Galaxien und ihrer Verteilung, Bewegung und chemischen Zusammensetzung. Sie ist die älteste Wissenschaft – seit Tausenden von Jahren blicken die Menschen in den Himmel und nutzen wiederkehrende Ereignisse, um die Zeit zu definieren und zu messen, um Jahreszeiten zu bestimmen und Phänomene zu enträtseln. Die moderne Astronomie analysiert die aus dem Kosmos kommenden optischen Signale und solche, die über den sichtbaren Frequenzbereich hinausgehen – vom Gamma- und Röntgenbereich über Ultraviolett und Infrarot bis hin zum Radiobereich. Als Pioniere der modernen Astronomie seien hier beispielhaft aufgeführt der italienische Gelehrte Galileo Galilei, der um das 17. Jahrhundert wirkt und als Begründer der optischen Astronomie gilt, und die amerikanische Astronomin Henrietta Swan Leavitt, die Anfang des 20. Jahrhunderts entscheidende Beiträge zur Distanzmessung astrophysikalischer Objekte liefert. Die Astro*physik* erforscht das Weltall mit physikalischen Methoden wie zum Beispiel der Spektralanalyse – der Zerlegung des Lichts in verschiedene Wellenlängenbereiche. Theoretische Physiker wie der Brite Stephen Hawking beschreiben schon in den 1960er-und 1970er-Jahren die Physik sogenannter schwarzer Löcher, lange bevor diese geheimnisvollen Objekte nachgewiesen werden.

Die Astro*teilchenphysik* entwickelt sich mit der Untersuchung der kosmischen Strahlung durch Pioniere wie den Österreicher Victor Hess oder den Franzosen Pierre Auger Anfang des 20. Jahrhunderts, womit kosmische Elementarteilchen ins Spektrum des beobachtbaren Universums hinzukommen. Die sogenannte »Multi-Messenger«-Astronomie verbindet die Beobachtung unterschiedlicher Strahlungsarten aus dem Kosmos mittels verschiedener experimenteller Apparaturen, von klassischen Fernrohren bis hin zu großflächig verteilten Detektorsystemen, und stellt sie in einen physikalischen Kontext. Mit der Entdeckung der von Albert Einstein vorhergesagten Gravitationswellen im Jahr 2015 gewinnt das Spektrum der astrophysikalischen Untersuchungsmethoden eine weitere Facette hinzu.

FRAGE 31: WAS IST DUNKLE MATERIE?

Weshalb die Sterne am Himmel nur die Spitze des Eisbergs sind.

In den letzten Jahrzehnten haben die Astronomen bei der Beobachtung des Weltalls Anomalien festgestellt, die sie sich bisher nicht erklären können. Die Sterne in Galaxien und die Galaxien in Galaxienhaufen scheinen sich bei genauerer Betrachtung nicht so zu bewegen, wie es aufgrund der Gravitationsgesetze zu erwarten wäre. »Etwas Mysteriöses scheint sie zusammenzuhalten, wie eine Art Klebstoff, der zwischen ihnen wirkt«, beschreibt die Experimentalphysikerin Laura Baudis von der Universität Zürich das Phänomen. »Unsere Sonne bewegt sich zum Beispiel mit etwa 220 Kilometern pro Sekunde um das galaktische Zentrum. Bei dieser Geschwindigkeit müsste sie durch die Zentrifugalkraft eigentlich aus der Bahn fliegen.« Aber unsere Milchstraße hat offenbar sehr viel mehr Masse, als der sichtbare Teil vermuten lässt – eine dunkle Materie, die die Gravitation verstärkt und die Sternsysteme zusammenhält. »Der Großteil der Forschergemeinde folgt der theoretisch betrachtet vielleicht einfachsten Annahme, dass es sich bei dieser dunklen Materie um eine bisher unbekannte Sorte von Elementarteilchen handelt. Elementarteilchen, die wir tatsächlich bisher noch nicht gesehen und vermessen haben, weil sie – abgesehen von ihrer Gravitationskraft – extrem schwach mit der sichtbaren Materie wechselwirken.« Inzwischen schreiben die Forscher etwa 85 Prozent der gesamten Materie im Universum der dunklen Materie zu.

»Natürlich werden auch andere Erklärungen diskutiert, um die Anomalien in den Rotationskurven der Galaxien zu erklären.« Ein Beispiel ist die MOND-Theorie (Modifizierte Newtonsche Dynamik), die von einer veränderten Fernwirkung der Gravitation ausgeht. »Aber keine dieser alternativen Theorien stimmt bisher in zufriedenstellender Weise mit unseren sonstigen Beobachtungen überein.« Für Baudis ist es völlig legitim, weiter an anderen Theorien zu arbeiten. Doch die Mehrzahl der Forscher stellt sich unter der dunklen Materie wie gesagt Elementarteilchen vor, Teilchen mit ähnlich schwacher Wechselwirkung mit Materie wie Neutrinos. Die Letztgenannten wurden bis vor nicht allzu langer Zeit selbst als Kandidaten für die fehlende Masse im Universum angesehen. »Heute wissen wir, dass die Masse der Neutrinos nicht ausreicht, um die kosmologischen Phänomene zu erklären.«

Laura Baudis sieht im Prinzip drei Möglichkeiten, um der dunklen Materie auf die Spur zu kommen. »In der Annahme, dass diese Teilchen schwer sind, aber nur schwach interagieren, versucht man sie am LHC im Experiment zu produzieren.« Da sie als Kandidaten für die extrem schwach wechselwirkende dunkle Materie gelten, würden sie aber nicht mit den Detektoren des großen Beschleunigers LHC der Europäischen Organisation für Kernforschung CERN in Genf wechselwirken. Ihr Nachweis erfolgt daher indirekt durch Messung eines bestimmten Energiebetrags, der in der Kinematik einer entsprechenden Teilchenkollision fehlt – ähnlich der Massenbestimmung von Neutrinos am KATRIN-Experiment (siehe Frage 26). Auch die zweite Methode ist ein Versuch, dunkle Materie indirekt nachzuweisen. »Man geht davon aus, dass es bei der dunklen Materie ähnlich wie bei der sichtbaren Materie zu Annihilationsprozessen kommen kann.« Ein solcher Prozess wird auch im Zentrum unserer Milchstraße erwartet, sofern die Dichte an dunkler Materie dort hoch genug ist. »Die Astrophysiker suchen deshalb nach Signalen, die entstehen müssten, wenn dunkle Materie annihiliert.« Die dritte Methode besteht in der direkten Beobachtung der dunklen Materie. Diese Methode wird von Laura Baudis und ihrer Gruppe verfolgt. »Wir möchten die Zusammenstöße dieser Teilchen mit Materieteilchen in extrem empfindlichen Detektoren direkt nachweisen.« Dabei nimmt man an, dass die dunkle Materie langsam ist und sich nichtrelativistisch bewegt – in unserer Galaxie zum Beispiel nicht wesentlich schneller als unsere Sonne – und dass sie mit sichtbarer Materie zwar höchst selten, aber dennoch von Zeit zu Zeit wechselwirkt, was sich in einem entsprechend empfindlichen Detektor nachweisen lassen sollte. Im Rahmen einer internationalen Kollaboration haben Laura Baudis und ihr Team am damals empfindlichsten Detektor dieser Art gearbeitet – beim XENON-Experiment. »Der Detektor war mit 3,2 Tonnen reinem Xenon gefüllt, das als Nachweismaterial diente. Das Experiment wurde bis vor Kurzem tief im Untergrund des Gran-Sasso-Gebirgsmassivs in Mittelitalien betrieben. Inzwischen haben wir den nächstgrößeren Detektor installiert, der acht Tonnen Xenon enthalten wird.« Ein Teilchen der dunklen Materie konnte zwar bisher noch nicht nachgewiesen werden, aber die Sensitivität des Experiments wurde durch die Forschungs- und Entwicklungsarbeiten auf ein kaum vorstellbares Maß erhöht.

Für den Experimentalphysiker Marc Schumann von der Universität Freiburg, der in der gleichen Kollaboration arbeitet, besteht die Experimentierkunst insbesondere darin, die Untergrundsignale im Detektor auf ein Minimum zu reduzieren. »Das sind Störsignale, die im Zweifel leider so ähnlich aussehen wie das eigentliche Signal, das wir sehen wollen, die aber unglücklicherweise viele Millionen Mal häufiger auftreten.« Sie entstehen durch die natürliche Radioaktivität in der Umgebung des Detektors oder in dessen Bauteilen oder durch kosmische Teilchen. »In unserem Detektor haben wir jedoch Möglichkeiten, diese Untergrundsignale von den erwarteten Signalen der dunklen Materie zu unterscheiden.« Dazu messen Schumann und seine Kollegen eine Vielzahl von Parametern wie Ladung, Lichtsignale, Ort der Signalentstehung und Weiteres, um auf diese Weise die unerwünschten Störereignisse zu identifizieren und herauszufiltern. »Das ist das Spannende an dieser Art von Detektorbau. Wir bauen immer größere Nachweisgeräte, und der radioaktive Untergrund im Zentrum des Instruments wird dabei immer geringer.« Laura Baudis, Marc Schumann und ihre Kollaboration planen schon den Bau eines Nachweisgeräts der dritten Generation, den DARWIN-Detektor. »Er wird 50 Tonnen Xenon enthalten und der ultimative Detektor für die direkte Messung von dunkler Materie sein«, erklärt Schumann stolz. »Bei noch größeren Detektoren werden uns Neutrinos von der Sonne und aus der Atmosphäre Untergrundsignale erzeugen, die absolut identisch sind mit denen der dunklen Materie. Mit DARWIN kommen wir wirklich ans Limit des physikalisch Möglichen.«

Für den Astrophysiker Matthias Steinmetz vom Leibniz-Institut für Astrophysik in Potsdam (AIP) ist die dunkle Materie ein sinnvoller konzeptioneller Ansatz, um die ungeklärten Phänomene der Gravitation im Kosmos anzugehen. »Das ist in der Physikgeschichte nicht unbekannt. Denken wir an den Planeten Neptun.« Er ist 1846 von dem französischen Astronomen Urbain Le Verrier aufgrund einer Störung der Umlaufbahn des Uranus vorhergesagt worden. »Bis zum Zeitpunkt seiner Entdeckung war Neptun so etwas wie ›dunkle Materie‹«, sagt Steinmetz und lacht. »Er hat gravitativ im Sinne der Newtonschen Mechanik gewirkt, aber sehen konnte man ihn nicht.« Nachdem Neptun entdeckt worden war, bestand Einvernehmen in der Wissenschaftsgemeinde, dass das wunderbar funktioniert habe. Kurz darauf machte Le Verrier daher ein ähnliches Phänomen für die rätselhaften Störungen der Merkurbahn geltend. Er schloss, dass es auch in diesem Fall einen weiteren Planeten in der Nähe geben müsse. »Und es fanden sich auch tatsächlich Forscher, die den unbekannten Planeten namens Vulkan in ihren Teleskopen gesehen haben wollen.« Aber im Fall des sonnennahen Merkur war es letztlich die Einsteinsche Relativitätstheorie, die seine Bahnstörungen erklären konnte. »Das Konzept, das noch im Fall des Uranus zum Erfolg geführt hatte, erwies sich bei Merkur als nicht tragfähig. Und vielleicht sehen wir auch gegenwärtig eine Anomalie im Universum, die wir uns jetzt durch so etwas wie dunkle Materie erklären«, sagt Steinmetz, »deren wahre Ursache aber möglicherweise ganz woanders liegt.«

Doch der Vorteil beim Konzept der dunklen Materie besteht nach Steinmetz darin, dass es mittlerweile bis zu den ganz großen Skalen durchgespielt wurde. »Die Rotationskurven der Galaxien unterstützen das Konzept sehr. Den überzeugendsten Beweis für die Existenz einer dunklen Materie liefert jedoch die kosmische Hintergrundstrahlung.« Nach Steinmetz gehen die Forscher davon aus, dass die messbaren Unregelmäßigkeiten in der kosmischen Mikrowellenhintergrundstrahlung, dem Nachglühen des Urknalls (siehe auch Frage 40), durch die Gravitation erzeugt wurden. »Diese Fluktuationen sind allerdings so klein, dass sich in Abwesenheit einer dunklen Materie in den 13,8 Milliarden Jahren im Universum nur eine einzige Galaxie gebildet hätte.« Das »Dunkle-Materie-Modell« geht davon aus, dass die dunkle Materie ein deutlich stärkeres Gravitationsfeld erzeugt als die sichtbare Materie. »In der heißen Phase des Universums hat sich die dunkle Materie aus dem Gemisch von Materie und dunkler Materie herausbewegt und bei der Strukturbildung praktisch wie ein Brandbeschleuniger gewirkt.« Die dunkle Materie – ist das der Hauptstoff, aus dem das Universum ist, oder doch etwas ganz anderes?

FRAGE 32: WIE FUNKTIONIEREN KOSMISCHE BESCHLEUNIGER?

Von Naturgewalten, die wir uns nicht einmal im Traum ausmalen können.

Schon Werner Heisenberg war der Ansicht, dass die moderne Teilchenphysik einen Ausgangspunkt in der Untersuchung der kosmischen Strahlung hatte. Die ersten Messungen dazu führte der österreichische Physiker Victor Franz Hess vor etwa hundert Jahren durch. Kurz zuvor waren in den Physiklaboren unbekannte Strahlen entdeckt worden, deren Ursache man in radioaktiven Prozessen in der Erdkruste vermutete. Hess wollte diese Annahme beweisen. Seine Idee war, dass die Intensität dieser unbekannten Erdstrahlung beim Aufstieg in einem Ballon abnehmen müsse. »Tatsächlich hat er aber das Gegenteil gemessen«, erklärt die Experimentalphysikerin Anna Franckowiak vom Deutschen Elektronen-Synchrotron DESY. »Je höher Hess mit dem Ballon aufstieg, desto stärker nahm die Strahlung zu. Er hat daraus den Schluss gezogen, dass die untersuchte Strahlung offenbar nicht aus der Erde kommt, sondern dass es sich um eine kosmische Strahlung handeln muss.« Hess verwendete für seine Messungen zunächst ein Elektrometer, bei späteren Ballonexperimenten wurden fotografische Emulsionsspuren von ionisierender Strahlung aufgezeichnet und alsbald schon verschiedene, anfangs noch unbekannte Teilchen identifiziert. Aktuell erlebt die Astroteilchenphysik eine Renaissance bei der Erforschung der kosmischen Strahlung, weil deutlich wird, dass permanent Teilchen aus dem Weltraum auf die Erde auftreffen, die wesentlich höhere Energien aufweisen als diejenigen, die sich in Teilchenbeschleunigern herstellen lassen. »Inzwischen führen wir sowohl direkte als auch indirekte Messungen von kosmischer Strahlung durch«, erklärt Franckowiak. »Direkte Messungen finden zuweilen noch in Ballonexperimenten statt, aber auch mit Hilfe von satellitengestützten Systemen, um die kosmischen Strahlen außerhalb der Erdatmosphäre zu messen.«

Das »Fermi Gamma-ray Space Telescope« (FGST) ist gegenwärtig eines der empfindlichsten Teleskope dieser Art. Der Hauptdetektor nutzt Paarbildungsprozesse aus energiereichen Photonen – in diesem Fall die Bildung von Elektron-Positron-Paaren – als direkten Nachweis von kosmischer Gammastrahlung. »Zur direkten Vermessung von geladener kosmischer Strahlung ist auch das Alpha-Magnetspektrometer (AMS) gut geeignet.« Das AMS auf der Internationalen Raumstation ISS kann mittels eines Magneten die einzelnen geladenen Teilchen auseinanderhalten. »Bei indirekten Messungen wiederum macht man sich zunutze, dass die hochenergetischen kosmischen Teilchen beispielsweise mit Atomen der Atmosphäre wechselwirken.« Dabei entstehen weitere Teilchen und schlussendlich ganze Teilchenschauer, die sich in der Atmosphäre ausbreiten und Richtung Erde rasen. »Solche ausgedehnten Teilchenschauer können von Detektoren vermessen werden, die über eine große Fläche verteilt auf dem Erdboden installiert sind.« Auf diese Art lassen sich in seltenen Fällen auch extrem hochenergetische kosmische Teilchen nachweisen. Ein solches erdgebundenes Experimentierfeld ist beispielsweise das Pierre-Auger-Observatorium, das aus mehr als 1.600 Detektorstationen besteht, die in der argentinischen Pampa verteilt sind. »Das Detektornetz des Observatoriums bedeckt eine Fläche, die so groß ist wie das Saarland«, erklärt Franckowiak. »Dank Observatorien wie Pierre Auger wissen wir, dass es kosmische Teilchen gibt, die Zehnmillionen Mal größere kinetische Energien haben als Teilchen aus Teilchenbeschleunigern wie dem LHC am CERN.«

Welche Mechanismen stecken hinter dieser extremen Beschleunigung? »Aus Beobachtungen der Sonne lässt sich schlussfolgern, dass es im Prinzip drei Kategorien von Beschleunigungsmechanismen sein müssen, die von maßgeblicher Bedeutung sind«, erklärt der theoretische Physiker Karl Mannheim von der Universität Würzburg. »Bei Sonnenausbrüchen, den ›Solar Flares‹, gibt es das Phänomen der sogenannten magnetischen Rekonnexion.« Magnetfeldschläuche wirbeln von innen an die Oberfläche der Sonne und verdrehen sich durch die Rotation der Oberflächenmaterie. Durch eine plötzliche Umstrukturierung des Magnetfeldes wird magnetische Energie direkt in Teilchenenergie überführt. »Es können auch Stoßwellen von diesen solaren Stürmen ausgelöst werden«, sagt Mannheim. »Diese Stoßwellen sind in viel größerer Form bei explodierenden Sternen zu beobachten.« Spektakuläre Beispiele finden sich in sogenannten Supernova-Überresten, den abgestoßenen Gashüllen ausgebrannter Sterne. »Solche Stoßwellen führen zu einer stochastischen – also zufälligen – Beschleunigung«, sagt Mannheim. Die hat in den 1950er-Jahren erstmals der italienische Physiker Enrico Fermi beschrieben. Sie beruht auf der chaotischen Streuung von ionisierten Gasteilchen der interstellaren Materie, die sich zwischen den Sternen befindet. Dabei ändern die Teilchen wiederholt ihre Richtung durch elastische Streuung. »Wenn nun eine Anordnung von Streuzentren konvergiert, wie das bei Stoßwellen der Fall ist, dann führt das für das beschleunigte und elastisch gestreute Teilchen zu einem kinetischen Energiegewinn, vergleichbar mit einem Pingpongball zwischen zwei Tischtennisschlägern.« Diese Stoßwellenbeschleunigung wird auch als Fermi-Beschleunigung bezeichnet.

»Und dann gibt es noch die sogenannte unipolare Induktion, die als Mechanismus bereits dem englischen Naturforscher Michael Faraday im 19. Jahrhundert bekannt war«, erklärt Karl Mannheim. »Dieser dritte Beschleunigermechanismus hat eine herausragende Bedeutung für die Astroteilchenphysik, weil er allem Anschein nach verantwortlich ist für die allerhöchsten Teilchenenergien, die sich überhaupt erzeugen lassen. Ursache ist hier vermutlich ein rotierender leitfähiger Körper, beispielsweise ein Neutronenstern mit einem starken Magnetfeld, in dem geladene Teilchen auf sehr hohe Energien beschleunigt werden.« Ein Neutronenstern ist der kompakte Endzustand eines massereichen Sterns, der in seinem Inneren im Wesentlichen aus Neutronen besteht. An seiner Oberfläche besitzt er ein Kristallgitter aus Atomkernen sowie Elektronen. Karl Mannheim spricht von Neutronensternen mit Rotationsperioden von 100 Millisekunden und Magnetfeldern von 10^8 Tesla (dem Hundertbillionenfachen des Erdmagnetfelds), in denen geladene Teilchen auf bis zu ein Petaelektronenvolt, also 10^{15} eV, beschleunigt werden können. »Ein anderes Beispiel sind sogenannte Millisekundenpulsare mit noch kürzeren Rotationsperioden und Feldstärken von 10^{11} Tesla, die theoretisch Beschleunigungsenergien von 10^{21} eV erzeugen – elektrodynamische Maschinen höchster Effizienz, regelrechte Teilchenkanonen.« In den letzten Jahrzehnten ist man laut Mannheim zu der überraschenden Erkenntnis gekommen, dass sogar schwarze Löcher über solche Beschleunigermechanismen verfügen. Ein schwarzes Loch ist ein noch kompakterer Sternrest als ein Neutronenstern. Seine Masse ist auf einen extrem kleinen Bereich konzentriert und seine Gravitation in der unmittelbaren Umgebung so stark, dass nicht einmal mehr das Licht entkommen kann. »Eine Beschleunigung von Teilchen ist insofern überraschend, weil schwarze Löcher nach einem Theorem der allgemeinen Relativitätstheorie ›keine Haare‹ aufweisen, also keine Vektorfelder zulassen – sprich kein Magnetfeld haben.« Doch astrophysikalisch sind schwarze Löcher nicht isoliert, sondern in ein Plasma, also in ein ionisiertes Gas eingebettet. Dadurch können auch Stromsysteme durch das schwarze Loch angeregt werden, die dann ein Magnetfeld erzeugen, was wiederum dazu führt, dass auch schwarze Löcher als unipolare Induktionsmaschinen Teilchen beschleunigen können. »Das geht wohl ebenfalls hoch bis zu einem Zettaelektronenvolt, sprich 10^{21} eV, mit gigantischen Strömen von

10^8 Ampere.« Einige dieser Beschleunigermechanismen werden auch für zukünftige Teilchenbeschleuniger intensiv erforscht. Ein Stichwort ist hier die sogenannte Plasma-Wakefield-Beschleunigung, bei der geladene Teilchen gezielt über eine Plasmawelle beschleunigt werden sollen.

Doch weshalb wissen wir eigentlich nicht, woher genau die schnellen kosmischen Teilchen kommen? »Weil sie geladen sind«, erklärt der Experimentalphysiker Christian Spiering vom DESY. »Der gesamte Kosmos ist von Magnetfeldern ausgefüllt, die in diese oder jene Richtung weisen. Geladene Teilchen werden abgelenkt. Sie mäandern durch den Raum und kommen irgendwann auf der Erde aus einer Richtung an, aus der sich ihre Herkunft nicht mehr nachvollziehen lässt.« Um die Richtung einer kosmischen Teilchenquelle zu bestimmen, werden neutrale Teilchen benötigt. »Beispielsweise Gammastrahlen – also hochenergetisches Licht«, sagt Spiering, »aber dieses hat den großen Nachteil, dass es leicht absorbiert wird.« Deshalb empfiehlt sich das Neutrino als neutrales Teilchen aus dem Kosmos. »Neutrinos sind nahezu ideale Boten. Sie schaffen es, selbst aus dem Inneren der Sonne zu entweichen. Sie haben nur einen Nachteil: Sie sind sehr schwer nachzuweisen. Und das liegt an ihrer geringen Neigung, mit Materie in Wechselwirkung zu treten«, erklärt Spiering, der in der IceCube-Kollaboration arbeitet. Das »IceCube Neutrino Observatory« verfügt über ein Detektorsystem, das Neutrinos am Südpol vermisst. »In den Eispanzer der Antarktis haben wir über eine Fläche von einem Quadratkilometer verteilt in Tiefen von 1,5 bis 2,5 Kilometern etwa 5.000 Glaskugeln installiert, die fußballgroße Lichtsensoren in sich bergen. Diese weisen das Licht nach, das bei Neutrinoreaktionen erzeugt wird.« Im September 2017 ist es Spiering und seinen Kollegen damit erstmals gelungen, ein hochenergetisches Neutrino aus einer rund vier Milliarden Lichtjahre entfernten Galaxie im Sternbild Orion nachzuweisen. »In ihrem Inneren befindet sich ein superschweres schwarzes Loch, das Materie in sich hineinsaugt.« Ein Teil der Materie verschwindet aber nicht, sondern wird in sogenannten Jets, die sich senkrecht zur Galaxienscheibe in den Raum ausbreiten, wieder ausgespien. »Aus diesem Jet dürfte auch das Neutrino stammen, das wir nachgewiesen haben«, erklärt Spiering. Die Messung des Neutrinos korrelierte mit Beobachtungen im optischen, im Radio- und im Gammabereich und bedeutet für die Astrophysik einen spektakulären Meilenstein. »Messungen dieser Art sind fachgebietsübergreifend. Viele tausend Wissenschaftler mit ganz unterschiedlichen Detektoren und Observatorien arbeiten weltweit gemeinsam daran. Das nennt man Multi-Messenger-Astronomie.« Und die hat kürzlich eine ganz neue Komponente erhalten, wie wir im nächsten Kapitel lesen werden.

FRAGE 33: GRAVITATIONSWELLEN, NEUTRONENSTERNE UND SCHWARZE LÖCHER – ALLES KLAR?

Wie kosmische Katastrophen das Universum erschüttern.

Die Erforschung von Neutronensternen und schwarzen Löchern hat durch die jüngsten Erfolge auf dem Gebiet der Messung von Gravitationswellen einen enormen Aufschwung erfahren. Bei beiden Objekten handelt es sich, wie wir wissen, um die extrem kompakten »Sternleichen« massereicher Sterne. Ein Neutronenstern ist so dicht, dass Protonen und Elektronen in seinem Inneren zu Neutronen und Elektronneutrinos zusammengequetscht werden, wobei Letztere aus dem Stern entweichen. Bei einem schwarzen Loch steigt die Dichte theoretisch sogar ins Unendliche. Gravitationswellen wiederum sind Wellen in der Einsteinschen Raumzeit (siehe auch Frage 4). Sie werden von beschleunigten Massen erzeugt – je größer die Beschleunigung und die Massen sind, umso stärker sind sie. Gravitationswellen sind aber aufgrund der astronomischen Entfernungen zu schwarzen Löchern und verschmelzenden Neutronensternen sehr schwach und daher schwer zu messen. 2017 war erstmals die Verschmelzung zweier Neutronensterne mit verschiedenen Instrumenten beobachtet worden. Die Gravitationswellendetektoren haben das Ereignis als Erste messen und so den anderen Observatorien und Messinstrumenten die Richtung weisen können, aus der das Signal gekommen war. »Wir erleben damit den Beginn einer echten Multi-Messenger-Astronomie«, erklärt der Experimentalphysiker Karsten Danzmann von der Universität Hannover. Zu dem bewährten Instrumentarium der Astronomie und Astrophysik kommt mit den Gravitationswellendetektoren ein ganz neues Werkzeug hinzu.

»Das Schöne an den Messungen der Gravitationswellen ist, dass es dem Hören so ähnelt«, erklärt Danzmann. Wenn sich Schall in Luft ausbreitet, wird die Luft gequetscht und gedehnt. Diese gestauchten und gestreckten Schallwellen erreichen unser Ohr, dort wird das akustische Signal in ein elektrisches umgesetzt. »Und genauso funktioniert das mit Gravitationswellen, nur dass hier nicht die Luft gequetscht und gedehnt wird, sondern der Raum.« Das Stauchen und Strecken des Raums verändert die Abstände zwischen den Dingen darin. »Wenn eine solche Gravitationswelle vorbeikommt, dann wird sie sich in einer Abstandsänderung zwischen ansonsten freien Körpern bemerkbar machen. Und genau die messen wir.« Laut Karsten Danzmann besteht aber ein Problem der Gravitationswellenphysik darin, dass der Raum unglaublich steif ist. »Selbst Gravitationswellen mit sehr hoher Energie quetschen und dehnen den Raum nur ein ganz kleines bisschen. Wenn zum Beispiel irgendwo in unserer kosmischen Nachbarschaft ein Stern als Supernova explodiert, ändert sich der Abstand Erde – Sonne um den Durchmesser eines Wasserstoffatoms.« Das entspricht in unseren Observatorien der Änderung einer Messstrecke um einen Tausendstel Protonenradius. »Das heißt, man muss schon sehr genau hinschauen, wenn man hier einen Effekt messen möchte«, sagt Danzmann. Das ist für ihn auch der Grund dafür, weshalb es seit Albert Einsteins Vorhersage von Gravitationswellen ein ganzes Jahrhundert gedauert hat, bis sie sich zum ersten Mal nachweisen ließen. »Wir hatten schlicht nicht die entsprechend empfindliche Messtechnik, um sie detektieren zu können.« Aufgrund der Fortschritte auf dem Gebiet der Laser-Interferometrie ist das nunmehr möglich. Eine Gravitationswelle führt zu einer kleinen Längenänderung der Messtrecke des Interferometers. Sie lässt sich in Form einer Phasenverschiebung der Laser-Lichtwelle, die die Messtrecke durchläuft, im Vergleich zu einem Kontrolllichtstrahl messen. Die aktuellen Gravitationswellendetektoren wie LIGO in den USA, Virgo in Italien oder KAGRA in Japan müssen allerdings dazu Messtrecken in der Größenordnung von Kilometern verwenden.

Das Einstein-Teleskop, dessen Bau zurzeit unter den Wissenschaftlern diskutiert wird, soll sogar noch größer und damit zehnmal empfindlicher werden. »Die aktuelle Generation von Gravitationswellendetektoren hat eindrucksvoll demonstriert, dass der Zusammenstoß zweier Neutronensterne mittels Laser-Interferometrie erfolgreich gemessen werden kann«, erklärt der Experimentalphysiker Achim Stahl von der Rheinisch-Westfälischen Technischen Hochschule (RWTH) Aachen. »Mit der nächsten Generation, wie dem Einstein-Teleskop, könnten wir ein Ereignis wie eine Neutronensternverschmelzung bereits Stunden zuvor erkennen.« Das würde Achim Stahl zufolge ermöglichen, die Teleskope der Multi-Messenger-Astronomie weltweit rechtzeitig auf den Ort des Geschehens auszurichten. »Wir könnten zukünftig nicht nur das Nachglühen sehen, sondern wären auch in der Lage, das Ereignis umfänglich zu beobachten – im optischen Bereich, im Radiobereich, über Neutrinos und kosmische Strahlung. Wir könnten genau untersuchen, was da im Detail passiert.«

Die Projektplanung des diskutierten Einstein-Teleskops ist das Ergebnis einer europäischen Designstudie. Aufgrund der aktuellen Erfolge der existierenden Detektoren hat dieses Forschungsgebiet einen enormen Schub erfahren. »Es besteht die große Hoffnung, dass das Einstein-Teleskop tatsächlich als internationales Forschungsvorhaben realisiert werden kann.« Ein möglicher Standort für das unterirdische Bauwerk, das die Form eines Dreiecks aus drei zehn Kilometer langen Tunnelröhren (und damit eine ähnliche Geometrie wie der ebenfalls geplante Weltraumdetektor LISA) haben soll, ist das Dreiländereck bei Maastricht.

Auch der Theoretiker Andreas Bauswein vom GSI Helmholtzzentrum für Schwerionenforschung in Darmstadt verfolgt die Entwicklung auf diesem Gebiet hochinteressiert. »Bei Gravitationswellen, verursacht durch Zusammenstöße von Neutronensternen und schwarzen Löchern, geht es um astrophysikalische Phänomene und Zustände, die extrem sind: extreme Geschwindigkeiten, extreme Energien, extreme Leuchtkräfte, sehr hohe Temperaturen. Das alles macht sie physikalisch außerordentlich interessant.« Bauswein und seine Kollegen hatten vorhergesagt, dass es bei Neutronensternverschmelzungen zur Synthese, also Erzeugung schwerer chemischer Elemente jenseits von Eisen kommt, siehe auch die nachfolgende Frage 34. Diese Synthese würde mit einem charakteristischen elektromagnetischen Signal einhergehen – genau wie es dann 2017 tatsächlich gemessen wurde. Durch die Messung von Gravitationswellen erhält die Astrophysik auch für Bauswein einen fundamental neuen Forschungsansatz, mit dem Phänomene wie besagte Neutronensternverschmelzungen beobachtet werden können. »Der ist einerseits mit ganz klassischen Fragestellungen aus der Astrophysik und Astroteilchenphysik verknüpft: Welche Massen haben schwarze Löcher? Welche Massen haben Neutronensterne? Können wir ihre Eigenschaften verstehen? Können wir die Entstehung solcher Doppelsternsysteme verstehen?« Zum anderen treten laut Bauswein auch neue Fragestellungen auf wie beispielsweise die nach dem Aufbau von Neutronensternen. »Wir sind ziemlich sicher, dass Neutronensterne nicht nur aus Neutronen bestehen, sondern auch aus anderen Teilchen wie Protonen, Elektronen, aber ebenfalls aus exotischeren Teilchen.« Damit kommen für Bauswein die Teilchenphysik sowie die Hadron- und Kernphysik ins Spiel. »Es bleibt zu klären, wie die Wechselwirkungen zwischen diesen Teilchen verlaufen. Zudem besteht durchaus die Möglichkeit, dass es bei den Baryonendichten, die wir in Neutronensternen vorfinden, einen Phasenübergang zu einer homogenen ›Quarkmaterie‹ gibt, dass sich die Nukleonen – die Neutronen und Protonen – also auflösen.« Das wäre Materie, die nur noch aus einem Quark-Gluon-Plasma besteht, siehe Frage 21. Auch für die Erforschung des Gravitationsgesetzes der allgemeinen Relativitätstheorie eröffnen sich Bauswein zufolge ganz neue Möglichkeiten. »Wir beobachten mit den Gravitationswellendetektoren nämlich einen ganz neuen Bereich der Gravitation. Es gibt durchaus eine Berechtigung zu spekulieren, ob es unter diesen extremen Bedingungen möglicherweise Abweichungen von der etablierten Theorie gibt.«

Auch aus Sicht des Experimentalphysikers Johannes Blümer, Bereichsleiter für Physik und Mathematik am Karlsruher Institut für Technologie (KIT), sind die Bedingungen wirklich extrem, unter denen die Ereignisse stattfinden, die zu den gemessenen Gravitationswellen führen. »In der Nähe von Neutronensternen oder schwarzen Löchern sind die Gravitationsfelder so stark, dass dort auch besondere Quantenphänomene auftreten.« Anders als in der Alltagsphysik lassen sich diese dann nicht mehr vernachlässigen. Bereits in den 1970er-Jahren hat sich der theoretische Physiker Stephen Hawking mit der Gravitationsphysik unter extremen Bedingungen auseinandergesetzt. »Hawking hat früh verstanden, dass Quantenphänomene in starken Gravitationsfeldern wie beispielsweise bei schwarzen Löchern eine große Rolle spielen.« So schlug er auch die Existenz der später nach ihm benannten Hawking-Strahlung vor. »Sie beruht auf dem Phänomen, dass im Vakuum ständig Teilchen-Antiteilchen-Paare entstehen, die sich dann anschließend wieder vernichten.« Die Netto-Energiebilanz dieser Annihilationsprozesse ist null. »So weit, so gut«, sagt Blümer, »jetzt kann es aber in der Nähe eines schwarzen Lochs passieren, dass eines dieser Quantenteilchen in das Loch stürzt, das andere jedoch nicht.« Es entkommt. Da aber stets Energieerhaltung gilt, muss im vorliegenden Fall die Masse des entkommenen Teilchens vom schwarzen Loch zurückgegeben werden. »Das heißt nichts anderes, als dass auch schwarze Löcher Teilchen abstrahlen«, erklärt Blümer – in Form der Hawking-Strahlung. Diese Strahlung lässt sich thermodynamisch beschreiben. »Ihre Intensität hängt von der Masse des schwarzen Lochs ab. Sie ist umso stärker, je kleiner beziehungsweise quantenhafter das jeweilige schwarze Loch ist.« Das führt dazu, dass schwarze Löcher keine unendliche Lebensdauer haben, sondern nach endlicher Lebensdauer »verdampfen« – was aber eine ganze Weile dauern kann. Das ist auch der Grund dafür, weshalb mikroskopisch kleine schwarze Löcher, wie sie bei Proton-Proton-Kollisionen am Teilchenbeschleuniger LHC am CERN entstehen könnten, prompt verschwinden würden. »Ihre Lebensdauer ist derart kurz, dass sie niemandem gefährlich werden können«, sagt Johannes Blümer und lacht. Ähnlich wie Karsten Danzmann sieht auch Johannes Blümer in der Gravitationswellenphysik eine Möglichkeit, den Nachhall des Urknalls buchstäblich hörbar zu machen. Dazu später bei der Frage 40 mehr.

FRAGE 34: WIE ENTSTEHEN DIE SCHWEREN ELEMENTE?

Von unserer Geburt aus Sternenstaub und woher das Gold kommt.

Sterne wie unsere Sonne verschmelzen während ihres langen Lebens leichte chemische Elemente wie Wasserstoff oder Helium zu schwereren Elementen und geben dabei Energie ab. Dieser Prozess wird als »stellare Nukleosynthese« bezeichnet. Bei Fusionsprozessen in massereicheren Sternen entstehen auf diese Weise chemische Elemente bis hin zu Eisen und Nickel. Wie und wo aber entstehen die schweren Elemente jenseits von Eisen wie zum Beispiel Gold, Blei oder Uran? Für den Physiker Karlheinz Langanke vom GSI Helmholtzzentrum für Schwerionenforschung in Darmstadt ist diese Frage auch deshalb so faszinierend, weil sie drei große Teilgebiete der Physik miteinander verknüpft – die Astrophysik, die Kosmologie und die Kernphysik. »Es gibt einen schrittweisen Aufbau der chemischen Elemente, der beim Wasserstoff startet, dem leichtesten Kern mit nur einer positiven Ladung, dem Proton.« Dieser Wasserstoff stammt aus der Materie des Urknalls. Durch die Fusion leichterer Kerne werden im Inneren von Sternen nach und nach immer schwerere Kerne erzeugt. So entstehen zum Beispiel auch Kohlenstoff und Sauerstoff – zwei Elemente, die eine entscheidende Grundlage für unser Leben auf der Erde bilden. »Dummerweise klappt diese Art der Nukleosynthese nicht bis hin zu Gold und Platin«, erklärt Langanke. »Man stößt nämlich auf das Problem, dass beim Erreichen von Eisen und Nickel, also etwa bei der Hälfte der chemischen Periodentafel, die höchsten Bindungsenergien pro Nukleon erreicht werden.« Dementsprechend wird in weiterer Folge der Kernfusion keine Energie mehr gewonnen, die aber notwendig ist, um die Abstoßung der positiv geladenen Protonen zu überwinden und die Kerne zu verschmelzen. Doch offensichtlich gibt es schwerere Elemente jenseits von Eisen. Was ist der physikalische Grund dafür?

»Im Prinzip ist der Mechanismus seit 60 Jahren bekannt«, sagt Karlheinz Langanke. »Dahinter steckt das Prinzip des Neutroneneinfangs – eine der Ideen des amerikanischen Physikers William Alfred Fowler zur Entstehung der Elemente im Universum, für die er 1983 den Nobelpreis erhalten hat.« Dabei konkurrieren zwei kernphysikalische Prozesse miteinander – der Neutroneneinfang und der Betazerfall. »Durch eine Reihe von Neutroneneinfängen erhöht sich die Anzahl der Nukleonen im Kern. Auf diese Weise lässt sich jedoch nur die Masse des Kerns erhöhen, nicht aber die Ladung, weil Neutronen ungeladen sind.« Um ein höheres Element im Periodensystem zu erhalten, muss sich auch die Ladung des Kerns erhöhen, das heißt, es muss ein Proton hinzukommen. »Das passiert durch den Betazerfall. Denn die einzige Wechselwirkung in der Natur, die eine Ladung ändern kann, ist die schwache Wechselwirkung.« Beim Betazerfall wandelt sich ein Neutron aus dem Kern in ein Proton um und sendet dabei ein Elektron und ein Neutrino aus. Als Beispiel führt Langanke das Nuklid (die Atomart) Eisen-58 an. »Ein solcher Eisenkern ist zunächst stabil, dann fängt er ein weiteres Neutron ein und gerät damit in das Gebiet der instabilen Kerne«, siehe auch Frage 24. Damit wird aus dem Eisenkern zunächst ein Eisen-59-Nuklid, das durch einen nachfolgenden Betazerfall zu Kobalt-59 wird. Daraufhin ereignet sich ein weiterer Neutroneneinfang, gefolgt von einem Betazerfall und so weiter. »Durch die Variation aus Neutroneneinfang und anschließender Umwandlung in ein Proton hangelt sich der Prozess entlang eines Tals der Stabilität der chemischen Elemente«, erklärt Langanke. »Dies ist der s-Prozess (für ›slow‹, langsam), der etwa die Hälfte der Kerne bis zum Blei produziert.« Er läuft im Inneren von älteren Sternen ab. »Wenn die Neutronendichte aber extrem hoch ist, können viele Einfänge erfolgen, bevor es zu einem Betazerfall kommt. Der Pfad verläuft in diesem Fall über extrem neutronenreiche Kerne, und der Prozess ist sehr schnell. Auf diese Weise werden schwere Isotope – Varianten eines Atoms – und die sogenannten Actiniden jenseits von Blei erzeugt. Der dahinterliegende Vorgang wird als r-Prozess (für ›rapid‹, sprich: schnell) bezeichnet.« Neutroneneinfangprozesse können sich theoretisch in kälteren oder heißeren Sternsystemen vollziehen. Bei extrem hohen Temperaturen spielen zudem Zerlegungsreaktionen der Kerne durch hochenergetische Photonen eine Rolle. Dabei werden Nukleonen aus Kernen herausgeschlagen, die auf diese Weise ebenfalls zur Umwandlung des Kerns beitragen. »Entscheidend ist, dass der Neutroneneinfang gewissermaßen im Wettbewerb mit dem Betazerfall steht und der schnellere Prozess gewinnt.«

Begünstigt wird der Neutroneneinfang durch sehr hohe Neutronendichten. »Es braucht also eine Umgebung, in der sich entsprechend viele Neutronen einfangen lassen, bis sich irgendwann ein Kern bildet, der einen Betazerfall durchlebt.« Doch wo findet sich eine derart neutronenreiche Umgebung, dass sogar der r-Prozess stattfindet, der maßgeblich für die Entstehung von schweren Kernen jenseits von Eisen verantwortlich ist? »Simulationen aus der Kern- und Hadronphysik zeigen, dass anders als lange Zeit angenommen die Bedingungen in Sternexplosionen wie einer Supernova nicht ausreichen, um Neutronendichten für diesen r-Prozess hinreichend lange vorzuhalten«, erklärt Langanke. »Erst im August 2017 konnte der wahrscheinliche Entstehungsort schwerer Kerne jenseits von Eisen durch diesen Prozess identifiziert werden.« Damals registrierten die beiden Gravitationswellendetektoren LIGO und Virgo Gravitationswellen, die aus der etwa 130 Millionen Lichtjahre entfernten Galaxie NGC 4993 stammten. Die Massen zweier dort verschmelzender Objekte hatten nach Schätzungen der Forscher etwa jeweils die 1,1- bis 1,6-fache Masse der Sonne – typische Werte für Neutronensterne. Anschließend beobachteten mehr als 60 astronomische Observatorien auf der Erde und im erdnahen Orbit die Lichtsignale der Sternverschmelzung in verschiedenen Wellenlängenbereichen. In länderübergreifender Zusammenarbeit konnten die Wissenschaftler verschiedene Details dazu herausfinden. »Erstens zeigte die Gravitationswellenmessung, dass es sich um eine Neutronensternverschmelzung handeln musste. Und zweitens wurde ein elektromagnetisches Signal durch die Kernprozesse hervorgerufen, wie wir es bei der Produktion von schweren Elementen durch den r-Prozess vorhersagen«, siehe auch die vorangegangene Frage 33. Für Karlheinz Langanke ein schier unglaublicher Erfolg einer internationalen Forschergemeinschaft.

Das bestätigt auch der theoretische Physiker Thomas Janka vom Max-Planck-Institut für Astrophysik (MPA). »Auch deshalb, weil ein derartiges Ereignis sehr selten stattfindet.« Nach seiner Schätzung passiert eine Neutronensternverschmelzung pro Galaxie ungefähr einmal in hunderttausend Jahren. »Wenn ein solches Ereignis tatsächlich die eigentliche Ursache für die Entstehung von schweren Elementen jenseits von Eisen ist, vielleicht sogar die einzige wesentliche, dann müsste – angesichts der geschätzten Masse dieser Elemente in unserer Galaxie – bei jedem Verschmelzungsereignis etwa eine Hundertstel Sonnenmasse solcher Materie produziert werden.« Das entspricht etwa zehn Jupitermassen, die alle hunderttausend Jahre in jeder Galaxie bei einer Neutronensternverschmelzung an schweren Elementen jenseits von Eisen produziert werden.

Aber was macht Neutronensterne so besonders? »Ein Neutronenstern besteht zu 90 Prozent aus Neutronen und zu zehn Prozent aus Protonen«, erklärt Janka. »Er ist somit ein dicht gepackter, riesiger Atomkern mit einem Durchmesser von etwa 20 Kilometern.« Ungefähr 10^{57} Nukleonen stecken darin. »Die Nukleonen pappen dicht aufeinander.« Wie schwer ist ein solcher Neutronenstern und wie sieht er aus? »Ein Teelöffel Neutronensternmaterie wiegt etwa 10^{14}

Gramm – sprich 100 Millionen Tonnen. Er enthält Neutronen und Protonen, Letztere stecken unserem Verständnis nach zum größten Teil im Kernbereich des Sterns.« Um den Kern herum gibt es laut Janka vermutlich eine dünne äußere Kruste, die rund einige hundert Meter dick ist. »In dieser kann eine Art Kristallgitter aus Eisenatomkernen auftreten, immer noch hochkonzentriert, aber vielleicht zehntausend- bis hunderttausendmal weniger dicht als das Zentrum des Neutronensterns.« Diese Kruste umgibt eine dünne Atmosphäre aus heißem, ionisiertem Gas von vielleicht einem Zentimeter Dicke. »Im innersten Kern des Neutronensterns können Dichten herrschen, die zehnmal höher sind als in einem Atomkern. Hier wissen wir sehr wenig über die physikalischen Verhältnisse.«

Laut Thomas Janka gibt es für diese Bedingungen noch keine endgültige theoretische Beschreibung. »Es existieren lediglich heiß diskutierte spekulative Vorschläge.« Janka zufolge ist immer noch nicht ganz klar, wie die Nukleonen in einem Neutronenstern miteinander wechselwirken. »Es gibt hier zahlreiche ungeklärte Fragen. Daher wissen wir auch nicht genau, wie die Materie im Zentrum eines Neutronensterns aussieht. Es könnte Quarkmaterie vorliegen, also quasi-freie Up- und Down-Quarks (siehe Frage 27), aber es sind auch andere exotische Zustände vorstellbar, zum Beispiel eine Materie, in der sogenannte Strange-Quarks eine Rolle spielen.«

Neutronensterne emittieren auf verschiedene Arten und Weisen Teilchen. »Ein Neutronenstern ist, auch wenn es sich um einen Sternrest handelt, nicht völlig kalt. Innerhalb der ersten Minute nach seiner Entstehung kühlt er durch Emission, das heißt durch Abstrahlung immenser Neutrinoflüsse ab.« Und zwar von Anfangstemperaturen bis zu 500 Milliarden Kelvin auf unter zehn Milliarden Kelvin. »Bei dieser Temperatur wird der Neutronenstern für die Neutrinos transparent.« Durch weitere Neutrinoemissionen kühlt er in den folgenden tausend Jahren zunehmend ab. Danach strahlt er hauptsächlich hochenergetische Photonen im Röntgenbereich aus. Neutronensterne werden seit dem Ende der 1960er-Jahre beobachtet, darunter sogenannte Pulsare – pulsierende Radioquellen, die in den sie umgebenden ionisierten Gasnebeln eine charakteristische Synchrotronstrahlung erzeugen.

Wie für Karlheinz Langanke ist auch für Thomas Janka das astrophysikalische Ereignis des Jahres 2017 von besonderer Art. »Hier kam vieles zusammen: Die Gravitationswellen wurden gemessen, dann wurde ein kurzer Gammablitz aufgezeichnet, dazu auch noch eine sogenannte Kilonova. Das ist der Helligkeitsausbruch eines verschmelzenden Doppelsternsystems im sichtbaren Bereich, der als Begleiterscheinung des radioaktiven Zerfalls der im r-Prozess produzierten schweren Elemente vorhergesagt worden war. Dies alles konnten wir gleichzeitig beobachten.« Für Janka ein sensationeller Fund der Wissenschaft. »Auch deshalb, weil die Neutronensternkollision und dieser Gammablitz in rund hundert Millionen Lichtjahren Entfernung ein verhältnismäßig erdnahes Ereignis gewesen ist, viel näher, als wir es statistisch zu hoffen gewagt hätten.« Nach Fertigstellung der FAIR-Beschleunigeranlage bei der GSI in Darmstadt (siehe auch Frage 24) sollen solche neutronenreichen schweren Kerne, wie sie bei Neutronensternkollisionen entstehen, endlich ins Labor geholt werden.

FRAGE 35: GIBT ES EINE KOSMISCHE ZENSUR?

Weshalb wir mit schwarzen Löchern und Singularitäten ein Problem haben, die Natur aber nicht.

Die sogenannte kosmische Zensur versteckt eine Singularität in einem schwarzen Loch. Ein schwarzes Loch entsteht zum Beispiel, wenn ein sehr massereicher Stern kollabiert und der Zusammenfall nicht mehr aufgehalten werden kann. Am Ende bildet sich in seinem Inneren ein Ort unendlich großer Raumzeitkrümmung – eine sogenannte Singularität. Grundsätzlich erlaubt die allgemeine Relativitätstheorie unter bestimmten Bedingungen Singularitäten – das besagt das »Singularitäten-Theorem« –, mathematische Unendlichkeiten also, die es in der Natur aber nicht wirklich gibt. Eine Singularität ist im Grunde nur ein mathematisches Artefakt (also etwas Künstliches), mit dem zum Ausdruck gebracht wird, dass die formale Beschreibung der Physik an dieser Stelle nicht funktioniert. In den Theorien der Astrophysik finden sich Singularitäten typischerweise hinter »Ereignishorizonten«. Alles, was sich hinter der Grenze eines solchen Horizonts abspielt, hat keinerlei Wirkung auf einen außenstehenden Beobachter – er erfährt sozusagen nichts davon.

Der Begriff der »kosmischen Zensur« geht auf eine theoretische Arbeit des englischen Physikers und Mathematikers Roger Penrose aus den 1960er Jahren zurück, an der auch der bekannte Astrophysiker Stephen Hawking beteiligt war. »Ausgangspunkt der Überlegung ist ein kugelsymmetrisches ungeladenes schwarzes Loch«, erklärt der theoretische Physiker Claus Kiefer von der Universität Köln. »Solche schwarzen Löcher nennt man auch Schwarzschild-Löcher.« Sie sind nach dem Astronomen Karl Schwarzschild benannt, der sie Anfang des 20. Jahrhunderts erstmalig mathematisch beschrieben hat. Wenn ein Stern zu einem solchen (idealen) Schwarzschild-Loch kollabiert, kann man die eigentliche Singularität nicht sehen – man sieht nur indirekt ihren Horizont. »Tatsächlich gibt es brandaktuelle Bilder zu einem schwarzen Loch, wenngleich hier bloß ›der Schatten‹ des Lochs weit draußen im Kosmos zu sehen ist«, sagt Kiefer. Bei diesem Objekt handelt es sich um das supermassereiche schwarze Loch M 87* im Zentrum der etwa 55 Millionen Lichtjahre entfernten Galaxie Messier 87, das im Jahr 2017 im Rahmen des wissenschaftlichen Projekts »Event Horizon Telescope« (EHT) erstmals beobachtet wurde. Dazu wurden Aufnahmen von mehreren, über die ganze Erde verteilten Radioteleskopen kombiniert, um das weit entfernte astronomische Objekt bestmöglich auflösen zu können. »Das, was im Inneren des schwarzen Lochs passiert, ist kausal vom äußeren Geschehen abgetrennt.« Es gibt somit keinen ursächlichen Zusammenhang zwischen innen und außen. »Das heißt, wir können grundsätzlich von außen nicht sehen, was sich im Inneren des schwarzen Lochs abspielt, geschweige denn etwas von der besagten Singularität erkennen, die uns die allgemeine Relativitätstheorie vorhersagt. Ihr Erscheinen ist zensiert – und so ist dieser Begriff der kosmischen Zensur auch zu verstehen. Die Singularität ist sozusagen ›bekleidet‹ und unsichtbar.«

Doch laut Claus Kiefer bleibt die Frage offen, ob die kosmische Zensur einen allgemeinen Fall bei schwarzen Löchern beschreibt. Theoretisch denkbar sind auch sogenannte »nackte« Singularitäten, die nicht durch einen Ereignishorizont abgeschirmt sind und die somit beobachtbar wären. »Die sphärische Symmetrie eines Schwarzschild-Loches ist sehr speziell. Doch was ist, wenn ein schwarzes Loch unsymmetrisch kollabiert? Treten dort trotzdem Singularitäten auf?«, fragt Kiefer. »Die kosmische Zensur ist eine Hypothese – es gibt aber in der Wissenschaftsgemeinschaft viele Kollegen, die sagen, es bilde sich auch bei einem realistischen Kollaps grundsätzlich ein solcher Horizont aus, hinter dem die Singularität verborgen bleibt«, erklärt Kiefer und verweist auf die laufende Diskussion zum Singularitäten-Theorem. Doch für Kiefer ist die Frage nach der Existenz der kosmischen Zensur möglicherweise ohnehin obsolet. »Unter Einbeziehung der Quantengravitation (siehe Frage 7) verschwindet die Singularität als mathematisches Phänomen vermutlich sowieso – unabhängig davon, ob sie nun sichtbar ist oder nicht.« Kiefer ist der Ansicht, dass die Einbeziehung einer Quantengravitation in die allgemeine Relativitätstheorie dafür sorgen dürfte, dass nichts in dem schwarzen Loch – ob kugelsymmetrisch oder nicht – im mathematischen Sinne singulär werden kann. »Damit würde sich das Problem der kosmischen Zensur von selbst erledigen, weil wir mathematisch keine Singularität hätten und sie folglich auch nicht verborgen sein könnte.« Weder vor noch hinter einem Ereignishorizont.

TEIL 12

DIE KOSMOLOGIE

Wo geheimnisvolle Kräfte ihre Hände im Spiel haben

Die Kosmologie ist die Lehre vom Weltall als einem einheitlichen Ganzen. Auf der Grundlage astronomischer und astrophysikalischer Beobachtungen von der Antike bis zur Gegenwart und einer modernen Multi-Messenger-Astronomie untersucht die Kosmologie die Entstehung, die Entwicklung, das Alter, die Ausdehnung, die Zusammensetzung und die Struktur des Kosmos. Die theoretische Grundlage bildet die allgemeine Relativitätstheorie von Albert Einstein. Mit der Entdeckung, dass das Universum aus einer Vielzahl von Galaxien besteht, sowie der Erkenntnis, dass die Struktur des Raums allgemein durch eine »nicht-euklidische« Geometrie beschrieben werden kann, in der sich das Universum als unbegrenzt und gekrümmt darstellt, entwickelt sie sich zu einem eigenständigen Teilgebiet der Physik. Einen Schub erfährt die Kosmologie in den 1920er-Jahren durch die Beobachtung des amerikanischen Astronomen Edwin Hubble, dass sich weit entfernte Galaxien voneinander entfernen, sowie durch die Entdeckung der kosmischen Mikrowellenhintergrundstrahlung durch die amerikanischen Physiker Arno Penzias und Robert Woodrow Wilson in den 1960er-Jahren und ihrer Deutung als Nachglühen des Urknalls (englisch: »Big Bang«). Das führt zu der Erkenntnis, dass das Weltall expandiert, sich also ausdehnt und somit zeitlich veränderlich ist. Das Universum unterliegt demnach – ähnlich wie das Leben – einer Evolution.

Die Teilchenphysik ist eng mit der frühen Entwicklung des Universums verknüpft, weil kurz nach dem Urknall alle Sorten von Elementarteilchen erzeugt wurden und eine extrem heiße und dichte »Ursuppe« bildeten. Die Untersuchung von Teilchenreaktionen bei höchsten Energien ist deshalb auch immer ein Blick zurück in die Anfangszeit des Universums. Teilchenbeschleuniger wie der »Large Hadron Collider« (LHC) der Europäischen Organisation für Kernforschung CERN in Genf reproduzieren also ständig frühe Entwicklungsphasen des Universums im Labor. Heute befinden wir uns in einem kühlen, expandierenden Universum. Ende der 1990er-Jahre wird durch die Beobachtung einer beschleunigten Expansion auf ein Phänomen geschlossen, das für die Entwicklung des Universums möglicherweise entscheidend ist – die dunkle Energie.

FRAGE 36: WAS IST DIE DUNKLE ENERGIE?

Was unser Universum auseinandertreibt und wofür wir keine Worte finden.

Mit dem Begriff der dunklen Energie wird die mysteriöse Ursache dafür umschrieben, dass das Universum – auf größten Skalen betrachtet – immer schneller expandiert. Es scheint, als würde eine »dunkle Energie« diese Beschleunigung bewirken. »Das ist das Gegenteil von dem, was man von einem auseinanderdriftenden Universum erwartet«, sagt der Astrophysiker Matthias Bartelmann von der Universität Heidelberg. »Die Gravitation, die zwischen all den Galaxien anziehend wirkt, sollte eigentlich die Ausdehnung des Universums verlangsamen. Aber offensichtlich tut sie das nicht.« Um die beschleunigte Expansion bestimmen zu können, müssen Entfernungen und Geschwindigkeiten von astrophysikalischen Objekten gemessen werden. Die ersten Beobachtungen, die diese Beschleunigung empirisch belegen, waren Messungen an Supernovae – besonders hellen, explodierenden Sternen. »Die Entfernungsmessung ist dabei der eine Punkt«, erklärt Bartelmann, »der andere ist, dass ich die Entfernung mit dem Doppler-Effekt beziehungsweise der Rotverschiebung in Verbindung setzen muss.« Das Licht eines sich bewegenden astronomischen Objekts wird in Vorwärtsrichtung in den kurzwelligen (blauen) und in Rückwärtsrichtung in den langwelligen (roten) Bereich des Frequenzspektrums verschoben. Die Ursache dafür ist der Doppler-Effekt, den wir auch als akustisches Phänomen aus unserem Alltag kennen, wenn beispielsweise die Sirene eines Polizeiwagens an uns vorüberfährt – sie ertönt mit höherer Frequenz, wenn sie sich auf uns zubewegt – die Schallwellen werden gestaucht, und mit tieferer Frequenz, wenn sie sich von uns wegbewegt – die Schallwellen werden gestreckt. »Ich brauche die Rotverschiebung des optischen Doppler-Effekts, um festzustellen, vor wie langer Zeit das Signal des astrophysikalischen Objekts abgeschickt wurde, das ich heute empfange. Und ich benötige die Entfernungsmessung, um festzustellen, welcher Distanz eben dieses Zeitintervall entspricht.« Die kosmischen Entfernungsmessungen sind allerdings äußerst kompliziert. »Weil Entfernungen in Betracht gezogen werden müssen, die etwa die Hälfte des beobachtbaren Universums überbrücken.« Entfernungen, die also unsere halbe kosmische Geschichte enthalten. »Dabei hat man nun festgestellt: Die Entfernungen nehmen offenbar im Laufe der kosmischen Entwicklung beschleunigt zu. Das ist der grundlegende Befund, dem wir gegenüberstehen.«

Für Bartelmann verhält sich die Gravitation so, als würde sie auf großen Skalen abstoßend wirken. »Die fundamentale Frage für uns ist, wie und unter welchen Voraussetzungen kann Gravitation abstoßend wirken?« Die grundlegende Theorie dazu ist die allgemeine Relativitätstheorie von Albert Einstein. »Sie stammt aus dem Jahr 1915. Wir wissen aber seit Anfang der 1970er-Jahre, dass jede Gravitationstheorie von der Art der allgemeinen Relativitätstheorie sowohl einen anziehenden als auch einen abstoßenden Anteil enthalten kann.« Dies zeigen die Theoreme des britischen Mathematikers und theoretischen Physikers David Lovelock. Dass die Gravitation theoretisch auch abstoßend wirken kann, liegt also laut Bartelmann bereits in der allgemeinen Relativitätstheorie begründet. »Doch wie kann es sein, dass diese Abstoßung erst bei großen kosmologischen Skalen wirksam wird?« Auf kleinen Skalen, bei kleinen Abständen also, ist der Effekt nicht nachweisbar. »Vielleicht ist die allgemeine Relativitätstheorie gar nicht die richtige Theorie, oder wir müssen diese scheinbar oder tatsächlich wirkende Abstoßung anders erklären, als es die allgemeine Relativitätstheorie tut.«

Der einfachste Ansatz ist aus Sicht von Matthias Bartelmann, Einsteins »kosmologische Konstante« wieder zum Leben zu erwecken. Albert Einstein hatte diese Konstante in die Gleichungen der allgemeinen Relativitätstheorie eingeführt, um ein statisches (unbewegtes) Universum zu beschreiben – wovon man damals fest überzeugt war. Nach der Entdeckung der Expansion des Universums setzten er und andere die Konstante jedoch auf Null, wodurch das Weltall in den Berechnungen notwendigerweise expandieren oder kollabieren muss. »Die abstoßende Wirkung könnte aber eben genau von dieser kosmologischen Konstanten quantifiziert werden. Damit stößt man unmittelbar auf die Frage, die wir im Übrigen nicht verstehen, wieso nämlich diese kosmologische Konstante so klein ist.« Jüngste Beobachtungen weisen auf einen sehr kleinen positiven Wert. Die Konstante wirkt wie eine dunkle Energie, wie ein zweiter, schleichender Urknall beschleunigt sie in der derzeitigen Phase der kosmischen Entwicklung die Expansion des Universums.

Ein anderer Ansatz der Forschung ist laut Bartelmann die Annahme einer dynamischen Konstanten. Der theoretische Physiker Christof Wetterich, ebenfalls von der Universität Heidelberg, hatte bereits 1987 eine dynamische dunkle Energie vorgeschlagen, die heute als Quintessenz bezeichnet wird – wie das fünfte, »ätherische« Element der alten Griechen (siehe auch das Gespräch mit ihm zur Frage 11). Für Matthias Bartelmann entspringt diese Idee bereits einer etwas unorthodoxeren Denkrichtung. »Weil man weggeht von der kosmologischen Konstanten als einer strikten Konstanten und eine kompliziertere Erklärung sucht, nämlich unter Annahme einer dynamischen Entwicklung.« Aber es bleibt die Frage, was sich da eigentlich dynamisch entwickelt. Ein skalares Hintergrundfeld wie das Higgs-Feld (siehe Frage 25)? Oder eine Substanz wie der Äther im Elektromagnetismus des 19. Jahrhunderts? Oder gibt es eine fünfte fundamentale Wechselwirkung?

»Eine dritte Denkrichtung behauptet, dass die allgemeine Relativitätstheorie auf diesen großen Skalen schlicht noch nicht die richtige Theorie ist.« Muss sie entsprechend erweitert beziehungsweise modifiziert werden? »Um auf diesem Gebiet weiterzukommen, sind wir auf extrem genaue Messungen von Entfernungen oder Rotverschiebungen möglichst vieler astrophysikalischer Objekte angewiesen«, erklärt Bartelmann. Dafür werden inzwischen zahlreiche Satellitenprojekte betrieben beziehungsweise gestartet, wie zum Beispiel das eROSITA-Projekt – ein satellitengestütztes Teleskop, das seit 2019 Röntgenlicht aus dem Kosmos vermisst – oder das Weltraumteleskop Euclid, das zukünftig Beobachtungen im sichtbaren und im infraroten Bereich vornehmen und dafür in den nächsten Jahren ins All geschossen werden soll. »Doch zurzeit tappen wir hinsichtlich unserer Erklärungen noch völlig im Dunkeln«, muss Matthias Bartelmann zugeben.

Für den theoretischen Physiker Martin Pohl vom Deutschen Elektronen-Synchrotron DESY ist die dunkle Energie ebenfalls völlig rätselhaft. »Die kosmologische Konstante wirkt sich in unseren Rechnungen so aus wie ein zusätzlicher Stoff, der sich anders verhält als normale Materie.« In einem normalen Gas, das expandiert, nimmt der Thermodynamik entsprechend der Druck ab. »Doch diese Konstante verhält sich wie etwas, das bei Expansion einen Druck auf das Gesamtsystem ausübt. Das ist schon ein bisschen verrückt.« Martin Pohl sieht eine Erklärung darin, dass Eigenschaften des Vakuums zu diesem Effekt führen – eine Art Vakuumdruck, wie wir ihn beim Casimir-Effekt erleben (siehe Frage 10), wir kommen bei Frage 40 nochmals darauf zu sprechen. Aber sind dies universelle, zeitlose, konstante Eigenschaften, die immer schon gegolten haben? »Die Effekte, die wir gerade beobachten, entsprechen möglicherweise nur einem Jetzt-Zustand.« Für Martin Pohl besteht ein großes Problem der aktuellen Forschung darin, dass es unglaublich viele Modellvorstellungen gibt, die das Phänomen physikalisch zu erklären versuchen, aber keine Messungen, die in eine bestimmte Richtung weisen. »Es gibt ein Riesenspektrum an spekulativen Möglichkeiten, doch es fehlen die empirischen Hinweise.«

Für Pohl ein echtes Rätsel, das ihn aber nicht verzweifeln lässt. In der Physik war es seiner Meinung nach schon häufig so, dass Zusammenhänge phänomenologisch erfasst und als Ausgangslage für physikalische Überlegungen verwendet wurden, obwohl die Ursachen dahinter zunächst unklar blieben. »Der gute alte Johannes Kepler beschrieb im 17. Jahrhundert die Bewegung der Planeten um die Sonne empirisch mit drei einfachen Regeln. Etwas, das sich bis dahin nur äußerst kompliziert berechnen ließ.« Und diesen Ansatz sieht Pohl auch bei der Erforschung der dunklen Energie. »Wir können die fundamentalen Zusammenhänge physikalischer Größen aus Messungen bestimmen, obwohl wir keine geschlossene Modellvorstellung haben. Die brauchen wir auch erst einmal nicht, um diese Zusammenhänge zu beobachten und zu nutzen.« Das entspricht einem phänomenologischen Verständnis von der Welt, das darauf verzichtet, die Ursache hinter dem Mechanismus zu erklären. »Obwohl Kepler keine Idee hatte, weshalb die Regeln der Planetenbewegung um ein Zentralgestirn gelten, konnte er sie aufstellen.« Die Erklärung dafür erfolgte erst hundert Jahre später durch Isaac Newton und sein Gravitationsgesetz. »Genauso so etwas kann uns heute mit der dunklen Energie passieren – obschon die Gemengelage mathematisch und physikalisch etwas komplexer sein mag.«

FRAGE 37: WELCHE GESTALT HAT DAS UNIVERSUM UND WOHIN DEHNT ES SICH AUS?

Wobei sich zeigt, dass die Frage möglicherweise ganz anders gestellt werden muss.

Der Experimentalphysiker Johannes Blümer vom Karlsruher Institut für Technologie (KIT) hat auf diese Frage eine knappe Antwort. »Die Gestalt des Universums ist in allen Richtungen die gleiche und dahin dehnt es sich auch gleichmäßig aus.« Doch Blümer gibt zu, dass diese Antwort einer Erläuterung bedarf, und zwar insbesondere mit Blick auf aktuelle Informationen der Multi-Messenger-Astronomie. »Unser Bild vom Universum ist ja schon sehr alt.« Seit frühester Zeit betrachten die Menschen den Himmel, ziehen ihre Schlussfolgerungen daraus und bringen wiederkehrende Ereignisse miteinander in Verbindung. »Wir verwenden dabei seit jeher Lichtsignale, also Lichtteilchen, die aus dem Universum kommen und mit bloßem Auge zu sehen sind.« Dazu zählt das Licht der Sterne, das reflektierte Licht der Planeten unseres Sonnensystems oder auch das Licht von leuchtenden Gaswolken im interstellaren Raum zwischen den Sternen. Zu sehen sind gelegentlich auch vorübergehende Ereignisse wie die Explosion eines Sterns – wie man heute weiß. »Alles in allem also Signale, die kommen und gehen. Und seit fast hundert Jahren sind wir in der Lage, außer diesen Lichtteilchen auch andere Botenteilchen (englisch: ›messenger‹) zu vermessen und zu beobachten.«

Ein wichtiger Fortschritt in der Astronomie bestand laut Blümer darin, optisches Licht über längere Zeiträume mittels fotografischer Platten zu sammeln und somit auch schwächere Signale nachweisen zu können. Messungen über das gesamte Spektrum der elektromagnetischen Wellen hinweg ließen den Begriff der »Multi-Wavelength Astronomy« entstehen, also der Astronomie der verschiedenen

Wellenlängen. »Denn in den verschiedenen Wellenlängen stecken unterschiedliche Informationen.« Tatsächlich fand eine Erweiterung über das sichtbare Licht hinaus hin zu der Strahlung statt, die mit dem bloßen Auge nicht mehr zu sehen ist, wie Ultraviolett-, Infrarot-, Radio-, Röntgen- oder Gammastrahlung. »Und seit nunmehr 50 bis 60 Jahren dämmert uns, dass die Elementarteilchen und die fundamentalen Wechselwirkungen zwischen ihnen die großräumigen Strukturen im Universum bestimmen. Für mich persönlich war die Supernova im Jahr 1987 ein ganz dramatisches Erlebnis.« Damals wurde die Explosion eines Sterns in der Großen Magellanschen Wolke, einer kleinen Nachbargalaxie der Milchstraße, auf der Erde beobachtet. »Es sind dabei 10^{53} Neutrinos emittiert worden. Ein gutes Dutzend davon konnten wir mit Neutrinodetektoren wie im Kamiokande-Experiment in Japan auf der Erde registrieren und messen.« Das zeigt für Johannes Blümer, dass die Beobachtung des Universums und die Physik der Elementarteilchen Hand in Hand gehen müssen, um den Kosmos zu verstehen. Dafür bieten sich inzwischen nicht nur optische Lichtteilchen mit Energien im Elektronenvoltbereich (eV) oder geringer an, sondern auch Photonen aus extremen Energiebereichen bis hin zu vielen Gigaelektronenvolt (GeV), Teraelektronenvolt (TeV) oder noch höheren Energien. Aber eben auch Neutrinos, wie überhaupt die kosmische Teilchenstrahlung, und seit Kurzem auch die Gravitationswellen (siehe Frage 33). »Wir sollten schließlich nach Möglichkeiten suchen, die dunkle Materie direkt zu vermessen – die Materie, aus der das Universum zu einem Großteil besteht.«

Es lässt sich beobachten, dass das Weltall auf großen Skalen in allen Richtungen ähnlich aussieht und sich weiter ausdehnt. »Isotrop (also gleich in allen Richtungen) ist es auf den ganz großen Skalen, sagen wir im Bereich von Milliarden Lichtjahren. Wenn wir dagegen in unsere kosmische Nachbarschaft schauen, dann sehen wir ausgeprägte Strukturen.« Unser Sonnensystem und die Milchstraße, sprich unsere eigene Galaxie. »Wir sehen andere Galaxien in unserer lokalen Gruppe innerhalb der nächsten zwei bis drei Millionen Lichtjahre, die kosmologisch betrachtet direkt um die Ecke liegen.« Johannes Blümer zufolge ist zu beobachten, dass sich Galaxien und Galaxienhaufen in großräumigen Strukturen anordnen, in sogenannten Filamenten. »Dazwischen gibt es Leerräume, es gibt Knotenpunkte, aber es wird immer gleichmäßiger, je größer die Skala ist, auf der man das Universum betrachtet.«

Den Elementarteilchen kommt bei der Strukturierung des Universums eine besondere Rolle zu. »Der ursprüngliche Zustand des Universums kurz nach dem ›Big Bang‹ muss sehr homogen gewesen sein – sehr gleichmäßig, sehr symmetrisch.« Aber Blümer zufolge eben nicht vollständig symmetrisch und homogen. »Die Vorstellung ist, dass kleine Fluktuationen, möglicherweise schon Quantenfluktuationen ausreichen, um dem frühen Universum eine etwas ungleichmäßige Dichtestruktur aufzuprägen.« Das ganze Gebilde expandiert, kühlt sich dabei ab und bei diesem Vorgang fiel den Neutrinos offenbar schon sehr früh eine besondere Rolle zu. »Weil sie die leichtesten, massebehafteten Elementarteilchen sind, die wir bisher kennen.« Deshalb waren wohl auch Neutrinos als erste in der Lage, sich über große Distanzen frei zu bewegen. Und dabei haben sie vorhandene Strukturen tendenziell »ausgewaschen«. Dabei spielt Blümer zufolge auch eine Rolle, wie viele verschiedene Neutrinosorten es gibt, aber auch, welche Masse diese Neutrinos haben (siehe Fragen 26, 27 und 30). »Die Abkühlzeit des Universums nach dem Urknall hängt von der Anzahl der thermodynamischen Freiheitsgrade ab. Jedes Teilchen trägt seine Freiheitsgrade bei. Wenn nun, wie in einigen Theorien jenseits des Standardmodells angenommen, mehr als drei Neutrinosorten kurz nach dem Urknall da gewesen wären, dann hätte es mehr Freiheitsgrade gegeben, und Expansion und Abkühlung wären schneller verlaufen als mit den uns bekannten drei Neutrinosorten.« Das hätte sich aber laut Blümer in der frühen Entwicklungsphase des Universums bei der Heliumproduktion bemerkbar gemacht. »Sie wäre viel stärker ausgefallen, es wäre mehr Helium entstanden als heute beobachtet.«

Wie auch immer, die Kosmologen geben für die uns bekannten drei Neutrinosorten Massengrenzen an, die deutlich unter den gegenwärtig gemessenen Obergrenzen liegen. »Deswegen sind auch direkte Messungen der Neutrinomasse wie die am KATRIN-Experiment für die Kosmologen hochinteressant«, erklärt Blümer, »es lassen sich damit nämlich kosmologische Vorhersagen überprüfen.«

Für den Astrophysiker Matthias Steinmetz vom Leibniz-Institut für Astrophysik in Potsdam (AIP) ist die Frage nach der Gestalt und Ausdehnung des Universums nicht eindeutig zu beantworten. »Wie soll ich sagen – eigentlich muss es sich gar nicht irgendwohin ausdehnen.« Steinmetz vergleicht das Universum mit der Oberfläche eines Luftballons. »Wenn ich ihn aufblase, passiert genau das, was ich zu beschreiben versuche – der Ballon dehnt sich in eine dritte Dimension aus.« Ein hypothetisches Wesen jedoch, das auf der zweidimensionalen Ballonoberfläche lebt, kann diese dritte Dimension nicht sehen oder nachweisen. »Alles, was für das Wesen existiert, befindet sich auf der Ballonoberfläche.« Den Raum gibt es aus Sicht dieses Wesens nur als mathematisches Konstrukt. »Genauso ist es mit dem Universum.« In der Mathematik wird das als Einbettung in höherdimensionale Räume bezeichnet. »Aufgrund unseres Alltagsdenkens drängt sich die Vorstellung von der Ausdehnung in eine Umgebung auf, aber mathematisch ist sie möglicherweise gar nicht notwendig, gar nicht zwingend oder vielleicht sogar gar nicht möglich.« Genau das beschreibt Steinmetz zufolge die Ballonanalogie sehr gut. Das Universum dehnt sich aus, die Abstände werden größer, aber es muss sich kein Volumen außen herum befinden. »Es kann – es muss aber nicht. Und das werden wir, so meine Vermutung, niemals herausfinden.« Es sei denn über Prozesse in Extradimensionen (siehe auch Frage 5), wie sie am Teilchenbeschleuniger LHC der Europäischen Organisation für Kernforschung CERN in Genf untersucht werden. Dabei wird erforscht, ob Neutrinos möglicherweise »Abkürzungen« durch Eintauchen in höhere Dimensionen nehmen können. Veranschaulichen kann man sich dies mit dem Weg eines Neutrinos vom Nord- zum Südpol der Erde: Auf der zweidimensionalen Erdoberfläche müsste es den halben Erdumfang von 20.000 Kilometern zurücklegen, in drei Dimensionen kann es abkürzen und die Erde durchqueren, wobei nur der Erddurchmesser von 13.000 Kilometern zurückzulegen ist.

Tatsächlich beobachten wir, dass sich Galaxien umso schneller von uns fortbewegen, je weiter sie von uns weg sind. Das lässt sich aus der kosmologischen Rotverschiebung des Lichts dieser Objekte schließen (siehe auch Frage 36). »Die einfachste Erklärung dafür ist ein Raum, der sich homogen ausdehnt. Denn ein Universum, das homogen und isotrop ist, muss das Gesetz von Edwin Hubble erfüllen.« Nämlich die Proportionalität zwischen Entfernungsgeschwindigkeit und Abstand einer Galaxie – zumindest im »kosmologischen Nahbereich« bis in rund eine Milliarde Lichtjahre Entfernung. »Die Proportionalitätskonstante, die sogenannte Hubble-Konstante, könnte natürlich auch Null sein, dann hätten wir ein statisches Universum. Aber Homogenität und Isotropie unter ganz allgemeinen Voraussetzungen erzwingen ein Universum, das sich ausdehnt. Bei der Frage, wie schnell die Ausdehnung gebremst wird, kommt die allgemeine Relativitätstheorie ins Spiel.«

Die lange Zeit gängige Vorstellung, dass das Universum nach dem Urknall in seiner Explosionsbewegung abgebremst wird und irgendwann wieder implodiert – der sogenannte »Big Crunch« (»Das große Zusammenkrachen«) – war nach Meinung von Matthias

Steinmetz zu keinem Zeitpunkt gut begründet. »Die Datenlage hat einen solchen Schluss im Grunde nicht wirklich zugelassen.« Nun diskutiert die Forschung daneben einen »Big Rip« (»Das große Zerreißen«) und einen »Big Chill« (»Die große Abkühlung«) als hypothetisches zeitliches Ende des Universums. Beim »Big Rip« expandiert das Universum immer schneller und wird schließlich ausgehend von den größten Strukturen bis hin zu den kleinsten vollständig zerrissen. Der »Big Chill« geht dagegen mit einer unendlichen Expansion und Abkühlung des Universums einher. In einer sehr fernen Zeit wird es dann vollständig dunkel und kalt sein. »Das geschlossene Universum, das sich ausdehnt und dann wieder in sich zusammenfällt, ist vermutlich eher philosophisch motiviert, weil die Menschen mit dem Bild eines sich unendlich ausdehnenden Universums ihr Problem haben.« Wahrscheinlich ist das Universum aber nicht mehr lange zu sehen. »Weil es sich immer schneller ausdehnt, werden wir in ein paar Dutzend Milliarden Jahren außer unserer unmittelbaren kosmischen Umgebung – also das, was gravitativ eine lokale Struktur bildet – nichts mehr weiter sehen.« Astronomen erblicken in ein paar Milliarden Jahren einen Nachthimmel, in dem die Andromeda-Galaxie vielleicht schon mit unserer Milchstraße verschmolzen ist, denn beide bewegen sich aufeinander zu. »Und das war es.« Die Astronomen müssen sich also beeilen, einen letzten Blick über unsere Milchstraße hinaus in die Tiefen des Universums zu erhaschen. Aber das ist nichts Neues. Auch heute überblicken wir nur ein Volumen, das vor der extrem schnellen, inflationären Ausdehnung kurz nach dem Urknall so klein wie ein Atom war. Und gerade weil unser Universum einem so winzigen Volumen entstammt, ist es heute so gleichförmig, so homogen und isotrop.

FRAGE 38: WIE SIEHT DIE WELT HINTER DEM KOSMISCHEN HORIZONT AUS?

Warum der Blick in die Vergangenheit irgendwann ins Leere läuft.

Ein kosmischer Horizont ist ein echter Ereignishorizont. Ereignisse, die jenseits eines Ereignishorizonts liegen, können nicht von einem diesseits stehenden Beobachter gesehen werden. Zu den spezifischeren Arten von Ereignishorizonten gehören zum Beispiel jene, die sich um schwarze Löcher herum befinden sollen, siehe Frage 35. »Als kosmischen Ereignishorizont bezeichnet man den Horizont, der sich auf die ferne Zukunft bezieht, sozusagen auf den Bereich, den man bis zum Ende aller Zeiten sehen kann«, erklärt der theoretische Physiker Claus Kiefer von der Universität Köln. Er umfasst den Raumbereich, aus dem uns Informationen irgendwann in der Zukunft theoretisch noch erreichen könnten. »Wenn wir beliebig lange bis zu einem sogenannten Endknall existieren, stellt sich uns die Frage, ob innerhalb des kosmischen Ereignishorizonts das gesamte Universum zu sehen ist oder nicht.«

In der Kosmologie ist laut Kiefer aber insbesondere die Frage nach dem Teilchenhorizont von einem gewissen Interesse, der den Bereich beschreibt, aus dem uns seit dem Urknall Informationen erreicht haben können. »Der Teilchenhorizont ist ein historischer Begriff, der sich auf den heutigen Zeitpunkt bezieht und mit der Frage verbunden ist: Welcher Bereich ist uns heute kausal zugänglich? Von welchem Teil des Universums können wir heute Informationen erhalten und was ist uns verborgen? Ganz unabhängig davon, was vielleicht in der Zukunft passiert.« Während der kosmische Ereignishorizont also den Horizont für eine beliebige Zukunft beschreibt, ist der Teilchenhorizont für die Astronomen interessant mit Blick darauf, was heute relevant und beobachtbar ist. Er entspricht unserem aktuellen Beobachtungshorizont.

»Die Frage nach dem Horizont rührt daher, dass das Universum ein endliches Alter hat«, sagt Kiefer. »Wir glauben, das Alter genau zu kennen: 13,8 Milliarden Jahre. Und in dieser Zeit kann Licht (oder allgemein Information) nur eine bestimmte Strecke zurücklegen. Egal, wie groß das Universum ist. Wir können also nur bis zu diesem Horizont schauen. Dahinter kann noch ein bisschen was oder beliebig viel kommen, das weiß niemand so genau.« Für Kiefer stellt sich die Frage, inwieweit sich Aussagen über Regionen machen lassen, die jenseits eines kosmischen Horizonts liegen. »Ein Experimentalist würde sich verbitten, eine Diskussion über den Bereich jenseits des kosmischen Horizonts zu führen. Insofern ist die Diskussion darum in gewisser Weise auch eine Geschmacksfrage.«

Der Astrophysiker Matthias Steinmetz vom Leibniz-Institut für Astrophysik in Potsdam (AIP) stellt sie sich mit Blick darauf, was zukünftige Astronomen sehen werden, wenn sie zum Sternhimmel blicken (siehe auch Frage 37). »Ein Astronom in einer fernen Zukunft, also in mehreren Milliarden Jahren, hat nicht dieselben Umgebungsbedingungen und entsprechende Möglichkeiten bei der Beobachtung des Weltalls wie wir heute.« Die Möglichkeit, das Universum praktisch bis kurz vor dem Urknall sehen zu können, einschließlich der kosmischen Mikrowellenhintergrundstrahlung, wird laut Steinmetz irgendwann nicht mehr gegeben sein. »Die Ausdehnung des Universums erfolgt im Wesentlichen schneller als Lichtgeschwindigkeit. Das steht nicht im Widerspruch zur Relativitätstheorie, weil keine Information übermittelt wird.« Das Universum dehnt sich einfach schneller aus, und somit können Beobachter nicht über einen bestimmten Horizont hinwegsehen. »Der Blick in die Ferne führt dann notwendigerweise immer ins Leere.« Gegenwärtig kann man noch bis zum Moment des Urknalls zurückblicken. »Es gibt keinen fundamentalen physikalischen

Grund, weshalb man das nicht können sollte. Es wird technisch schwierig, weil das Universum bis zu einem Alter von etwa 400.000 Jahren undurchsichtig war. So, wie wir nicht ins Innere der Sonne schauen können, weil sie aus einem heißen, ionisierten Gas besteht, so können wir auch durch andere Objekte im Kosmos nicht hindurchschauen.« Das entfernteste »Objekt«, das wir durch die Beobachtung elektromagnetischer Strahlung sehen können, ist die kosmische Mikrowellenhintergrundstrahlung. Nur der kosmische Neutrinohintergrund, ebenfalls ein Relikt des Urknalls, blickt noch weiter zurück. »Im Prinzip gibt es aber noch keine Grenze, über die wir nicht hinweggucken könnten. Außer dem Moment des Urknalls selbst.« Aber in einigen Milliarden Jahren ist das laut Steinmetz nicht mehr so. »Dann können wir tatsächlich nur bis zu der Grenze sehen, in deren Lichtkegel wir dann noch liegen.« Von wo aus das Licht uns noch erreichen kann. Ein Argument mehr, die Astronomie heute zu fördern, und nicht erst morgen.

FRAGE 39: GILT DAS KOPERNIKANISCHE PRINZIP?

Weshalb es klug ist anzunehmen, dass wir nur das Gras in der vielfältigen Botanik des Universums sind.

Das Kopernikanische Prinzip besagt, dass der Mensch auf der Erde kein privilegierter Beobachter des Universums ist. Es knüpft an das im 16. Jahrhundert von Nikolaus Kopernikus eingeführte heliozentrische Weltbild an, nach dem sich nicht die Sonne und die Planeten um die Erde, sondern die Planeten und die Erde um die Sonne drehen. Das entspricht in gewisser Weise dem Prinzip der Mittelmäßigkeit hinsichtlich der Position der Erde im Universum. Im Standardmodell der Kosmologie, dem sogenannten Lambda-CDM-Modell, ist das

Kopernikanische Prinzip in der Form des etwas allgemeineren »kosmologischen Prinzips« eine Grundannahme. Demnach muss die Materie im Universum gleich verteilt sein – ohne Zentrum und ohne Außenrand. Das Modell enthält weiterhin erstens die kosmologische Konstante Lambda (griechisch: Λ), die mit der dunklen Energie in Verbindung gebracht wird (siehe auch Frage 36). Zweitens berücksichtigt es die kalte dunkle Materie (englisch: »Cold Dark Matter«, abgekürzt: CDM), die vermutlich aus noch unbeobachteten Elementarteilchen besteht (siehe Frage 31) sowie drittens die gewöhnliche Materie. Damit lässt sich die Entwicklung des Universums seit dem Urknall in guter Übereinstimmung mit den Beobachtungen beschreiben. Kosmologen und theoretische Physiker versuchen darüber hinaus, Modelle zu entwickeln, die nicht auf dem Kopernikanischen Prinzip beruhen, um zwischen der etablierten Vorstellung und Alternativen unterscheiden zu können.

In einem gewissen Konflikt steht das Kopernikanische Prinzip mit dem sogenannten anthropischen Prinzip. Demnach können wir nur ein Universum beobachten, das Beobachter zulässt. Daran gekoppelt ist auch die Frage nach dem »Fine-tuning«, der Feinabstimmung aller Naturkonstanten, die das Leben im Universum erst ermöglicht (siehe Frage 11). »Es ist schon eine etwas beunruhigende Tatsache«, sagt der Experimentalphysiker Johannes Blümer vom Karlsruher Institut für Technologie (KIT). »Wenn man sich das Weltgefüge anschaut und das kosmologische Standardmodell heranzieht, ebenso das Standardmodell der Elementarteilchenphysik – kleine Änderungen daran, und das Universum sähe nicht so aus, wie wir es jetzt vorfinden.« Alle möglichen physikalischen Prozesse würden anders ablaufen. Johannes Blümer als Experimentalphysiker sieht das allerdings wie schon der griechische Gelehrte Aristoteles ganz pragmatisch: »Okay, alle Werte der Naturkonstanten, Teilchenmassen und so weiter sind so, wie sie sind – und nur damit kann es uns geben, und nur dann können wir das Universum beobachten.« Für Blümer führt das allerdings zu der berechtigten Überlegung, dass es eine Reihe alternativer Universen geben könnte mit ganz anderen physikalischen Bedingungen. »Wir Menschen sind Wesen auf der Basis von Kohlenstoff und Wasserstoff, die so etwas wie Leben in sich tragen, die über sich selbst und über das Universum nachdenken, und dies funktioniert eben nur unter der gegebenen Zusammensetzung.« Blümer schließt aber nicht aus, dass es möglicherweise tatsächlich Paralleluniversen gibt, in denen andere chemische Elemente eine große Rolle spielen und zum Beispiel lebende Siliziumstrukturen über einem ähnlichen Gedanken grübeln. »Es ist reizvoll, darüber nachzudenken. Wenn ich aber nicht wenigstens ansatzweise Verifikationsmöglichkeiten solcher Ideen habe, dann ist es auch sehr schnell müßig, sich in diesen Überlegungen weiter zu verlieren.«

FRAGE 40: WAS WAR AM ANFANG DES UNIVERSUMS UND WIE VERLÄUFT SEIN ENDE?

Warum der Beginn ein Rätsel bleibt und die ferne Zukunft Spekulation.

Der Astrophysiker Matthias Steinmetz vom Leibniz-Institut für Astrophysik in Potsdam (AIP) äußert sich vorsichtig zum ersten Teil der Frage. »Was ganz am Anfang war, wissen wir nicht. Da bricht tatsächlich unser theoretisches Modell zusammen.« Davon abgesehen lässt sich die Physik des Universums grundsätzlich modellieren, denn das Universum lässt sich in seiner Entwicklung beobachten – die Astrophysiker können weit in die Anfangsepoche zurückschauen, in der das Universum erst etwa 380.000 Jahre alt war. »Das ist die Zeit, in der die kosmische Mikrowellenhintergrundstrahlung entstand, in der sich die Strahlung von der Materie abkoppelte und im Universum ungehindert ausbreiten konnte. Alles, was zeitlich davor im Universum passierte, ist nicht sichtbar, das Universum war undurchsichtig.« Doch lässt sich dieser zeitliche Bereich zumindest im Labor und mithilfe von Teilchenbeschleunigern untersuchen. »Wie sich Elementarteilchen, Atomkerne und Atome bildeten«, sagt Steinmetz, »lässt sich im Labor teilweise rekonstruieren. Wenn ich die Teilchenenergien in unseren Beschleunigern vergleiche mit denen im frühen Universum und dies in eine Zeitskala nach dem Urknall übersetze, dann bewege ich mich auf solidem physikalischen Niveau, das heißt auf der Grundlage von Theorien, die sich experimentell bestätigen lassen und bis zu einem Zeitpunkt zurückreichen, als das Universum 10^{-11} Sekunden alt war.« Für alles, was zeitlich davorliegt, fehlt laut Steinmetz die experimentelle Bestätigung. Es gibt seiner Meinung nach theoretische Szenarien, mit denen noch etwas näher an den Urknall herangerückt werden kann, aber sie wirken auf ihn bereits recht spekulativ. »Und wenn ich mich dem Zeitpunkt des Urknalls noch weiter annähere, sagen wir bis auf 10^{-40} Sekunden, gerate ich in einen Weltzustand, in dem ich Quantenmechanik und Gravitation miteinander vereinheitlichen muss, weil beide Theorien auf derselben Energieskala operieren.« An dieser zeitlichen Schwelle versagt unsere Physik. »Das Ganze bricht völlig zusammen, wenn ich noch weiter an den Urknall heranrobbe und bei 10^{-43} Sekunden nach dem ›Big Bang‹ ankomme, im Bereich der sogenannten Planck-Skala. Ob es tatsächlich einen Urknall gegeben hat, in dem alles in einem Punkt vereinigt war zu einem Zeitpunkt Null, das wissen wir nicht und werden es nie wissen.«

Auch aus Sicht des theoretischen Physikers Martin Pohl vom Deutschen Elektronen-Synchrotron DESY stellt die Planck-Skala die Forschung vor große Herausforderungen. »Das hängt damit zusammen, dass wir in der Physik im Grunde einfache Prinzipien haben, von denen wir annehmen, dass sie immer gelten und immer gegolten haben. Und diese Prinzipien werden beim Urknall gebrochen.« Das hat für Pohl auch mit der Singularität des Urknalls zu tun, die sich physikalisch nicht beschreiben lässt, siehe auch Frage 35 oder 42. »Vor allem muss ich am absoluten Anfang des Universums extreme Bedingungen annehmen, die ich physikalisch nicht verstehe, beispielsweise mit Blick auf die Energie und die Temperatur.« In der frühen Entwicklung des Universums wird es beim Heranrücken an den Urknall heißer und heißer. »Die Energie wird immer stärker konzentriert auf ein immer kleineres Volumen. Aber welche Arten von Teilchen in dieser brodelnden Ursuppe bei extrem hohen Temperaturen existiert haben, ist nicht bekannt«, siehe auch Frage 21. »Der Zusammenhang zwischen der Temperatur der Teilchen, dem Volumen und der Dichte ist uns beim Anfangszustand des Universums nicht wirklich klar«, gibt Martin Pohl zu.

Der Experimentalphysiker Johannes Blümer vom Karlsruher Institut für Technologie (KIT) weist in diesem Zusammenhang auf interessante Überlegungen hin, die aktuell diskutiert werden. »Wenn man sich die allgemeine Relativitätstheorie anschaut, dann beschreibt diese den Urknall als Singularität. Das Universum wird heute durch die sogenannten Friedmann-Lösungen der Einsteinschen Gleichungen beschrieben. Man kann darin eine Ersetzung vornehmen und eine andere Lösung finden. Und in dieser anderen Lösung sind wir im strengen Sinne nicht mit einer Singularität konfrontiert. Damit könnte es eine Phase vor dem ›Big Bang‹ gegeben haben.« Laut Blümer hätte man es dann mit einem Urknall und einem Vor-Urknall zu tun. Der Urknall selbst wäre ein großer Rückprall, auf Englisch »Big Bounce«. »Man kann es sich etwa wie ein Zurückfedern vorstellen.« Die Implosion eines Vorgängeruniversums mit nachfolgender Explosion. »Zwischen diesen beiden Phasen gibt es eine Kommunikation, nämlich durch Gravitationswellen.« Diese Überlegung, sofern sie denn zutrifft, eröffnet für Blümer immerhin theoretisch einen

Zugang zum Urknall. »Eine Möglichkeit der Verifikation, und sei sie auch nur prinzipiell gegeben. Denn es sind bereits gewöhnliche Gravitationswellen sehr schwach, wie solche, die bei der Verschmelzung von zwei massereichen schwarzen Löchern entstehen, die Gravitationswellen der Vor-Urknall-Phase dürften aber noch um ein Vielfaches schwächer sein.« Der »Bounce« und die Phase davor könnten aber immerhin Gravitationswellen verursacht haben, die sich irgendwann vielleicht messen lassen.

Dem Urknall folgt eine extrem schnelle Expansion, die als Inflation bezeichnet wird. Nach etwa 10^{-36} Sekunden trennen sich die fundamentalen Wechselwirkungen auf. »Das Universum kühlt ab und dehnt sich weiter aus«, beschreibt die Experimentalphysikerin Beate Heinemann vom Deutschen Elektronen-Synchrotron DESY und Professorin an der Universität Freiburg die ersten Sekundenbruchteile des Universums, »es kommt zur Bildung der Elementarteilchen und des Higgs-Bosons, und in der Folgezeit bilden sich die ersten subatomaren Teilchen und einfachen Atome heraus.« Aufgrund der hohen Temperaturen sind Elemente wie Wasserstoff, Helium, Deuterium und Lithium zunächst ionisiert. Nach ausreichender Abkühlung von etwa 380.000 Jahren verbinden sich die Ionen mit freien Elektronen zu neutralen Atomen. Eine der ältesten molekularen Verbindungen aus dieser Zeit wurde gerade erst im Jahr 2019 entdeckt: das Heliumhydridion, ein positiv geladenes Ion aus Helium und Wasserstoff – nachgewiesen im planetarischen Nebel NGC 7027 mithilfe des Ferninfrarotspektrometers GREAT an Bord der Flugzeugsternwarte SOFIA des Deutschen Zentrums für Luft- und Raumfahrt (DLR) und der NASA. Nach der starken Abkühlungsphase der ersten 400.000 Jahre nach dem Urknall schreitet die kosmologische Evolution fort, die dunkle Materie bildet unter dem Einfluss ihrer Schwerkraft eine Struktur aus Fäden, Knoten und Leerräumen. In der Folgezeit verklumpen nach und nach riesige Wolken aus Wasserstoff und Helium und werden vermehrt dorthin gezogen, wo die dunkle Materie am dichtesten ist. Es bilden sich die ersten Sterne, Galaxien und alles, was heute, rund 13,8 Milliarden Jahre später, zu sehen ist. »Und es gibt starke Hinweise darauf, dass die weitere Expansion des Universums beschleunigt verläuft«, erklärt Heinemann. »Ob sich hinter der dunklen Materie tatsächlich Teilchen verbergen, und wenn ja, welche, ist unklar. Doch gibt es viele Experimente, die darauf abzielen, dies zu testen. Und von der dunklen Energie wissen wir leider noch weniger.«

Die Physikerin Heinemann arbeitet einerseits am CERN an der Erforschung des Higgs-Bosons und des Higgs-Mechanismus, der den Elementarteilchen ihre Massen verleiht (siehe auch Frage 25). »Und andererseits an einem neuen Experiment namens LUXE an der Röntgenlaseranlage European XFEL, bei dem versucht wird, mit Laserlicht in einem elektromagnetischen Feld Elektron-Positron-Paare im Vakuum zu erzeugen und damit das Vakuum sowie Reaktionen, die darin ablaufen können, zu untersuchen.« Heinemann ist überzeugt, dass uns das Vakuum die Antworten auf wesentliche Mechanismen im Universum liefert (siehe auch Frage 10 oder 36). Eine Art Vakuumdruck könnte ihrer Meinung nach eine Erklärung für die dunkle Energie sein. Aktuelle Berechnungen des Vakuumdrucks unter Zuhilfenahme der gängigen Modelle der Teilchenphysik unter Einbeziehung des Higgs-Felds liegen allerdings um mehr als hundert Größenordnungen über den experimentellen Beobachtungen. »Da ist offensichtlich beim Vakuum irgendetwas komplett nicht verstanden«, sagt Heinemann. »Das Interessanteste ist also das Nichts.«

Und wie verläuft das Ende des Universums? Der theoretische Physiker Martin Pohl vom Deutschen Elektronen-Synchrotron DESY hält es nicht für ausgeschlossen, dass die Expansion des Universums irgendwann einmal wieder langsamer verläuft und praktisch aufhört. »Wenngleich es zu einer Schrumpfung, einer Implosion aufgrund einer attraktiven Gravitationswirkung, wahrscheinlich nicht kommen wird (siehe auch Frage 37). Es sei denn, es passiert irgendetwas, was wir heute noch nicht ahnen können.« Wie auch immer der weitere Verlauf aussieht – beschleunigt oder abgebremst –, die beobachteten Phänomene im Universum beruhen auf Prozessen der Energieumwandlung. »Sterne haben sich gebildet, in den Zentren der Sterne werden Atomkerne in Fusionsprozessen miteinander verschmolzen, dabei wird letzten Endes Kernenergie frei, die heizt die Sterne auf, Licht wird emittiert, bei uns auf der Erde wird es warm und alle möglichen Wechselwirkungen einschließlich der Entstehung des Lebens können stattfinden.« Demnach befindet sich das Universum zurzeit in seinem besten Alter. Aber irgendwann ist es Pohl zufolge mit diesen Prozessen und Wärmereaktionen vorbei. »Letzten Endes ist irgendwann aller Treibstoff verbraucht. Dann werden die Sterne neue Formen annehmen und auskühlen. Und irgendwann liegen keine Temperaturunterschiede mehr im Universum vor. Dann wird es sehr langweilig.« Ein poröser Brei deutlich unterhalb der Zimmertemperatur. »Oder es kommt aus Gründen, die wir heute noch nicht kennen, ganz anders«, sagt Martin Pohl und lacht. »Lassen wir uns überraschen.«

FRAGE 41: WAS SIND ZIEL UND ZWECK DER EVOLUTION?

Wieso es kein Ziel und keinen Zweck gibt und wir dennoch Ziele haben und Zwecke verfolgen.

Für den Experimentalphysiker Thomas Naumann vom Deutschen Elektronen-Synchrotron DESY ist das eine Frage, die sich physikalisch nicht beantworten lässt. »Trotzdem gab es in den 1970er-Jahren, als sich die Physik der nichtlinearen Systeme weiterentwickelte, eine

Explosion von Arbeiten zu dieser Frage.« In nichtlinearen Systemen ist die Änderung eines Ausgabeparameters nicht proportional zur Änderung des Eingabeparameters. Sie sind verknüpft mit komplexen Vorgängen, die sich häufig nicht durch eine geschlossene Theorie beschreiben lassen (siehe auch Frage 1). Die Popularität der Frage nach Ziel und Zweck der Evolution war Naumann zufolge damals auch dem Umstand geschuldet, dass zu dieser Zeit wissenschaftliche Erkenntnisse zunehmend durch Anwendung neuer mathematischer Methoden und auf Grundlage von Computersimulationen gewonnen wurden. »Sinn und Zweck der Evolution – dazu haben mindestens drei Nobelpreisträger in dieser Zeit fundamentale Dinge gesagt.« Der erste war der Biologe Jacques Monod mit seinem Buch »Zufall und Notwendigkeit – Philosophische Fragen der modernen Biologie«. Ferner Manfred Eigen, ein deutscher Bio- und Physikochemiker, der mit seiner Partnerin Ruthild Winkler das Buch »Das Spiel – Naturgesetze steuern den Zufall« schrieb. »Der dritte Nobelpreisträger war Ilya Prigogine – ein belgischer Physikochemiker, der ebenfalls mit seiner Partnerin Isabelle Stengers ein Buch verfasste mit dem Titel »La Nouvelle Alliance«, auf Deutsch »Der neue Bund«. Alle drei Autoren und ihre Co-Autorinnen sind sich einig in der Behauptung (und ich persönlich unterstütze diesen Ansatz): Das Leben ist ein Spiel, in dem der Zufall eine entscheidende Rolle spielt«, sagt Thomas Naumann. »Das kennen wir aus der Genetik, dieses Wechselspiel aus Mutation und Selektion. Auf die Selektionsmechanismen nach Charles Darwin möchte ich im Einzelnen nicht eingehen. Hier nur so viel: Es ist in erster Linie ein Spiel, bei dem ständig gewürfelt wird und permanent Mutationen erfolgen.« Chemische Mutationen, unterstützt von der natürlichen Radioaktivität, die eine völlig identische Reproduktion verhindert. »Der Preis der Evolution ist, dass es auch Misserfolge gibt. Dieses Spiel ist ein brutales Spiel. Die Natur selektiert.«

Die drei Autoren betonen, dass die Evolution durch das Zusammenspiel von Naturgesetzen und Zufällen nur eine gewisse Richtung vorgeben kann. »Was im Detail passiert, wie sich die Evolution durchs Leben wurstelt, bleibt zum Glück völlig offen.« Die Gegenwart trennt wie eine Mattscheibe die Vergangenheit von der Zukunft. »Die Naturgesetze geben lediglich vor, wie diese Trennebene ungefähr ausgerichtet ist. Aber weil der Zufall die Evolution bestimmt, ist nicht exakt berechenbar, was im Detail passieren wird. Die Zukunft ist fundamental offen. Zum Glück!« Für Naumann gibt es in der Natur keinen Evolutionspfeil, keinen Fingerzeig Gottes, der auf einen vorbestimmten Weg zeigt. »Die beiden verbrecherischen Ideologien des 20. Jahrhunderts hatten religiös, eschatologisch – also auf Erlösung durch einen Endsieg, das Erreichen eines Endziels – fixierte Vorstellungen. Aber die Evolution hat so nie funktioniert. Die Evolution weist uns nicht den Weg.« Naumann erkennt darin eine fundamentale Freiheit. »Es gäbe keine Freiheit in dieser Welt, wenn sich dieser Evolutionspfeil, der in Richtung Zukunft weist, nicht wie eine Wünschelrute vorwärts tasten würde. Instabilität spielt dabei eine große Rolle.« Sie generiert den Zufall.

Wichtige Eigenschaften des Lebens sind Geburt und Tod sowie Mutation und Selektion mit Speicherung der genetischen Information; außerdem ein im Nichtgleichgewicht mit seiner Umgebung befindlicher Organismus mit einem Stoffwechsel, der die Energie liefert, um die Ordnung dieses Organismus aus dem Chaos der Umgebung zu schaffen. Also physikalisch gesprochen, um die Energie der Nahrung in negative Entropie umzusetzen (siehe auch Frage 18). »Wir müssen alle fressen, um unsere innere Kohärenz aufrechtzuerhalten, damit unsere Makromoleküle auch schön stabil und funktionstüchtig bleiben und uns am Leben halten. Die Alternative wären Verfall und Tod. Das Leben ist ein Tanz auf dem Vulkan. Höchst instabil. Leben ist ein ständiger Kampf gegen den ›Wärmetod‹.« So nennt man das Höchstmaß an Entropie eines abgeschlossenen Systems – das thermische Gleichgewicht, ein statischer, toter Zustand.

Die Frage führt für Naumann auch zum Spannungsfeld von Wissenschaft und Glaube. »Ich vertrete dabei die sogenannte ›Zwei-Reiche-Theorie‹.« Naumann zitiert die in den Evangelien überlieferte Antwort von Jesus Christus auf die Frage der Pharisäer, ob es recht sei, dem Kaiser Steuern zu zahlen: »Gebt dem Kaiser, was des Kaisers ist, und Gott, was Gottes ist.« Jesus hält also die weltlichen und himmlischen Dinge sauber getrennt. Und entsprechend meint Naumann: »Gebt dem Wissen, was des Wissens ist, und dem Glauben, was des Glaubens ist. Wissenschaft sagt, was ist. Sie gibt keine Ziele vor.« Was sein soll, ist die Sache von Ethik und Glauben. »Evolution ist und muss sinnlos sein«, schließt Naumann. »Sie hat kein Ziel, das ist ihr Geheimnis. Hätte sie ein Ziel, könnte sie nichts Neues schaffen.« Hierin sieht Naumann auch das Dilemma der offiziellen Forschungspolitik und ihrer Zuwendungsgeber. Sie möchten wissen und festlegen, was bei einem Forschungsprojekt herauskommen soll. Wüsste man das aber vorher, wäre es nichts Neues mehr. Und Neues entsteht nur aus der Freiheit des Spiels. Es braucht eine offene Zukunft.

Hat die Evolution also kein Ziel und keinen Zweck? Für den Religionswissenschaftler Michael Blume, der als Beauftragter gegen Antisemitismus des Landes Baden-Württemberg arbeitet, ist die Evolution zunächst ein Suchprozess. »Ein Auswahlprozess der Natur sozusagen, der erst einmal keinen Willen hat, sondern sich durch Variation, Selektion und Reproduktion auszeichnet«. Und durch die Tatsache, dass dieser Prozess blind läuft und läuft und läuft. »Viele Menschen behaupten sogar, dass überhaupt kein Sinn dahintersteckt und dass der Prozess durch Zufall entstanden ist und durch Zufall vielleicht irgendwann wieder abbrechen wird.« Michael Blume findet es jedenfalls offensichtlich, dass aus diesem Evolutionsprozess Wesen hervorgegangen sind, wie zum Beispiel wir Menschen, die durchaus

Zwecke verfolgen. »Obwohl wir also behaupten, der Evolutionsprozess selbst verfolge keine Zwecke, so finden wir dennoch im Ergebnis dieses Prozesses Wesen vor, die zum Beispiel Physik betreiben und damit konkrete Zwecke verfolgen.« Es lässt sich also nach Ansicht von Michael Blume schwerlich leugnen, dass aus dem Evolutionsprozess indirekt eine Zweckverfolgung hervorgegangen ist. »Und nun wird die Bedeutung dieser Überlegung in den Weltanschauungen und Religionen durchgeknetet, durchdacht und diskutiert.« Blume nennt hier beispielhaft als einen wichtigen Denker den Jesuiten Pierre Teilhard de Chardin, der in der ersten Hälfte des 20. Jahrhunderts wirkte. Chardin stand im Zwist mit seiner katholischen Kirche, er betrieb Evolutionsforschung und entdeckte unter anderem bedeutsame Fossilien. Schließlich traf er die Aussage: »Die Evolution ist ein großer Prozess, der mit Gott begonnen hat und am Ende auch wieder mit Gott enden wird.« Der große Pilgerweg Gottes also, bei dem das Universum von ihm ausgeht und sich am Ende der Zeit wieder in ihm sammelt und zu ihm zurückkehrt. »Das ist de Chardins große theologische Deutung«, sagt Blume.

»Es gibt aber noch zwei andere Möglichkeiten, wie wir auf das Thema schauen können.« Michael Blume nennt als zweite Variante die Spieltheorie. »Sie ist im 20. Jahrhundert aus der Statistik und der Mathematik hervorgegangen. Der Ansatz ist, dass man verschiedene Akteure hat, die miteinander spielen.« Doch wie verhalten sich Akteure, wenn sie sich gegenseitig betrügen können? Kooperieren sie miteinander, wenn sie damit rechnen müssen, dass ein anderer Mitspieler sie übers Ohr haut? »Auf unsere Fragestellung übertragen, könnte man hier also sagen, die Evolution bringt Spieler und Akteure hervor, die die Aktionen der anderen mit einberechnen und einbeziehen wollen.« Und für Michael Blume ergibt es durchaus Sinn, den anderen Mitspielern Zwecke und Ziele zu unterstellen, sich in andere einzufühlen und deren Ziele zu antizipieren. »Es entsteht das, was wir als Menschen immer wieder praktizieren: ein soziales Miteinander.« Religion hätte in diesem Fall die Funktion einer Kontrollinstanz. Blume zufolge lässt sich empirisch tatsächlich zeigen, dass die Vorstellung von gemeinsamen, übergeordneten Kontrolleuren, Ahnen, Geistern, Gottheiten oder der Glaube an einen absoluten, allwissenden Gott, dass also dies alles diese Spiele verändert und beeinflusst. »Wenn ich Hinweise habe, dass auch meine Mitspieler glauben, dass es diese Kontrollinstanz gibt, die uns überwacht und uns gegebenenfalls auch bestrafen kann für den Fall, dass wir uns nicht an Regeln halten, dann steigt die Wahrscheinlichkeit, dass sich alle Mitspieler an die Regeln halten, dass wir stärker miteinander kooperieren.«

Eine dritte Variante, den Sinn und Zweck der Evolution zu erfragen, ist für Michael Blume die empirische Beobachtung, die Langzeiterfahrung. »Wie Bauernregeln oder phänomenologische Betrachtungen, die manchmal auch eine Verknüpfung zur Magie haben.« Mit diesen Regeln und Ritualen werden Spiele veranstaltet, die zunehmend einer Überprüfung standhalten, bis sich sogar wissenschaftlich-technische Anwendungen daraus ableiten lassen. »Aus Schamanen werden Mediziner, aus Naturphilosophie wird Wissenschaft.« Bei allen drei Betrachtungsweisen der Fragestellung ergibt sich damit aus Sicht von Michael Blume, dass die Evolutionsprozesse ohne Sinn und Zweck verlaufen – jedoch Akteure hervorbringen, die durchaus in der Lage sind, Ziele und Zwecke zu verfolgen.

»Wenn wir allerdings die Erkenntnisse der Physik ernstnehmen und sagen, dass wir in einer Raumzeit leben, in der Raum und Zeit nicht getrennt voneinander zu denken sind, sondern buchstäblich vom Urknall, also von Anfang an miteinander verbunden waren und sind, dann ist tatsächlich die Frage, ob wir diese Themen nicht noch einmal ganz neu diskutieren müssen.« Blume knüpft an Einsteins vierdimensionale Raumzeit und die davon inspirierte Vorstellung vom Blockuniversum an, auch als Eternalismus bezeichnet, wonach die Gesamtheit der Zeit mit Vergangenheit, Gegenwart und Zukunft – wie die drei Dimensionen des Raums – als gleichermaßen gegeben und real aufgefasst wird. »Dann muss ich feststellen, dass sich die Vorstellung des göttlichen Geistes, der Raum und Zeit geschaffen hat, in der Physik nicht überprüfen lässt.« Michael Blume zufolge können wir aber im Verlauf der Geschichte annehmen, dass außerhalb von Raum und Zeit ein göttlicher Geist denkbar ist. »Da wären wir dann aber wieder bei Pierre Teilhard de Chardin. Insofern würde ich sagen, die Frage nach Ziel und Zweck der Evolution fordert beide heraus – die Atheisten genauso wie die gläubigen Menschen.«

FRAGE 42: WESHALB 42 FRAGEN?

Warum es darauf eine Antwort gibt, die keine ist.

Für Thomas Naumann vom Deutschen Elektronen-Synchrotron DESY schließt sich mit einer solchen Frage der Rätselreigen der Physik. »Eine Frage, wie sie schon bei den alten Griechen zu Beginn der Naturerkenntnis steht: Weshalb gibt es etwas und nicht etwa nichts?« Für Naumann ist das eine der grundlegendsten Fragen, die man sich in den Naturwissenschaften stellen kann. In seinem Lehrgedicht »De rerum natura« (»Über die Natur der Dinge«) sagt der römische Philosoph Lukrez: »Ex nihilo nihil fit.« Von nichts kommt nichts. Damit stellt sich für Naumann die Frage: »Was war eigentlich am Anfang?« Darüber berichtet die biblische Schöpfungsgeschichte, die Genesis, das 1. Buch Mose, hebräisch das Buch »Bereshit«, deutsch »Das Buch im Anfang«. »Darin steht auf Hebräisch: Im Anfang war Tohuwabohu, griechisch das Chaos«, erklärt Naumann. Luther übersetzt: »Und die Erde war wüst und leer.« Am Anfang war also Chaos. Dann geht es weiter mit: »Und der Geist Gottes schwebte über den Wassern.« Das ist für Thomas Naumann das Gesetz, der Logos. »Interessanterweise beginnt auch das Neue Testament in der Offenbarung des Johannes mit der Frage: Was war am Anfang? und antwortet: der Logos.« Auch Goethes Faust quält sich in seinem berühmten Monolog mit der Frage, was am Anfang stand. Logos, das Wort? »Faust sagt schließlich: Im Anfang war die Tat.«

Die Physiker lassen die Frage nach dem Anfang offen, sie klammern in der Regel den Zeitpunkt Null aus, siehe auch Frage 40. War zu Beginn dumpfe Materie in einem chaotischen Urzustand, einem Tohuwabohu? Schwebte zunächst eine Ur-Idee, ein Logos über allem, der Geist Gottes, hebräisch der »Ruach Elohim«, griechisch das »Pneuma«, der Hauch des Lebens? »Stand also im Sinne des Idealismus die Platonische Idee am Anfang, das Gesetz – oder die Materie?« Folgte die Materie im Moment des Urknalls einem präexistenten Gesetz? »Doch woher kam das Gesetz?«, fragt Thomas Naumann. »Im anderen Fall bleibt die Frage: Woher kam die Materie?« Das ist für Naumann das alte Spannungsfeld zwischen Materialismus und Idealismus, zwischen Aristoteles und Platon. Der griechische Gelehrte Aristoteles sagt in seiner »Metaphysik«: »Der Beginn aller Wissenschaften ist das Erstaunen, dass die Dinge sind, wie sie sind.« Ein scheinbar inhaltsleerer Satz, aber ein sehr weiser. »Aristoteles räumt hier der Materie das Primat ein. Die Materie ist, wie sie ist. Und sie war es auch schon, bevor wir Menschen über sie nachgedacht haben«, sagt Naumann. »Erst nach Milliarden Jahren hat sich die Natur durch uns der Selbsterkenntnis befleißigt.« Für Thomas Naumann kann rein physikalisch betrachtet die Frage, was zum Zeitpunkt Null, also im Moment des Urknalls geschah, ignoriert werden. »Weil es in diesem Moment weder Raum noch Zeit als Rahmen oder Bühne für die Physik gab«, sagt Naumann. »Die Frage ist somit der Philosophie oder der Religion überlassen.« Singularitäten wie den Urknall können die Physiker nicht behandeln. Genauer gesagt, definieren Singularitäten die Grenzen unserer physikalischen Erkenntnis (siehe Fragen 4 und 35).

Aber weshalb behandelt dieses Buch exakt 42 Fragen? Für den Social-Media-Manager der Helmholtz-Gemeinschaft, Henning Krause, liegt die Antwort auf der Hand. »Die Zahl 42 ist Referenz an Douglas Adams' Roman ›The Hitchhiker's Guide to the Galaxy‹ (auf Deutsch: ›Per Anhalter durch die Galaxis‹). In diesem Science-Fiction-Roman entwickeln pandimensionale, hyperintelligente Wesen einen Supercomputer namens ›Deep Thought‹, dem sie die Frage nach ›life, the universe and everything‹ stellen«, sagt Krause – nach dem Leben, dem Universum und dem ganzen Rest. »Nach siebeneinhalb Millionen Jahren kommt der Supercomputer endlich zu einer Antwort und die lautet eben 42.« Für Henning Krause ist die Zahl durchaus besonders. »Denn bis vor Kurzem bestand ein Rätsel der Mathematik darin, welche natürlichen Zahlen k von 1 bis 100 sich durch die Summe dreier Kubikzahlen ausdrücken lassen.« Also durch die Gleichung $k = x^3 + y^3 + z^3$. »Es lässt sich offenbar mathematisch zeigen, dass dies lediglich für die Zahlen *nicht* geht, die bei Division durch 9 einen Rest von 4 oder 5 ergeben«, erklärt Krause. Für alle anderen Zahlen bis 100 hatten die Mathematiker mit erheblichem Rechenaufwand inzwischen Lösungen gefunden. »Bis auf die Zahl 42.« Laut Krause konnte das Problem im Jahr 2019 endlich durch die beiden Mathematiker Andrew Booker von der Universität Bristol und Andrew Sutherland vom Massachusetts Institute of Technology (MIT) gelöst werden – unter Zuhilfenahme von etwa einer halben Million Heim-PCs. »Die Lösung lautet $x = -80.538.738.812.075.974$, $y = 80.435.758.145.817.515$ und $z = 12.602.123.297.335.631$.« Ob sich hinter den drei Zahlen irgendein transzendentaler Sinn mit Blick auf die Frage nach »life, the universe and everything« verbirgt, vermag allerdings auch Henning Krause nicht zu sagen.

Tatsächlich hat die Zahl 42 aber einen Bezug zur Gliederung des vorliegenden Buches. Betrachten wir dazu die Primfaktorzerlegung von 42. Primfaktoren sind Zahlen, die nur durch 1 oder sich selbst teilbar sind. Jede natürliche Zahl kann durch die Multiplikation von Primfaktoren gebildet werden, beispielsweise die Zahl 10 durch $10 = 2 \times 5$. Die Primfaktorzerlegung der Zahl 42 besteht aus drei Zahlen, nämlich $2 \times 3 \times 7 = 42$. Deren Summe ist $3 + 2 + 7 = 12$ und damit gleich der Anzahl der Kapitel dieses Buches, die sich an den zwölf, hier als »kanonisch« bezeichneten Teilgebieten der Physik orientiert – von den drei klassischen Physikbereichen über die zwei großen Physiktheorien (Relativitätstheorie und Quantentheorie) bis zu den sieben Fachdisziplinen, einschließlich der allumfassenden Kosmologie. Der Primfaktor 3 steht außerdem für die drei Leitthemen der physikalischen Forschung – die »grand challenges«, nämlich: (1) die Entschlüsselung der elementaren Bausteine und Wechselwirkungen des Universums, (2) die Enträtselung der Struktur und Dynamik zusammengesetzter Materie und schließlich (3) die Schaffung der zur Erforschung von (1) und (2) notwendigen wissenschaftlichen Methoden und experimentellen Grundlagen. Das vorliegende Buch orientiert sich an diesen Strukturen. Deshalb lautet die Antwort auf die Frage 42: »42«!

Ist die Zahl 42 damit also eine ganz besondere Zahl? Der Experimentalphysiker Thomas Lohse von der Humboldt-Universität zu Berlin muss leider verneinen. »Denn jede natürliche Zahl ist eine besondere Zahl«, argumentiert er. »Angenommen, es gäbe eine natürliche Zahl, die ganz besonders ist. Dann müsste es auch natürliche Zahlen geben, die nichts Besonderes sind.« Sei M die Menge derjenigen natürlichen Zahlen, die nichts Besonderes sind, und M sei nicht leer.« Nun sagt das Grundaxiom der »vollständigen Induktion« für die Menge der natürlichen Zahlen, dass jede nichtleere Teilmenge der natürlichen Zahlen ein kleinstes Element besitzt. »Da M nicht leer ist, besitzt M also ein kleinstes Element. Nennen wir dieses Element n.« Dann ist n die kleinste natürliche Zahl, die nichts Besonderes ist. »Das ist aber eine ganz besondere natürliche Zahl dieser Menge M, nämlich die kleinste. Beweis durch Widerspruch!«, sagt Lohse und lacht.

Was lernen wir daraus? Es gibt natürlich noch viele weitere Rätsel in der Physik als die in diesem Buch aufgeführten 42. Und selbst die haben wir nicht oder nicht vollständig lösen können. Schließen wir deshalb mit einem Zitat von Friedrich Schiller, das unser Bemühen nach Erkenntnisgewinn und dem Ergründen der Wirklichkeit wie folgt zusammenfasst: »Wahrheit, wo rettest du dich hin vor der grausamen Jagd? Dich zu greifen, ziehen sie aus mit Netzen und Stangen, aber mit leisem Tritt schreitest du mitten hindurch.«

DANKSAGUNG

Dieses Buch basiert auf gut 2 × 42 Gesprächen mit Wissenschaftlern aus meinem beruflichen Umfeld. Mein besonderer Dank gilt dabei meinen insgesamt 69 Fachexperten, die sich bereitwillig und offen für die Befragung zu den Rätseln der Physik in ihren Spezialgebieten zur Verfügung gestellt haben, im Einzelnen (in alphabetischer Reihenfolge und unter Zuordnung der Fragen):

Katrin Amunts (9, 19), Matthias Bartelmann (36), Laura Baudis (31), Andreas Bauswein (33), Ties Behnke (27), Klaus Blaum (22, 28), Johannes Blümer (30, 33, 37, 39, 40), Michael Blume (41), Kerstin Borras (9), Karsten Danzmann (33), Michael Doser (28), Christoph Düllmann (24), Falk Eilenberger (8), Eckhard Elsen (30), Anna Franckowiak (32), Stephan Grill (18), Sibylle Günter (12), Beate Heinemann (40), Thomas Janka (34), Frank Jenko (12), Claus Kiefer (7, 35, 38), Robert Klanner (20), Konrad Kleinknecht (28), Michael Kobel (29), Henning Krause (42), Jochen Küpper (17), Karlheinz Langanke (34), Mojib Latif (2), Matthieu Le Tacon (13), Axel Lindner (30), Katerina Lipka (20, 21), Detlef Lohse (14), Thomas Lohse (27, 29, 42), Livia Ludhova (26), Karl Mannheim (32), Dieter Meschede (8), Margarete Mühlleitner (25), Thomas Naumann (1, 3, 10, 25, 41, 42), Hermann Nicolai (7), Heinrich Päs (5), Martin Pohl (36, 40), Randolf Pohl (10), Bastian Rapp (15), Andreas Ringwald (30), Robin Santra (16), Roland Sauerbrey (10), Rainer Schimming (4), Piet Schmidt (11), Sebastian M. Schmidt (13), Marc Schumann (31), Petra Schwille (18), Wolfgang Scobel (20), Ana-Suncana Smith (18), Christian Spiering (32), Johanna Stachel (21), Achim Stahl (33), Frank Stefani (2), Matthias Steinmetz (31, 37, 38, 40), Hans Ströher (20, 22, 23), Kerstin Tackmann (25), Thomas Tschentscher (13, 16, 17), Uwe Thiele (3), Andreas Tünnermann (8), Kathrin Valerius (26), Albrecht Wagner (4, 7), Karsten Wendland (19), Christof Wetterich (11), Klaus Wick (6) und Andreas Wipf (6, 10).

Für konzeptionelle Ratschläge danke ich Gisela Anton, Ursula Bassler, Ulrich Bleyer, Helmut Dosch und Rolf-Dieter Heuer. Letzterem danke ich überdies für sein wunderbares Grußwort, das dem Buch vorangestellt ist. Ein spezieller Dank geht auch an Rainer Schimming, der mir neben unserem Gespräch über Raum und Zeit zahlreiche wertvolle Hinweise aus philosophischer Perspektive gegeben hat. Ganz herzlich danke ich Thomas Naumann, nicht nur, dass er sich für insgesamt sechs Gespräche zur Verfügung gestellt hat – diesbezüglich der Rekordhalter in diesem Buch –, sondern auch dafür, dass er die Erstellung des Manuskripts inhaltlich eng und intensiv begleitet hat und mir dabei ein echter Freund geworden ist. Ich danke Henning Krause für die Herstellung des Kontakts zum Kosmos-Verlag und dessen Verlagsredakteur Sven Melchert. Ihm wiederum gilt mein besonderer Dank für die enge konzeptionelle Betreuung unseres gemeinsamen Vorhabens und unsere vertrauensvolle Zusammenarbeit. Ein ausdrücklicher Dank geht auch an Justina Engelmann, von Haus aus ebenfalls Physikerin, für das professionelle Lektorat in der letzten, entscheidenden Phase des Buchprojekts.

Schlussendlich danke ich meiner Familie und meinen Freunden für ihre Unterstützung und für ihr Verständnis, dass man sich in den Rätseln der Physik regelrecht verlieren kann.

WEITERFÜHRENDE LITERATUR

Aktuelles

Duchardt, Deborah; Bossmann, Andrea B.; Denz, Cornelia (Hrsg.): *Vielfältige Physik – Wissenschaftlerinnen schreiben über ihre Forschung.* Mit Beiträgen u. a. von Margarete Mühlleitner und Petra Schwille. Springer, Heidelberg 2019.

Gehrke, Jan Peter; Köberle, Patrick: *Moderne Physik – Von Kosmologie über Quantenmechanik zur Festkörperphysik.* De Gruyter, Berlin 2017.

Helbig, Hermann: *Welträtsel aus Sicht der modernen Wissenschaften – Emergenz in Natur, Gesellschaft, Psychologie, Technik und Religion.* Springer, Heidelberg 2020.

Herrmann, Dieter B.: *Die Harmonie des Universums – Von der rätselhaften Schönheit der Naturgesetze.* Kosmos, Stuttgart 2017.

Keller, Hans-Ulrich: *Kosmos Himmelsjahr – Sonne, Mond und Sterne im Jahreslauf.* Kosmos, Stuttgart jährlich.

Kiefer, Claus: *Quantenkosmos – Von der zeitlosen Welt zum expandierenden Universum.* J. K. Fischer, Gelnhausen 2019.

Kleinknecht, Konrad: *Einstein und Heisenberg – Begründer der modernen Physik.* Kohlhammer, Stuttgart 2017.

Klempt, Eberhard (Hrsg.): *Explodierende Vielfalt – Wie Komplexität entsteht.* Mit Beiträgen u. a. von Hermann Nicolai, Matthias Bartelmann, Christof Wetterich und Konrad Kleinknecht. Springer, Heidelberg 2019.

Päs, Heinrich: *Neutrinos – Die perfekte Welle.* Springer, Heidelberg 2017.

Vaas, Rüdiger: *Signale der Schwerkraft.* Kosmos, Stuttgart 2017.

Klassiker

Ditfurth, Hoimar von: *Im Anfang war der Wasserstoff.* DTV, München 1997.

Eigen, Manfred; Winkler, Ruthild: *Das Spiel – Naturgesetze steuern den Zufall.* Rieck, Eschborn 2010.

Fritzsch, Harald: *Vom Urknall zum Zerfall: Die Welt zwischen Anfang und Ende.* Piper, München 2005.

Hawking, Stephen: *Eine kurze Geschichte der Zeit.* Rowohlt, Hamburg 2011.

Heisenberg, Werner: *Der Teil und das Ganze.* Piper, München 2001.

Monod, Jacques: *Zufall und Notwendigkeit – Philosophische Fragen der modernen Biologie.* Piper, München 1992.

Prigogine, Ilya; Stengers, Isabelle: *La Nouvelle Alliance.* Gallimard, Paris 1986.

Schrödinger, Erwin: *Was ist Leben?* Piper, München 1989.

Weinberg, Steven: *Die ersten drei Minuten – Der Ursprung des Universums.* Piper, München 1992.

Historisches

Aristoteles: *Problemata Physica.* De Gruyter, Berlin 1991.

Bois-Reymond, Emil Heinrich du: *Über die Grenzen des Naturerkennens – Die sieben Welträtsel.* hansebooks, Norderstedt 2016.

Haeckel, Ernst: *Die Welträtsel – Gemeinverständliche Studien über monistische Philosophie.* Zenodot, Berlin 2016.

Belletristik & Dokumentation

Adams, Douglas: *Per Anhalter durch die Galaxis.* Heyne, München 2005.

Bohnet Pleitgen: *Teilchenbeschleunigung.* Ariadne Krimi im Argument Verlag, Hamburg 2012.

Helmholtz-Podcast (passend zum Buch):

Bohnet, Ilja; Kaufmann, Bernhard: *Die Naturwissenschaft – ein Kulturphänomen in seinen Schranken und Möglichkeiten.* Einstündiges Radio-Feature FSK (1999), Helmholtz-Podcast (2019). Mit den Gesprächspartnern Olaf Breidbach (Kognitionswissenschaftler), Robert Kudielka (Kunsthistoriker) und Albrecht Wagner (Teilchenphysiker), Sprecher sind Ulrich Pleitgen und Claudia Rieschel. Auf: https://soundcloud.com/helmholtz-gemeinschaft/die-naturwissenschaft-ein-kulturphanomen-in-seinen-schranken-und-moglichkeiten

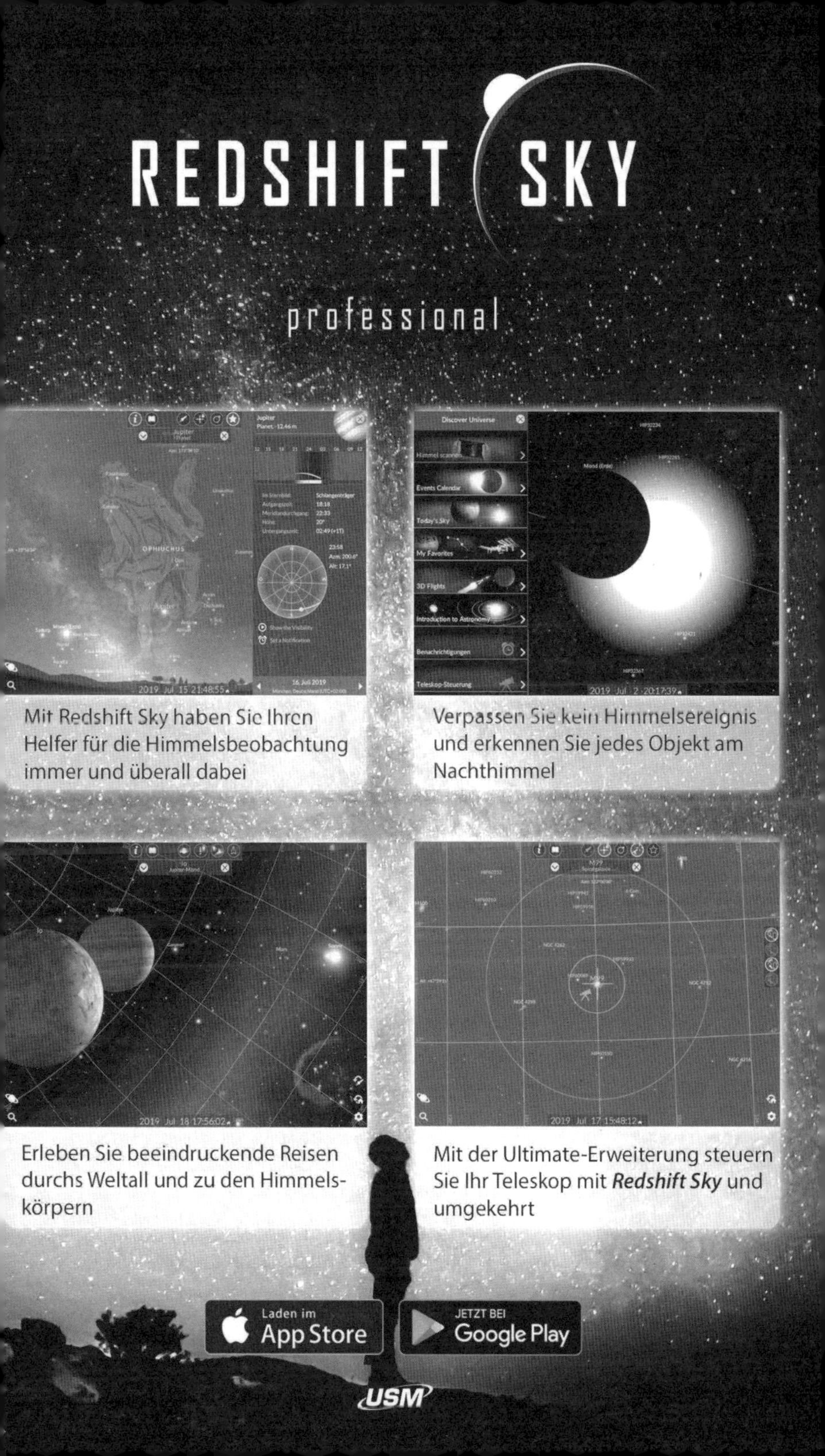

REDSHIFT SKY
professional
Mit Redshift Sky haben Sie Ihren Helfer für die Himmelsbeobachtung immer und überall dabei
Verpassen Sie kein Himmelsereignis und erkennen Sie jedes Objekt am Nachthimmel
Erleben Sie beeindruckende Reisen durchs Weltall und zu den Himmelskörpern
Mit der Ultimate-Erweiterung steuern Sie Ihr Teleskop mit *Redshift Sky* und umgekehrt
Laden im App Store
JETZT BEI Google Play
USM